空间故障网络理论
与矿山灾害演化过程研究

崔铁军　李莎莎　著

科 学 出 版 社

北 京

内 容 简 介

本书主要论述空间故障树框架中的第三部分空间故障网络。空间故障网络是描述和研究系统故障演化过程的理论。书中呈现理论形成过程中的思想、思路、方法和应用等。全书共十章，包括绪论、空间故障网络与系统故障演化过程、空间故障网络的结构化表示、空间故障网络事件重要性分析、空间故障网络故障模式分析、故障文本因果关系提取与转化、基于空间故障网络的露天矿灾害演化过程研究、基于空间故障网络的冲击地压演化过程研究、系统故障分析与智能矿业系统。

本书论述空间故障网络理论，并用于矿山灾害演化过程的描述和研究，分析露天矿灾害演化过程和冲击地压演化过程。适合学习和应用安全科学基础理论对系统故障和系统故障演化过程进行研究的科研人员，也可供相关领域的研究生和研究人员阅读参考。

图书在版编目（CIP）数据

空间故障网络理论与矿山灾害演化过程研究 / 崔铁军，李莎莎著. —北京：科学出版社，2022.3
ISBN 978-7-03-071464-0

Ⅰ.①空…　Ⅱ.①崔…②李…　Ⅲ.①矿山-灾害防治　Ⅳ.①TD7

中国版本图书馆 CIP 数据核字（2022）第 028666 号

责任编辑：张艳芬　赵微微 / 责任校对：崔向琳
责任印制：吴兆东 / 封面设计：陈　敬

科学出版社 出版
北京东黄城根北街 16 号
邮政编码：100717
http://www.sciencep.com

北京中石油彩色印刷有限责任公司 印刷
科学出版社发行　各地新华书店经销

*

2022 年 3 月第 一 版　开本：720×1000　B5
2022 年 3 月第一次印刷　印张：13 1/4
字数：251 000

定价：118.00 元
（如有印装质量问题，我社负责调换）

序　言

系统故障的发生不是一蹴而就的，而是一种演化过程。当然，这里演化并不单指时间过程，也包含系统运行过程中各种因素导致系统发生故障或事故的情况。系统故障演化过程在宏观上可描述为多个事件按照一定逻辑顺序相继发生的过程；微观上可描述为事件之间两两因果关系的作用，即系统故障演化过程的概念。由于系统故障演化过程具有其自身特点，使用现有系统分析方法难以适用，给研究带来了一定困难。然而，系统故障演化过程无处不在，其研究在理论和应用层面意义重大。

崔铁军多年来一直从事安全科学基础理论研究，特别是系统可靠性及其相关理论。陆续发表多篇 SCI 和 EI 高水平论文，获得了多项高水平论文奖。该书是空间故障树理论体系的又一部专著，是其第三阶段空间故障网络理论的第一次系统呈现。作者结合行业背景将该理论应用于矿业系统灾害过程分析之中。研究将安全科学理论与智能科学、数据科学和信息科学融合，提出了具有一定理论价值的方法。该书具有较高的学术价值和应用价值，为系统故障演化过程和矿业安全领域基础理论研究做出了有益尝试，在建立理论的同时解决了矿业，特别是煤矿生产过程中的灾害分析、预测、预防和治理问题。为安全科学与智能科学等与矿业领域的结合提供了有效途径，是一项很有意义的研究。

汪培庄

2022 年 1 月

前　　言

我们生活在系统之中，系统无处不在。系统在不同层次不同维度进行自身演化。系统演化是在多因素作用下，各事件之间产生不同因果关系时，形成的具有特定方向并伴有随机性的一连串发生事件的集合。宏观上，这些事件按照一定顺序发生；微观上则是事件之间的相互因果作用。系统故障是指系统丧失功能或者功能下降的状态。系统故障演化是指在各种因素、各种事件、各种因果关系综合作用下表现出来的系统功能的变化。如何描述系统故障演化过程关系到各行业系统故障和各种自然灾害的发生、发展和预防，特别是矿业、机械、航空航天、深海等高风险系统。困难的是，如何对系统故障演化过程进行描述、分析、预测和干预。这不单是对安全科学基础理论提出的挑战，同时也需要智能科学、数据科学、系统科学、信息科学等的参与。

作者从事安全系统工程，特别是系统可靠性的相关研究已有多年，提出了空间故障树理论并初步形成体系。目前按照发展顺序分为四个阶段：空间故障树理论基础，主要研究多因素变化与系统可靠性变化之间的关系；智能化空间故障树，将智能科学理论与空间故障树融合，对故障过程因素关系进行推理，并处理故障大数据；空间故障网络，主要对系统故障演化过程进行描述和研究；系统运动空间与系统映射论，研究系统运动的度量，以及系统之间和系统内部的因素流和数据流。本书将空间故障网络研究的初步成果和矿业灾害过程结合起来进行分析。

在撰写本书过程中，创造地提出空间故障网络理论，建立相应的数学模型，并将其应用于露天矿灾害演化过程和冲击地压演化过程研究中。在提出相关概念和方法的同时也尝试将其应用于矿山灾害研究等实际问题。

本书主要内容源于并应用于国家重点研发计划资助项目(2017YFC1503102)、国家自然科学基金资助项目(52004120)、辽宁省教育厅基金科研项目(LJKQZ2021157)、辽宁省教育厅科学研究经费项目(LJ2020QNL018)、辽宁工程技术大学学科创新团队资助项目(LNTU20TD-31)。本书由崔铁军和李莎莎撰写。在撰写过程中得到了马云东教授、王来贵教授、朱宝岩教授的指导，在此表示衷心感谢。

书中引用了部分国内外已有专著、文章、规范等成果，在此向作者及相关人士表示感谢。特别感谢辽宁工程技术大学为作者进行探索性研究提供了科研环境。

限于作者水平，书中难免存在疏漏之处，敬请读者批评指正。

目　　录

第1章 绪   论

空间故障网络(space fault network，SFN)理论是空间故障树(space fault tree，SFT)理论体系的第三部分，主要用于描述系统故障演化过程(system fault evolution process，SFEP)，并分析因素、事件、故障数据等的相互关系。SFN 理论研究涉及安全科学、系统科学、智能科学、大数据科学及信息科学等多方面，同时涉及矿业系统的灾害过程研究。

1.1 研究工作的意义和目的

无论是自然系统灾害还是人工系统故障都不是一蹴而就的，而是一种演化过程，即 SFEP。自然系统指遵从自然规律，非人工建立的系统；其灾害指影响人们生产生活的自然灾害，如冲击地压、滑坡等。人工系统指按照一定目的遵从自然规律的人造系统，如飞机、压缩机等；其故障指系统完成预定能力时出现的下降或失效。SFEP 宏观表现为众多事件遵从一定发生顺序的事件组合；微观则表现为事件之间的相互作用，具有复杂的网络结构[1-5]。然而，各领域故障的影响因素、故障过程和过程数据通常不同，使得 SFEP 具有多样性，给研究和干预 SFEP 带来了巨大困难[1,2,5]。另外，在系统层面研究 SFEP，其内部事件及结构关系、影响因素作用和故障数据处理方式等具有模式上的相似性，这为 SFEP 抽象和分析提供了切入点。下面结合当前研究现状及作者前期研究给出工程背景及研究意义。

(1) 某型飞机设计阶段似乎没有充分研究飞机使用过程的环境因素(如温度、湿度、气压、使用时间等)对可靠性的影响，导致实际使用故障频出，严重影响了原设计试图实现的功能[6]。这些飞机的飞行及维护过程数据是被信息化平台实时记录的，这些数据蕴含着系统故障及其特征。然而，由于缺乏相应的 SFEP 分析方法，特别是早期生产的该型飞机，故障率非常高[7]。上述事实表明，系统运行出现的故障数据并未得到有效分析，导致飞机故障发生过程中各元件失效、各元件之间意外交互、失效因果关系及失效传递情况分析困难，致使 SFEP 分析失败[1,2]。同样，问题也出现在高寒高海拔地区高铁故障过程分析中[8]。高寒高海拔地区高铁运行的速度、时间和运量与一般情况不同。不同环境对高铁运行故障的影响不同，因此高铁前期研制和运行测试阶段累积的大量数据为保证高铁的 SFEP 分析起到了关键作用。在深海中高压低温潜航设备的 SFEP 研究也同样存在这类问题[9]。

(2) 文献[10]给出了三级往复式压缩机的第一级故障过程描述。作者已对该过程进行了归纳和研究,得到图1.1所示的SFEP。由图可知,压缩机第一级SFEP与众多元件及事件相关。这些元件故障的发生至少受到温度和压力因素的影响;同时,故障特征蕴含在实时监测的数据中。因此,需要通过故障数据和影响因素分析各元件失效、意外交互、失效因果关系及失效传递情况。然而,目前缺乏相应的SFEP分析理论和方法。

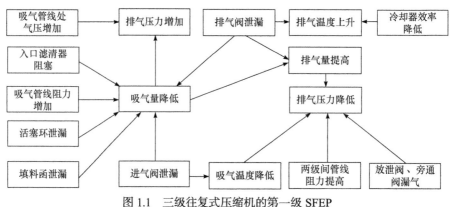

图1.1 三级往复式压缩机的第一级SFEP

(3) 作者前期研究的冲击地压过程是一个复杂的动力系统演化过程,如图1.2所示。影响因素很多,单纯通过力学实验和现场数据而不在系统层面研究,一般难以有效诠释煤(岩)体变形、裂隙发展、飞石抛射和坍塌的复杂SFEP[11]。从实地

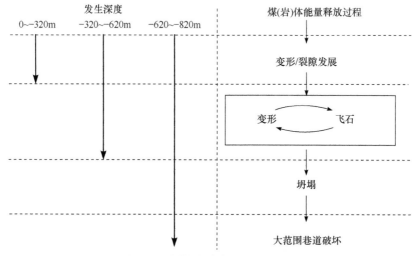

图1.2 不同深度冲击地压演化过程

矿井收集的冲击地压数据较多，利用现有方法分析各阶段事件及影响因素较为困难。在不清楚各事件的逻辑关系及各因素作用的情况下，难以进一步研究冲击地压过程演化。

(4) 研究露天矿区灾害演化时涉及的灾害因素和监控数据较多，主要有地表变形、水污染和大气污染等重点灾害；它们与开采活动、水、火、震动等几大类几十项因素之间是相互交织的复杂网络关系[12]。作者通过前期研究得到露天矿北帮各类灾害的 SFEP，如图 1.3 所示。现有方法难以描述这些灾害演化过程、确定影响因素、分析灾害数据、划分阶段和抽象特征，使下一步研究和防治面临极大困难。

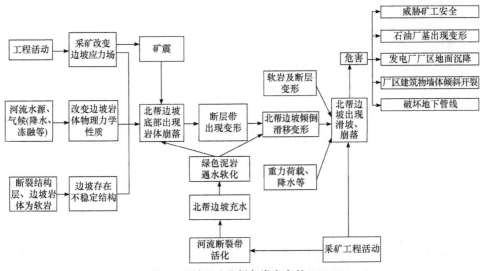

图 1.3 露天矿北帮各类灾害的 SFEP

飞机、高铁等失效属于人工系统故障，而冲击地压和矿区灾害属于自然系统灾害，这些故障和灾害过程是普遍存在的。在系统层面上，这些故障和灾害过程的内部事件及结构关系、影响因素作用和故障数据处理方式等具有模式上的相似性，均可抽象为 SFEP。在面对多影响因素、故障数据量大且多样、SFEP 多变等问题时，现有分析方法难以胜任。因此，研究 SFEP 分析及干预方法对工矿、交通、医疗、军事等复杂且关系到生命财产和具有战略意义的领域更为重要。SFEP 已成为安全科学、系统科学、数据科学及智能科学交叉研究的重点方法之一，但目前仍存在不足：①多因素变化影响 SFEP，元件材料物理属性随环境因素的改变导致 SFEP 中各事件发生情况改变，使 SFEP 具有很大的不确定性。②SFEP 的故障数据具有模糊性、离散型和随机性，但总体上有规律。故障数据作为 SFEP 分析的基础可定量分析，但系统复杂且 SFEP 难以划分时缺乏有效的数据分析方法。③SFEP 描述过程受故障数据、影响因素、故障演化网络形态、事件与因素关系等限制，在安全科学领域难以独立展开研究。④针对不同领域系统故障干预措施不同，SFEP 急需系统层面的结构性干预机制和措施。

上述问题的实质是：针对普遍存在的 SFEP，缺乏系统层面有效且普适的抽象和分析方法，这是安全领域研究必须面对的关键科学问题。需要安全科学与数据、系统、智能科学的知识融合，来研究 SFEP 分析及干预方法。因此，建立一种符合上述要求的 SFEP 描述和分析方法具有重要的理论和实际意义。

SFEP 分析方法是安全科学与数据、系统和智能科学交叉研究的产物。从日常工矿生产到航空国防领域都要了解 SFEP 并采取必要措施加以干预。传统故障分析方法不适合复杂 SFEP 特征、故障数据因果推理和多影响因素的分析，难以满足当前智能处理和数据环境要求。满足要求的分析方法应具备智能处理、故障特征数据分析、复杂 SFEP 抽象、SFEP 干预等能力。作者创立系统级故障演化过程普适分析方法，并建立了 SFN 理论。研究目的在于为各类自然及人工系统故障过程研究提供普适的分析方法和防治措施。

1.2 相关研究现状和存在的问题

1.2.1 故障过程的网络描述

无论是自然灾害还是人工系统故障，都具有一定的因果关系。研究该过程对分析灾害和故障机理具有重要意义。完成这项工作首先要面对的问题是如何描述故障发展过程，如何分解复杂过程，如何衡量并表示该过程，哪些因素影响过程的发展。这些问题都可抽象为一些事件按照一定逻辑关系相继发生的过程。理解该过程并对该过程进行描述、建模、分析，最终找到防止故障或灾害发展的手段，对当前的生产生活具有重要意义。然而，这一过程需要结合安全科学、数据科学、智能科学及系统科学的相关理论和知识，仅凭借安全科学自身无法解决上述问题。目前已有一些理论和方法可在一定程度上解决上述问题，并得到了有益的成果。徐力[13]研究了动车组故障模式(fault mode，FM)；韩治中等[14]对飞行器突发故障演化模型进行了设计和仿真；谭晓栋等[15]对机械系统的故障演化进行了研究；郝泽龙[16]对基于复杂网络理论的电网连锁故障模型进行了研究；王文彬等[17]对基于三阶段故障过程的多重点策略优化模型进行了研究；沈安慰等[18]研究了竞争性故障模型的可靠性评估方法；王建华[19]对具有混合故障模型系统的可靠性进行了分析；李艳[20]对网络上的多策略演化动力学进行了研究。同时，人们对故障演化过程的研究较少，主要包括孙冰等[21]的创新生态系统演化研究，刘新民等[22]的城市交通系统演化研究，王继红等[23]基于突变论的企业系统演化研究，Barafort 等[24]

的软件空间结构演化研究，Zylbersztajn[25]的企业制度演化研究，Fuxjager 等[26]的行为过程演化研究等。以上这些研究也存在不足之处，对故障发展过程的描述一般都是定性的，且很少进一步研究故障发展过程机理，缺乏定量分析手段。作为该问题的先期研究，作者提出了 SFT 理论，主要用于多因素影响下的系统可靠性分析，进一步将智能科学和大数据技术融入其中，对 SFT 理论进行智能化改造。随着对实际工程问题的深入研究，人们发现无论是自然灾害还是人工系统故障都是复杂的演化过程。这种演化表现为众多事件按照一定的逻辑关系连接成网络，因此 SFT 理论难以适用。

在 SFEP 中，导致最终故障发生的事件有很多。对 SFEP 的起因及最终故障发生情况的研究是要解决的关键问题。目前，故障模式研究包括 Wang 等[27]的基于故障模式的冗余驱动系统容错控制，Mellit 等[28]、Lu 等[29]、Boutasseta 等[30]的光伏系统故障检测与诊断方法，Sonoda 等[31]的基于人工免疫系统的故障识别，Lee 等[32]的发动机故障检测与诊断算法，Al Dallal 等[33]的故障数据完整性对预测故障倾向的影响，Acharya 等[34]的容错无线传感器网络数据融合，Fravolini 等[35]的飞机空气数据传感器鲁棒性故障检测等。这些研究由于领域不同，考虑的故障事件、影响因素、逻辑关系不同，导致了各自采用的方法和理论不同。虽然取得了较好的效果，但缺乏从系统层面研究 SFEP 的方法论。因此，这些方法在不同种类系统间缺乏通用性，对通用 SFEP 研究造成了阻碍。无论是自然灾害过程还是人工系统故障过程，都可分解为最基本的组成要素，从而在系统层面描述并研究演化过程。

SFEP 中演化的含义是事物发展的时间规律。因此，研究 SFEP 的时间发展规律和特征是 SFN 理论的重点内容之一。演化过程的时间特征在于各事件的发生与后继事件的发生是否有同时存在的可能，是否在该事件发生后的持续时间内可导致后继事件的发生。如果在时间上存在重叠，那么原因事件才可导致结果事件发生。另外，在 SFN 中事件也存在重复现象，一是同一个边缘事件可导致多个故障演化过程，二是同类边缘事件可导致多个故障演化过程。在这两种情况下，边缘事件的发生导致最终事件发生的概率不同。需要研究这些边缘事件的发生过程和时间特征来计算最终事件的发生概率。对 SFEP 中的重复事件及演化时间特征的研究更为少见。其原因在于，现有 SFEP 分析多是定性的，难以定量计算。系统演化描述方法与故障系统演化过程特征不一致，难以进行有效描述。目前，安全系统工程领域并未出现可描述 SFEP 的理论框架。然而，实际的人工系统故障，特别是自然灾害演化过程却与时间因素密切相关。同时，自然灾害演化过程中各事件的连接是网络结构，存在较多重复事件，这些重复事件在演化过程中的作用目前较少研究。

1.2.2 网络的表示与逻辑关系

SFEP 普遍存在于各行各业，影响系统可靠性。该过程经历众多事件，也受到很多因素影响，使演化过程具有多样性。这些多样性都是系统发生故障的模式，每一种模式都是一种可能，只是可能性不同。实际 SFEP 只是其中一种可能。因此，如何分析 SFEP 的所有可能性，判断哪一种演化最易发生，对保障系统安全运行、维持可靠性具有重要意义。

目前人们对 SFEP 的研究逐渐增多[25-35]，对系统的结构表示和分析方法研究相对较少，但在医疗领域[36]、工程项目管理[37]、软件评估[38]、健康分析[39]、监控视频分析[40]、并行结构分析[41]、教学活动分析[42]等方面都有涉猎。这些研究一般针对具体行业，基于行业和学科的基本特征进行研究。然而，通常抽象程度不够，难以形成具有普遍意义的 SFEP 表示及逻辑关系分析方法。

1.2.3 网络中事件的重要性和故障模式

在网络中事件重要度的研究方法有很多。这些研究一般都是将实际网络根据学科背景抽象为网络结构，主要包括结构重要度[43]、因果重要度[44,45]和节点重要度[46,47]，也包括通信网络节点重要度[48]、无标度网络节点重要度[49]、客运网络节点重要度[50,51]等的研究。这些方法一般具有具体技术背景，难以通用。特别是针对系统层面的 SFEP，事件重要性研究更为困难。

任何故障或灾害，包括自然系统的灾害和人工系统的故障，发生都不是突然的，而是一种演化过程。这种演化过程受到众多因素影响，呈现多样性，是众多事件按照一定逻辑关系顺序发生且具有网络连接结构。可见，研究 SFEP 的重点在于不同因素对过程的干扰，以及过程中各事件之间的逻辑关系。针对 SFEP 中事件的重要性及故障演化研究包括王洁等[52]的故障修复演化研究、方志耕等[53]的飞机故障演化的智能诊断、孙东旭等[54]的离散事件演化研究、常竞等[55]的大数据统计与故障演化诊断以及李文博等[56]的系统连锁故障模型研究等。这些研究通常缺乏系统层面的普适演化过程分析方法。

在各领域看似无关的故障和灾害过程实则在系统层面上是相似的，具有统一的发生机理和逻辑关系。然而，一般方法受限于各领域技术，难以形成通用分析方法，进而导致难以在系统层面研究 SFEP 和故障模式，最终导致无法分析过程中各事件的作用和重要性。在资源有限的情况下，必须了解 SFEP 中事件重要性，才能有效地通过抑制少数事件达到抑制最终故障发生的目的。针对事件重要性，特别是 SFEP 中事件重要性的研究不多，包括物联网、输电线网络、人际关系网，以及在复杂网络中的故障及可靠性与节点重要性关系。虽然以上研究在各领域都有进展，但仍缺乏系统层面通用分析方法。SFT 理论中已经有很多对重要性分析方法的研究，包括作者提出的元件重要性[57]、因素重要性[58]和事件重要性[59]，但研究角度和侧重点都不同。应从网络缺失节点对网络造成连通性影响的角度衡量事件重要性。

1.2.4　故障文本因果关系研究

将 SFEP 的文本描述转化为规则化的、具有符号表示特征的模式以便进一步处理，已成为关键问题。这涉及信息收集、知识提取、知识表示、知识规则化，进一步涉及安全科学和 SFN 理论等。对于类似问题，文本知识的提取和表示已有较多研究。涌现了如基于数据挖掘的和数据驱动的因果关系提取[60,61]、基于知识地图的文本分类[62,63]、基于结构因果关系的故障诊断[64]、学习行为数据中因果关系的挖掘[65]、条件随机域的突发事件因果关系提取[66]、因果关系的脑电特征提取[67]、因果关系验证信息提取[68]、医疗知识文本内容提取[69]、网站信息资源多维语义知识融合[70]、特征项权重与句子相似度的知识元智能提取[71]等方法。然而，这些方法并未针对系统安全和系统可靠性，虽然具有借鉴意义，但仍难以应用于SFEP 描述文本的分析中。

1.2.5　露天矿边坡灾害过程研究

国内关于系统故障或灾害演化过程描述的研究主要有：演化算法研究，如网络故障演化[72]、连锁故障演化[73]和演化效率因子方法[74]；天气系统灾害演化过程研究，如气旋灾害演化[75]、雾霾灾害链演化[76]和极端气候灾害事件演化[77]等；地质系统灾害演化研究，如突发水灾害事件演化[78]、尾矿库灾害演化[79]、滑坡失稳演化[80]和水力侵蚀-滑坡-泥流灾害演化[81]等。SFEP 研究近些年在全球范围内兴起，最具代表性的研究包括：故障树模型的半自动协同演化[82]；不确定非线性过程故障检测[83]；故障检测信号处理方法[84]；电气系统早期故障诊断[85]；故障诊断系统设计[86]；网络化非线性不确定系统故障诊断[87]；批量数据可视化、过程监测和故障检测[88]；用于串联电弧故障演化分析[89]；故障检测建模和多元统计过程控制[90]；系统有限时间容错控制[91]；故障对关联网络的影响[92]；爆破作业安全性分析[93]。虽然这些研究取得了较多成果，但它们都基于某专业领域，缺乏研究的通用性，未建立系统层面的通用方法，同时也难以有效解决露天矿边坡灾害过程描述问题，因此更难以对灾害演化进行预测、预防和治理。

1.2.6　冲击地压灾害过程研究

目前，冲击地压理论主要包括强度理论、刚度理论、能量理论、冲击倾向性理论以及失稳理论等。这些理论各有适应特点，处理问题也存在局限性，难以使用其中之一描述冲击地压发生全过程。人们至今还没有真正掌握其机理，也没有普遍适用的判据，其仍是岩石力学界重点关注和研究的问题。

从力学角度看，岩石变形破坏过程是从局部耗散到局部破坏最终到整体灾变的过程；从热力学角度看，这一变形、破坏、灾变过程是能量耗散的不可逆过程[94,95]。使用强度理论，可从均质圆形巷道围岩塑性破坏区的产生、发展和爆炸式破坏的力学机制入手，揭示冲击地压的发生机理[96,97]。从能量理论考虑，可将应变型冲击地压从孕育到发生全过程分为能量稳定积聚、能量平衡和能量非稳定释放三个阶段，并研究其发生的基本条件[98,99]。针对断层冲击地压及煤柱型冲击地压问题，可计算煤(岩)体系统冲击失稳时的能量释放量[100]。除此之外，人们还开展了以下研究：基于最小耗能原理来研究孕育发生机理[101]；使用不同卸荷路径研究卸围压过程中能量转换特征[102]；研究煤(岩)体破坏过程的能量耗散方式和特征[103]及瞬态能量变化引起的岩爆[104]等。使用失稳理论，以动力失稳过程判别准则和普遍能量非稳定平衡判别准则为基础，建立煤(岩)冲击失稳数学模型[105,106]。基于剪切梁层间失效模型和流变模型，对狭窄煤柱流变失稳问题进行研究[107]等。

从实验角度，可利用深部岩爆过程实验系统对深部高应力条件下的花岗岩岩爆过程进行实验研究[108]。对不连续岩体岩爆进行实验，其与完整岩体岩爆特征差别较大[109]，可用试验中产生的裂缝和碎片的分型特征表征[110]。从现场角度，可使用地应力现场实测数据结合开采扰动能量积聚理论对冲击地压发生过程进行研究[111]。也可综合考虑岩石力学特性、围岩质量和地应力三方面的内在因素和外在因素，归纳岩爆对应的地质条件，进而总结其发生判据[112,113]、研究诱导机制[114]。在实际工程中，使用声发射和微震对冲击地压进行检测和研究的成果较多，包括冲击地压声发射与压力前兆特征分析[115,116]，微震与岩爆时空分布特征及岩爆孕育过程微震演化规律[117,118]，岩爆时坚硬顶板和高应力集中情况下的微震参数特征[119]等。目前，主要使用离散元和颗粒流理论对冲击地压进行模拟研究，具体包括李夕兵教授[120,121]的岩爆模型研究、李天斌教授等[122]的硬岩微观颗粒模型研究、陈学华教授等[123]的断层冲击地压危险性分析、吴顺川教授等[124]的卸载岩爆实验、Fakhimi 等[125]的岩爆数值模拟研究、He 等[126]的硬岩岩爆数值模拟等，这些涉及实验室和实际工况下的卸载岩爆和采矿诱发冲击地压的数值模拟研究。

综上所述，目前关于 SFEP 的研究虽然丰富，但基本都是从各自专业角度出发，弱化了系统层面演化过程的研究。实际上，应结合系统故障演化过程在系统层面上的特征和性质进行研究，并制定适当的预测、预防和治理方案以保证系统可靠性。

1.3 空间故障树理论框架

作者长期研究安全科学基础理论，着重研究系统可靠性与因素的关系。提出了 SFT 理论，该理论包括四个阶段：SFT 理论基础，用于研究因素影响与系统可靠性变化关系；智能化 SFT，利用智能科学及大数据技术改造 SFT，使其具备故障大数据处理和逻辑推理能力；SFN，用于描述和分析 SFEP；系统运动空间与系统映射论，度量系统运动及因素与数据的关系。SFN 是 SFT 的第三阶段。SFT 的树形结构只能用于描述简单的、具有树形结构的系统故障演化过程，因此难以进行泛化。在 SFT 基础上提出 SFN，使用网状拓扑结构描述复杂的系统故障演化过程，更适合一般的复杂演化过程研究。

1.3.1 空间故障树基础理论

1) 连续型空间故障树

经典故障树从系统的内部结构出发，根据系统整体与可重复结构之间的关系确定系统层次的树状结构。这个系统的整体发生故障称为顶事件，而可重复结构发生故障称为底事件或基本事件。可重复结构可以是一个最小的电气元件，也可以是多个元件组成的子系统。这个子系统要在整体系统中重复出现多次才能作为基本事件的发生主体。当然，子系统也可以继续细化，将子系统作为顶事件的发生主体，其中元件作为底事件的发生主体。无论怎样，经典故障树都要首先了解系统内部组成然后才能进行系统可靠性分析。

然而，经典故障树对系统所在环境条件因素变化的影响不敏感，即无论什么环境下，系统的可靠性均相同，这明显不符合实际。例如，一个电气系统中有一些元件，如二极管，它的故障概率与工作时间、工作温度、通过电流及电压等因素有直接关系。对系统进行故障分析时可以发现，各元件的工作时间和适宜的工作温度等都不相同。因此，随着系统整体运行环境的改变，其故障概率也是不同的。处理这样的情况，经典故障树的适用性显然存在问题。

作者于 2012 年提出的 SFT 正是用于解决上述问题。SFT 的基本理论认为，系统工作于环境中，组成系统的基本事件或物理元件的性质决定了其在不同条件下工作的故障发生概率不同。例如，上述电气系统中的二极管，它的故障概率就与工作时间、工作温度、通过电流及电压等有直接关系，随着系统整体的工作时间和环境温度的改变，系统的故障概率也是不同的。

实际的工矿企业生产过程中对系统内部构造了解甚少，只是对系统的特定状态进行记录。这些描述不涉及系统内部的连接结构和子系统。因此，这些数据用于基于经典故障树的系统可靠性分析毫无意义。对 SFT 来说，这些积累的数据是离散的，直观上无法构建用于 SFT 分析的数据基础。

问题在于，SFT 可以描述系统对外界环境的响应特征，而日常累积的系统监测数据是离散的，不满足构建 SFT 的要求。因此，作者又提出了处理这些离散数据的方法，即离散型空间故障树(discrete space fault tree，DSFT)。为了加以区别，将之前定义的 SFT(或称多维 SFT)改称为连续型 SFT(continuous SFT，CSFT)。

对于 CSFT，系统中发生基本事件的元件对工作环境变化导致其故障概率变化的规律是已知的，这些规律可以用函数表示，可以是初等函数，也可以是分段函数。其分析也是在系统结构清晰的情况下进行的，而分析角度不是基于系统元件，而是系统工作的外部环境条件变化与系统可靠性之间的关系。当然也可以抛开系统内部结构，根据系统本身对工作环境的响应现象来直接使用环境因素与故障率的关系来分析系统可靠性，但需要大量的连续观测数据。

DSFT 处理的数据可以是长时间积累的，间隔跨度任意，但发生故障时的系统运行环境要记录充分，以满足 DSFT 的分析要求。DSFT 范畴内处理离散数据的方法可分为两类：一是将这些离散数据通过某些方式确定其变化规律，得到相应的特征函数，进而转化成 CSFT 进行处理；二是直接寻找新的方法进行处理。例如，CSFT 可以分析系统在一定工作环境条件范围的故障发生趋势，而为了使 DSFT 具有相同的功能，可以使用神经网络的求导原理加以确定。

2) 离散型空间故障树

对 CSFT 的相关研究已取得了一些进展，形成了相应的理论基础。虽然 CSFT 分析系统的角度发生了变化，但是仍需了解系统中元件及其连接特征，即 CSFT 仍是"白盒"分析方法。

对于构成复杂，或只能通过表象来了解系统性质的情况，CSFT 就无法处理了。例如，厂矿的安全检查、设备维护记录、事故调查等，都是描述系统(如机械设备等)在特定环境条件下如何发生故障和发生故障的客观外在环境因素等事项，进而描述这个被检查系统的故障特征。日常积累的数据都是外在对系统的描述，这些描述不涉及系统内部的连接结构和子系统或元件，是一种"黑盒"分析。可以说，这些数据用于经典故障树的系统分析毫无意义。对 CSFT 来说，这些积累的数据是离散的，直观上无法构建起用于 CSFT 分析的故障概率分布，因此 CSFT 同样不适用。

针对这种"黑盒"分析，如何能从表象上的数据窥探系统内部的结构是关键，以此建立起表象因素与系统内在因素之间的关系，这个关系和内在因素组成了可以代表系统特征的实体，即"黑盒"的白化过程。通过这个实体便可了解外在因素变化情况下系统可能做出的响应。该过程类似于神经网络训练，但更注重系统结构性及内因和外因组成因素空间的推理性。当然，这个关系及内因和外因可能并不是客观真实的，而是某种等效，其目的是模仿系统对外因做出合理的响应。上述的系统分析方法就是 DSFT 和系统结构反分析(inward analysis of structural systems，IASS)。

3) 故障数据挖掘方法

就 SFT 处理数据的特点而言，其数据可以是连续的或非连续的，影响因素或属性可以是单值的或是范围的。这些数据来源于系统设计或构造期间的既定值，或源于系统运行时的监测数据(如厂矿的安全检查、安全评价、设备维护记录、事故调查等)。CSFT 和 DSFT 完成了对这些数据的使用，并基于这些数据分析了系统在不同因素影响下的可靠性。问题是如何在大数据中，即各种类型的安全监测数据中挖掘和提炼出 SFT 所需类型的数据，包括对信息的提取、分类、比较和推理等。

针对 SFT 所处理信息的特点，使用汪培庄提出的因素空间理论[127]对定性安全信息进行处理。因素空间理论是基于表征事物差别性的尺度——因素(事物的属性)来对事物进行分类、简化和推理。SFT 中所指空间是将影响可靠性的因素作为维度所组成的空间，因此两种理论的出发点是一致的。将因素空间理论处理信息的能力运用到处理安全信息中，为得到适合 SFT 的数据而服务。除因素空间理论外，人们也提出了一些方法来处理安全信息，以提供 SFT 所需的基础数据。提出这些方法的同时，人们也提出了一些概念和定义，给出了推导过程，并已针对某些系统可靠性问题进行了应用。

4) 具体研究内容

(1) 给出 CSFT 的理论、定义、公式和方法，以及应用这些方法的实例。定义 CSFT、基本事件影响因素、基本事件发生概率特征函数、基本事件发生概率空间分布、顶上事件发生概率空间分布、概率重要度空间分布、关键重要度空间分布、顶上事件发生概率空间分布趋势、事件更换周期、系统更换周期、基本事件及系统的径集域、割集域和域边界、因素重要度和因素联合重要度分布等概念。

(2) 研究元件和系统在不同因素影响下的故障概率变化趋势；研究系统最优更换周期方案及成本方案；研究系统故障概率的可接受因素域；研究因素对系统可靠性影响的重要度；研究系统故障定位方法；研究系统维修率确定及优化；研究系统可靠性评估方法；研究系统和元件因素重要度等。

(3) 给出 DSFT 的理论、定义、公式和方法，以及应用这些方法的实例。提出 DSFT 概念，并与 CSFT 进行对比分析。给出在 DSFT 下求解故障概率分布的方法，即因素投影拟合法，并分析该方法的不精确原因。提出更为精确的使用神经网络确定故障概率分布的方法,同时使用神经网络求导得到故障概率变化趋势。提出模糊结构元理论与 SFT 的结合，即模糊结构元化特征函数及 SFT。

(4) 研究系统结构反分析方法,提出 01 型 SFT 表示系统的物理结构和因素结构，以及结构表示方法，即表法和图法。提出可用于系统元件及因素结构反分析的逐条分析法和分类推理法，并描述分析过程和数学定义。

(5) 研究从实际监测数据记录中挖掘出适合 SFT 处理的基础数据方法。研究定性安全评价和监测记录的化简、区分及因果关系；研究工作环境变化情况下的系统适应性改造成本；研究环境因素影响下系统中元件的重要性；研究系统可靠性决策规则发掘方法及其改进方法；研究不同对象分类和相似性及其改进方法。

1.3.2　智能化空间故障树

1) 云化空间故障树

系统实际运行过程中的故障数据或可靠性数据与一般数据有截然不同的特征，可能受到人、机、环境的共同影响。元件或系统可靠性数据主要来源于两方面：一是研发测试时的实验，这种方式相对严谨，通过大量元件的使用对故障数据进行统计，然后得到一个可靠性概率；二是在系统实际运行期间得到一些工作中的故障数据。无论是实验室还是实际故障数据都有一定的数据不确定性，即离散性、模糊性和随机性。这些不确定性主要是由系统元件固有特点造成的系统误差、操作人员或检查人员造成的人因误差，也可能是由环境突变造成的系统随机失效。特别是对一个已投入使用的系统而言，这些情况更为普遍，因此分析可靠性数据的方法应具备不确定性分析能力。如何判断数据的不确定性，不确定性数据在何种因素影响下出现，程度如何，这些都应得到确认。

现有 SFT 特征函数是一种具有有限间断点的连续函数。该函数可以认为是故障数据的核函数，但难以表示上述故障数据特征。为此，引入云模型改造特征函数，使其具有表示数据不确定性的能力，即云化特征函数。使用云化特征函数构建云化 SFT，进而使 SFT 的相关理论和方法能表示数据不确定性，更为精确地表达故障数据特点，体现实际数据规律。研究已给出云化 SFT 的构造过程及其合理性分析。对经典故障树概念对应的 SFT 概念进行云化改造，使用这些定义和方法对一个简单的电气元件进行故障数据分析。

2) 可靠性与影响因素的关系

实际系统工作于多因素影响的环境中，所表现的可靠性与这些因素有关；同时随着系统运行，故障累积数据迅速增加，这些大数据量级的故障数据也蕴含着系统可靠性特征。因此，研究适合故障大数据和多因素影响下的系统可靠性分析方法成为亟待解决的科研和工程问题。可以使用 SFT 和因素空间相结合的方法来解决上述问题，因为 SFT 解决多因素影响下的系统可靠性分析，而因素空间具有大数据处理和逻辑分析能力。以故障概率代表可靠性，将因素空间引入 SFT，研究可靠性与影响因素之间的逻辑关系，并提出相应的分析方法。在已有研究基础上完善 SFT 理论，使其具有推断故障因果关系、因素降维和数据压缩能力。

3) 可靠性变化特征研究

系统或元件在实际环境下工作，随着环境的变化，其可靠性或故障概率也是变化的。人们希望可靠性或故障概率是恒定不变的，就必定要采取措施进行保障。对这种情况研究的前提就是能准确地描述系统或元件的可靠性变化与因素变化之间的关系。即要描述清楚在工作环境变化过程中，其可靠性或故障概况的变化。另外，系统或元件在变化的环境中有些量是累积的，如磨损、耗电量，这些量可能受到环境因素的影响，即使起始状态和终止状态相同，也可能由于经历环境变化过程不同这些累积量不同。因此，应构建考虑可靠性条件下，可描述系统经历环境变化及其累计效果的方法，目前这类方法并不多见。考虑系统经历环境变化描述可靠性，要考虑系统或元件的可靠性和环境因素。已有方法对这些信息难以有效整合，并无系统观点上的构建，因此难以形成具有通用性的方法。

SFT 可同时表示故障概率和影响因素之间的关系，形成故障概率分布，即一种空间曲面。在 SFT 框架下可实现对系统或元件经历环境变化的描述，并对具有累积性质的量进行计算。基于 SFT 提出描述系统或元件经历环境变化的描述方法，即作用路径；同时提出描述具有累积性的作用历史。

4) 具体研究内容

(1) 引入云模型改造 SFT。云化 SFT 继承了 SFT 分析多因素影响可靠性的能力，也继承了云模型表示数据不确定性的能力，从而使云化空间故障树适合实际故障数据的分析处理。提出云化概念包括云化特征函数、云化元件和系统故障概率分布、云化元件和系统故障概率分布变化趋势、云化概率和关键重要度分布、云化因素和因素联合重要度分布、云化区域重要度、云化径集域和割集域、可靠性数据的不确定性分析。

(2) 给出基于随机变量分解式的可靠性数据表示方法。提出可分析影响因素和目标因素之间因果逻辑关系的状态吸收法和状态复现法。构建针对 SFT 中故障数据的因果概念分析方法。根据故障数据特点制定故障及影响因素的背景关系分析法。根据因素空间中的信息增益法，制定 SFT 的影响因素降维方法。提出基于内点定理的故障数据压缩方法，其适合 SFT 的故障概率分布表示，特别是对离散故障数据的处理。提出可控因素和不可控因素的概念及其分析方法。

(3) 提出基于因素分析法的系统功能结构分析方法，指出因素空间能描述智能科学中的定性认知过程。基于因素逻辑建立系统功能结构分析公理体系，给出定义、逻辑命题和证明过程。提出系统功能结构的极小化方法。简述 SFT 理论中系统结构反分析方法，论述其中分类推理法与因素空间的功能结构分析方法的关系。使用系统功能结构分析方法分别对信息完备和不完备情况的系统功能结构进行分析。

(4) 提出作用路径和作用历史的概念。前者描述系统或元件在不同工作状态变化过程中所经历状态的集合，是因素的函数。后者描述经历作用路径过程中的可累积状态量，是累积的结果。尝试使用运动系统稳定性理论描述可靠性系统的稳定性问题，将系统划分为功能子系统、容错子系统、阻碍子系统。对这三个子系统在可靠性系统中的作用进行论述。根据微分方程解的八种稳定性，解释其中五种稳定性对应的系统可靠性含义。

(5) 提出基于包络线的云模型相似度计算方法。适用于安全评价中表示不确

定性数据特点的评价信息，对信息进行分析、合并，进而达到化简的目的。为使
云模型能方便有效地进行多属性决策，对已有属性圆进行改造，使其适应上述数
据特点，并能计算云模型特征参数。提出可考虑不同因素值变化对系统可靠性影
响的模糊综合评价方法。利用云模型对专家评价数据的不确定性处理能力，将云
模型嵌入层次分析中，对层次分析过程进行云模型改造。构建合作博弈-云化层次
分析算法，根据专家对施工方式选择的自然思维过程的两个层面，在算法中使用
两次云化层次分析模型，提出云化网络层次分析模型及其步骤。

(6) 提出元件维修率确定方法，分析系统工作环境因素对元件维修率分布的
影响。使用 Markov 状态转移链和 SFT 特征函数，推导串联系统和并联系统的元
件维修率分布。针对不同类型元件组成的并联、串联和混联系统，实现元件维修
率分布计算并增加限制条件。利用 Markov 状态转移矩阵计算得到的状态转移概
率取极限得到最小值；利用维修率公式计算状态转移概率的最大值。首先通过限
定不同元件故障率与维修率比值，将比值归结为同一参数，然后利用转移概率求
解相关参数的方程，从而得到维修率表达式。

1.3.3　空间故障网络

在使用 SFT 分析故障时发现复杂故障过程难以用树形结构表示，而更趋近于
多个事件按照一定的因果关系连接而成一个网络。例如，在研究冲击地压全过程
时，描述冲击地压过程本身很困难。其过程应分为多个阶段，不同阶段诱发的原
因不同，导致的结果也不同。因此，冲击地压全过程实际上是一种力学系统的演
化过程。通过进一步研究发现，深度、岩体结构形式、水环境等不同造成的冲击
地压过程也不同。那么，如何利用这些影响因素对冲击地压过程进行描述是需要
解决的关键问题。同样，在研究露天矿矿区区域灾害风险时也遇到类似问题。由
于该露天矿位于城市周边，开采活动带来了地表变形、地下水污染、空气污染等
灾害。研究这些主要灾害发现，导致这些灾害的因素不同，包括开采活动、水、
火、震动等。开采活动因素包括井工开采和露天开采；水因素包括降水、地表水
和地下水；火因素包括地表残煤和地下煤层起火；震动因素包括矿震、机械振动
和爆破震动。这些因素也可能相互作用，因此这些矿区灾害的发生过程是由众多
因素相互影响而实现的。对于简单的电气系统，可以使用 SFT 理论分析可靠性与
影响因素的关系。但对于复杂电气系统，其故障过程仍是多个事件在不同影响因
素作用下交织在一起的演化过程。

由此可见，无论是自然灾害的冲击地压和矿区灾害，还是人工电气系统故障，
都可以理解为多因素影响下的 SFEP，即将自然灾害和人工系统故障发生过程在
系统层面上抽象为 SFEP。要实现 SFEP 研究需要解决的问题很多，如 SFEP 的网
络化描述、多因素影响与 SFEP 的关系、SFEP 中的数据收集与分析、SFEP 网络

表示和处理方法等。这些问题正在逐步得到研究。

1.3.4 系统运动空间与系统映射论

在研究安全科学中安全系统工程领域问题时，系统可靠性是其中最关键的。但研究过程中总是出现建立的模型或系统无法完全对应自然系统的问题。虽然作者引入了智能科学、数据技术、信息论和系统科学的方法，但仍存在人工系统难以等效自然系统的鸿沟。

汪培庄提出的因素空间和人机认知体是一种试图解决上述困境的方法[127-130]，被认为是智能科学的数学基础。钟义信等提出的机制主义的信息生态方法论也成为解决上述问题的有效方法论[131-134]。作者在研究系统可靠性的过程中提出了系统运动空间和系统映射论，用于描述自然系统和人工系统之间的关系。在 SFT 框架内，使用系统结构分析方法和属性圆方法[135]，即可研究以可靠性为目标的系统运动状态，得到适合但不充分的人工系统。

安全科学囊括了工业、农业、服务业领域，也兼具自然科学和社会科学的属性，涉及各方面的技术和理论。简而言之，安全科学就是研究一切与安全相关的事项。那么安全是什么？安全是指没有受到威胁、没有危险、危害、损失，不存在危险、危害的隐患，是免除不可接受的损害风险的状态。安全是在人类生产过程中，将系统的运行状态对人类的生命、财产、环境可能产生的损害控制在人类能接受水平以下的状态。综上所述，安全应该是系统的一种状态，是在保证系统功能的前提下，不发生人们不能接受的情况的一种状态。通俗地讲，安全是保证系统正常运行，而不发生故障和事故的一种状态。安全科学就是研究系统保证安全状态的所有思想、理论、方法和措施的集合。安全科学的核心问题就是系统所需的安全状态。系统在这种安全状态下，完成规定功能的能力，就是系统科学中的可靠性问题。因此，安全科学的核心问题就是系统可靠性问题。系统安全性的变化，即等效为系统可靠性的变化。一切安全问题就可抽象为系统可靠性问题。系统安全状态的变化，可抽象为系统可靠性的变化，进一步抽象为系统状态变化，即系统运动过程。

现在的问题是将系统的安全逐步抽象为系统运动，这种系统运动状态不能通过微分方程加以描述。这里系统运动指系统受到刺激时系统的形态、行为、结构、表现等的变化。在研究系统运动之前，需要解决如下问题：如何描述系统的变化、什么是系统变化的动力、系统变化通过什么表现、系统变化如何度量。这些问题是研究系统运动最基本的问题，这些问题的解决涉及众多领域，包括安全科学、智能科学、大数据科学、系统科学和信息科学等。实际上，对于系统运动研究，作者进行了长时间的思考。在借鉴了汪培庄和钟义信分别提出的因素空间理论和信息生态方法论的基础上，作者结合 SFT 理论，初步地实现了系统运动的描述和度量，并将这些思想植根于安全科学的系统可靠性研究领域。

这部分研究正在逐渐展开，可在系统层面，甚至哲学层面描述和解释系统变化问题。

1.4　本书主要内容

本书的主要内容如下。

(1) 绪论。论述研究的意义和目的、研究现状和存在的问题、SFT 理论框架、本书的内容及研究特色。

(2) SFN 与 SFEP。主要包括 SFN 及其与 SFT 的转化、SFEP 描述方法、单向环的转化与故障发生概率计算、全过程诱发的 SFEP 最终事件发生概率、事件重复性及演化过程时间特征。本章是 SFN 和 SFEP 理论相关研究的基础，也是 SFN 研究的第一种方式，即将 SFN 转化为 SFT。

(3) SFN 的结构化表示。主要包括 SFN 的结构化分析方法研究、SFN 的结构化分析方法改进、SFN 结构化表示中事件的柔性逻辑处理模式转化等。本章是 SFN 研究的第二种方式，即 SFN 独立研究方法，不依赖 SFT 的一种结构化表示方法。这种方法利用矩阵表示 SFN，使用数据库存储，有利于计算机智能处理。

(4) SFN 的事件重要性分析。主要研究基于场论的 SFEP 中事件重要性和 SFN 中边缘事件结构重要性。SFN 中的结构重要性体现了一个事件在网络中所起的作用，这里使用两种方法进行分析，研究该问题的方法很多，可进一步扩展。

(5) SFN 的故障模式分析。主要包括 SFEP 中各故障模式发生可能性的确定、基于故障模式的 SFN 中事件重要性研究、基于 SFN 故障模式的最终事件故障概率分布确定、基于 SFN 的故障发生潜在可能性研究。一个故障模式是 SFN 中故障演化路径中的一个，也是一种导致最终故障的可能。实际故障过程是这些故障模式相互博弈并带有随机性的综合表现。对故障模式的研究有利于确定演化过程中某一故障过程发生的可能性。

(6) 故障文本因果关系提取与转化。主要包括 SFEP 的典型因果关系、SFEP 因果关系与 SFN 基本结构转化流程、关键词提取及规则确定、因果关系组模式与 SFN 基本结构转换等。这项研究是将 SFEP 的文字描述转化为计算机能处理的符号串，进一步将符号串与 SFN 相对应，使得 SFN 的分析可以使用语义智能分析方法。

(7) 基于 SFN 的露天矿灾害演化过程研究。主要包括：对矿区地质、水文和周围环境进行调查，并总结过去发生的自然灾害；给出研究涉及的 SFN 及相关概念；对露天矿边坡灾害演化过程进行 SFN 描述；将 SFN 转化为 SFT，研究灾害演化过程的灾害模式；给出边缘事件结构重要度、复杂度和可达度定义及计算过程等。研究主要针对露天矿区区域风险分析，运用 SFN 描述边坡灾害演化过程，并进行分析、预测和预防。为矿区灾害治理提供依据。

(8) 基于 SFN 的冲击地压演化过程研究。主要包括：冲击地压演化过程与能量关系，岩体系统能量释放种类、各种释放能量形式的关系和不同深度能量释放过程及时间顺序；不同深度冲击地压演化过程的 SFN 描述；演化过程中最终事件发生情况；演化过程中事件和传递条件的重要性。

(9) 系统故障分析与智能矿业系统。主要包括系统故障分析方法和智能矿业生产系统及其特征。总结安全系统工程、系统可靠性、系统安全与智能科学、数据分析等相关科学的观点。提出新的研究观点，分析智能科学在矿业生产中的作用。

参 考 文 献

[1] Nancy G L. Engineering a Safer World: Systems Thinking Applied to Safety[M]. Cambridge: MIT Press, 2011.

[2] 莱文森. 基于系统思维构筑安全系统[M]. 唐涛, 牛儒, 译. 北京: 国防工业出版社, 2015.

[3] Leveson N G. Safety analysis in early concept development and requirements generation[J]. INCOSE International Symposium, 2018, 28(1): 441-455.

[4] Nathaniel A P. Systems thinking applied to automation and workplace safety[D]. Cambridge: MIT, 2017.

[5] 崔铁军, 李莎莎, 朱宝岩. 含有单向环的多向环网络结构及其故障概率计算[J]. 中国安全科学学报, 2018, 28(7): 19-24.

[6] 崔铁军. 空间故障树理论研究[D]. 阜新: 辽宁工程技术大学, 2015.

[7] 吴乐. 怕高温！"史上最烧钱"战机 F-35 再爆致命缺陷[OE]. 中国国防报——军事特刊. http://www.81.cn/gjzx/2014-12/18/content_6274935_4.htm[2014-12-18].

[8] 吴海涛. 非正常条件下高铁列车调度指挥人因可靠性研究[D]. 成都: 西南交通大学, 2014.

[9] Parkes K, Hodkiewicz M, Morrison D. The role of organizational factors in achieving reliability in the design and manufacture of subsea equipment[J]. Human Factors and Ergonomics in Manufacturing & Service Industries, 2012, 22(6): 487-505.

[10] 聂银燕, 林晓焕. 基于 SDG 的压缩机故障诊断方法研究[J]. 微电子学与计算机, 2013, 30(3): 140-142, 147.

[11] 崔铁军, 李莎莎, 王来贵, 等. 煤(岩)体埋深及倾角对压应力型冲击地压的影响研究[J]. 计算力学学报, 2018, 35(6): 719-724.

[12] Cui T J, Li S S. Research on disaster evolution process in open-pit mining area based on space fault network[J]. Neural Computing and Applications, 2020, 32(21): 16737-16754.

[13] 徐力. 动车组故障模式研究[J]. 铁道车辆, 2016, 54(5): 29-31, 5.

[14] 韩治中, 王仲生, 姜洪开. 飞行器突发故障演化模型设计与仿真[J]. 计算机工程, 2012, 38(21): 14-16, 21.

[15] 谭晓栋, 罗建禄, 李庆, 等. 机械系统的故障演化测试性建模及预计[J]. 浙江大学学报(工学版), 2016, 50(3): 442-448, 459.

[16] 郝泽龙. 基于复杂网络理论的电网连锁故障模型研究[D]. 厦门: 厦门理工学院, 2015.

[17] 王文彬, 赵斐, 彭锐. 基于三阶段故障过程的多重点检策略优化模型[J]. 系统工程理论与实践, 2014, 34(1): 223-232.

[18] 沈安慰, 郭基联, 王卓健. 竞争性故障模型可靠性评估的非参数估计方法[J]. 航空动力学报, 2016, 31(1): 49-57.

[19] 王建华. 具有混合故障模型系统的可靠性分析[D]. 沈阳: 沈阳师范大学, 2011.

[20] 李艳. 网络上的多策略演化动力学研究[D]. 南京: 南京航空航天大学, 2015.

[21] 孙冰, 徐晓菲, 姚洪涛. 基于 MLP 框架的创新生态系统演化研究[J]. 科学学研究, 2016, 34(8): 1244-1254.

[22] 刘新民, 孙峥, 孙秋霞. 基于 Logistic 模型的城市交通系统演化研究[J]. 重庆交通大学学报(自然科学版), 2016, 35(1): 156-161, 166.

[23] 王继红, 程春梅, 史宪睿. 基于突变论视角的企业系统演化研究[J]. 科研管理, 2015, 36(S1): 279-282, 323.

[24] Barafort B, Shrestha A, Cortina S, et al. A software artifact to support standard-based process assessment: Evolution of the TIPA® framework in a design science research project[J]. Computer Standards & Interfaces, 2018, 60: 37-47.

[25] Zylbersztajn D. Agribusiness systems analysis: Origin, evolution and research perspectives[J]. Revista de Administração, 2017, 52(1): 114-117.

[26] Fuxjager M J, Schuppe E R. Androgenic signaling systems and their role in behavioral evolution[J]. The Journal of Steroid Biochemistry and Molecular Biology, 2018, 148: 47-56.

[27] Wang J, Wang S P, Wang X J, et al. Fault mode probability factor based fault-tolerant control for dissimilar redundant actuation system[J]. Chinese Journal of Aeronautics, 2018, 31(5): 965-975.

[28] Mellit A, Tina G M, Kalogirou S A. Fault detection and diagnosis methods for photovoltaic systems: A review[J]. Renewable and Sustainable Energy Reviews, 2018, 91: 1-17.

[29] Lu S B, Phung B T, Zhang D M. A comprehensive review on DC arc faults and their diagnosis methods in photovoltaic systems[J]. Renewable and Sustainable Energy Reviews, 2018, 89: 88-98.

[30] Boutasseta N, Ramdani M, Mekhilef S. Fault-tolerant power extraction strategy for photovoltaic energy systems[J]. Solar Energy, 2018, 169: 594-606.

[31] Sonoda D, de Souza A C Z, de Siveira P M. Fault identification based on artificial immunological systems[J]. Electric Power Systems Research, 2018, 156: 24-34.

[32] Lee K, Cha J Y, Ko S H, et al. Fault detection and diagnosis algorithms for an open-cycle liquid propellant rocket engine using the Kalman filter and fault factor methods[J]. Acta Astronautica, 2018, 150: 15-27.

[33] Al Dallal J, Morasca S. Investigating the impact of fault data completeness over time on predicting class fault-proneness[J]. Information and Software Technology. 2018, 95: 86-105.

[34] Acharya S, Tripathy C R. An ANFIS estimator based data aggregation scheme for fault tolerant wireless sensor networks[J]. Journal of King Saud University-Computer and Information

Sciences, 2018, 30(3): 334-348.

[35] Fravolini M L, Napolitano M R, Core G D, et al. Experimental interval models for the robust fault detection of aircraft air data sensors[J]. Control Engineering Practice, 2018, 78: 196-212.

[36] Polzer N, Gewald H. A Structured analysis of smartphone applications to early diagnose alzheimer's disease or dementia[J]. Procedia Computer Science, 2017, 113: 448-453.

[37] Pollack J, Biesenthal C, Sankaran S, et al. Classics in megaproject management: A structured analysis of three major works[J]. International Journal of Project Management, 2018, 36(2): 372-384.

[38] Akatsu S, Fujita Y, Kato T, et al. Structured analysis of the evaluation process for adopting open-source software[J]. Procedia Computer Science, 2018, 126: 1578-1586.

[39] Hu M A, MacDermid J C, Killip S, et al. Health information on firefighter websites: Structured analysis[J]. Interactive Journal of Medical Research, 2018, 7(2): e12.

[40] 陈硕. 监控视频结构化分析的研究与系统实现[D]. 济南: 山东大学, 2018.

[41] Maria R B, Fraulob H M, Chiaki A, et al. Concurrent structured analysis se method applied to a solar irradiance monitor satellite[J]. INCOSE International Symposium, 2016, 26(1): 630-644.

[42] Mitchell R N, Marin K A. Examining the use of a structured analysis framework to support prospective teacher noticing[J]. Journal of Mathematics Teacher Education, 2015, 18(6): 551-575.

[43] 李娜. 一种结构重要度的二元决策图底事件排序算法研究[D]. 哈尔滨: 哈尔滨工程大学, 2017.

[44] 李雨, 王洪春. 基于灰色关联的因果图的基本事件重要度研究[J]. 重庆师范大学学报(自然科学版), 2016, 33(6): 102-105.

[45] 陈文瑛. 航天器总装事故原因事件重要度分析[J]. 中国安全科学学报, 2015, 25(3): 66-70.

[46] Yang Y Z, Yu L, Wang X, et al. A novel method to evaluate node importance in complex networks[J]. Physica A: Statistical Mechanics and Its Applications, 2019, 526: 121118.

[47] Mo H M, Deng Y. Identifying node importance based on evidence theory in complex networks[J]. Physica A: Statistical Mechanics and Its Applications,2019, 529: 121538.

[48] 李炅菊, 黄宏光, 舒勤. 相依网络理论下电力通信网节点重要度评价[J]. 电力系统保护与控制, 2019(11): 143-150.

[49] 尹荣荣, 尹学良, 崔梦顿, 等. 基于重要度贡献的无标度网络节点评估方法[J]. 软件学报, 2019(6): 1875-1885.

[50] 毛剑楠, 刘澜. 城市群客运网络节点重要度识别方法[J]. 公路交通科技, 2019, 36(5): 130-137.

[51] 邓红星, 王玮琦. 基于节点重要度的公交专用道关键节点识别[J]. 重庆理工大学学报(自然科学), 2019, 33(4): 161-167.

[52] 王洁, 康俊杰, 周宽久. 基于FPGA的故障修复演化技术研究[J]. 计算机工程与科学, 2018, 40(12): 2120-2125.

[53] 方志耕, 王欢, 董文杰, 等. 基于可靠性基因库的民用飞机故障智能诊断网络框架设计[J]. 中国管理科学, 2018, 26(11): 124-131.

[54] 孙东旭, 李键, 武健. 面向 IMA 平台的离散事件演化树仿真分析方法[J]. 电光与控制,

2019, 26(2): 97-100.

[55] 常竞, 温翔. 大数据统计趋势分析和 PCA 的滚动轴承早期故障诊断[J]. 机械科学与技术, 2019, 38(5): 721-729.

[56] 李文博, 朱元振, 刘玉田. 交直流混联系统连锁故障搜索模型及故障关联分析[J]. 电力系统自动化, 2018, 42(22): 59-72.

[57] 崔铁军, 马云东. 多维空间故障树构建及应用研究[J]. 中国安全科学学报, 2013, 23(4): 32-37, 62.

[58] Li S S, Cui T J, Liu J. Research on the clustering analysis and similarity in factor space[J]. Computer Systems Science and Engineering, 2018, 33(5): 397-404.

[59] Cui T J, Li S S. Research on basic theory of space fault network and system fault evolution process[J]. Neural Computing and Applications, 2020, 32(6): 1725-1744.

[60] 张文辉, 赵文光. 基于数据挖掘的药物不良反应因果关系研究[J]. 中国数字医学, 2019, 14(5): 43-45.

[61] 舒晓灵, 陈晶晶. 重新认识"数据驱动"及因果关系——知识发现图谱中的数据挖掘研究[J]. 中国社会科学评价, 2017, (3): 28-38, 125.

[62] 李冰, 陈羿, 张永伟. 基于知识地图的文本分类方法[J]. 指挥信息系统与技术, 2018, 9(1): 92-95.

[63] 潘洋彬. 基于知识图谱的文本分类算法研究[D]. 厦门: 厦门大学, 2018.

[64] 方欢, 张源, 吴其林. 一种基于结构因果关系和日志变化挖掘的 BPMSs 故障诊断方法(英文)[J]. 控制理论与应用, 2018, 35(8): 1167-1176.

[65] 何绯娟, 石磊, 缪相林. MOOC 学习行为数据中因果关系的挖掘方法[J]. 信息与电脑(理论版), 2018, (21): 129-131.

[66] Qiu J N, Xu L W, Zhai J, et al. Extracting causal relations from emergency cases based on conditional random fields[J]. Procedia Computer Science, 2017, 112: 1623-1632.

[67] 佘青山, 陈希豪, 高发荣, 等. 基于感兴趣脑区 LASSO-Granger 因果关系的脑电特征提取算法[J]. 电子与信息学报, 2016, 38(5): 1266-1270.

[68] Hung Y C, Tseng N F. Extracting informative variables in the validation of two-group causal relationship[J]. Computational Statistics, 2013, 28(3): 1151-1167.

[69] 刘现营. 面向医疗知识的 PDF 文本内容提取系统设计与实现[D]. 哈尔滨: 哈尔滨工业大学, 2018.

[70] 黄新平. 政府网站信息资源多维语义知识融合研究[D]. 长春: 吉林大学, 2017.

[71] 唐静华. 基于特征项权重与句子相似度的知识元智能提取技术研究[D]. 成都: 西南交通大学, 2017.

[72] 郭立志, 王苓. 基于Petri网的大规模网络服务系统故障预测与演化[J]. 微电子学与计算机, 2017, 34(3): 129-132.

[73] 王宇飞, 李俊娥, 邱健, 等. 计及攻击损益的跨空间连锁故障选择排序方法[J]. 电网技术, 2018, 42(12): 3926-3937.

[74] 吴会丛, 于洁. 引入演化效率因子的演化算法设计[J]. 河北科技大学学报, 2018, 39(3): 275-281.

[75] 张文, 赵珊珊, 万仕全, 等. 基于人工智能技术的热带气旋灾害评估方法研究: 以广东省

为例[J]. 气候与环境研究, 2018, 23(4): 504-512.

[76] 高峰, 谭雪. 城市雾霾灾害链演化模型及其风险分析[J]. 科技导报, 2018, 36(13): 73-81.

[77] 何佳, 苏筠. 极端气候事件及重大灾害事件演化研究进展[J]. 灾害学, 2018, 33(4): 223-228.

[78] 褚钰. 突发水灾害事件应急管理合作中的演化博弈分析[J]. 工业安全与环保, 2018, 44(4): 54-56.

[79] 陈丽满, 阳富强. 基于灾害演化网络的尾矿库安全管理[J]. 有色金属(矿山部分), 2017, 69(3): 59-63, 75.

[80] 王翔, 乔春生, 马晓鹏. 滑坡动力失稳定量分析[J]. 中国铁道科学, 2019, 40(2): 9-15.

[81] 姜程, 霍艾迪, 朱兴华, 等. 黄土水力侵蚀-滑坡-泥流灾害链的研究现状[J]. 自然灾害学报, 2019, 28(1): 38-43.

[82] Getir S, Grunske L, Hoorn A V, et al. Supporting semi-automatic co-evolution of architecture and fault tree models[J]. Journal of Systems and Software, 2018, 142: 115-135.

[83] Harkat M F, Mansouri M, Nounou M, et al. Fault detection of uncertain nonlinear process using interval-valued data-driven approach[J]. Chemical Engineering Science, 2019, 205: 36-45.

[84] Germán-Salló Z, Strnad G. Signal processing methods in fault detection in manufacturing systems[J]. Procedia Manufacturing, 2018, 22: 613-620.

[85] de Delpha C, Diallo D, Al Samrout H, et al. Multiple incipient fault diagnosis in three-phase electrical systems using multivariate statistical signal processing[J]. Engineering Applications of Artificial Intelligence, 2018, 73: 68-79.

[86] Shahnazari H, Mhaskar P, House J M, et al. Modeling and fault diagnosis design for HVAC systems using recurrent neural networks[J]. Computers & Chemical Engineering, 2019, 126: 189-203.

[87] Shahnazari H, Mhaskar P. Distributed fault diagnosis for networked nonlinear uncertain systems[J]. Computers & Chemical Engineering, 2018, 115: 22-33.

[88] Wang R, Edgar T F, Baldea M, et al. A geometric method for batch data visualization, process monitoring and fault detection[J]. Journal of Process Control, 2018, 67: 197-205.

[89] Calderson-Mendoza E, Schweitzer P, Weber S. Kalman filter and a fuzzy logic processor for series arcing fault detection in a home electrical network[J]. International Journal of Electrical Power & Energy Systems, 2019, 107: 251-263.

[90] Sánchez-Fernández A, Baldán F J, Sainz-Palmero G I, et al. Fault detection based on time series modeling and multivariate statistical process control[J]. Chemometrics and Intelligent Laboratory Systems, 2018, 182: 57-69.

[91] Sakthivel R, Joby M, Wang C, et al. Finite-time fault-tolerant control of neutral systems against actuator saturation and nonlinear actuator faults[J]. Applied Mathematics and Computation, 2018, 332: 425-436.

[92] Leung A C S, Sum P F, Ho K. The effect of weight fault on associative networks[J]. Neural Computing and Applications, 2011, 20(1): 113-121.

[93] Yari M, Bagherpour R, Jamali S, et al. Development of a novel flyrock distance prediction model using BPNN for providing blasting operation safety[J]. Neural Computing and Applications, 2016, 27(3): 699-706.

[94] 谢和平, 彭瑞东, 鞠杨, 等. 岩石变形破坏的能量分析初探[J]. 岩石力学与工程学报, 2005, 24(15): 2603-2608.

[95] 彭瑞东, 谢和平, 周宏伟. 岩石变形破坏过程的热力学分析[J]. 金属矿山, 2008, 38(3): 61-64, 132.

[96] 马念杰, 郭晓菲, 赵志强, 等. 均质圆形巷道蝶型冲击地压发生机理及其判定准则[J]. 煤炭学报, 2016, 41(11): 2679-2688.

[97] 赵志强, 马念杰, 郭晓菲, 等. 煤层巷道蝶型冲击地压发生机理猜想[J]. 煤炭学报, 2016, 41(11): 2689-2697.

[98] 赵同彬, 郭伟耀, 谭云亮, 等. 煤厚变异区开采冲击地压发生的力学机制[J]. 煤炭学报, 2016, 41(7): 1659-1666.

[99] 刘学生, 谭云亮, 宁建国, 等. 采动支承压力引起应变型冲击地压能量判据研究[J]. 岩土力学, 2016, 37(10): 2929-2936.

[100] 潘岳, 张孝伍. 狭窄煤柱岩爆的突变理论分析[J]. 岩石力学与工程学报, 2004, 23(11): 1797-1803.

[101] 刘滨, 刘泉声. 岩爆孕育发生过程中的微震活动规律研究[J]. 采矿与安全工程学报, 2011, 28(2): 174-180.

[102] Zhao G Y, Dai B, Dong L J, et al. Energy conversion of rocks in process of unloading confining pressure under different unloading paths[J]. Transactions of Nonferrous Metals Society of China, 2015, 25(5): 1626-1632.

[103] Song D Z, Wang E Y, Li Z H, et al. Energy dissipation of coal and rock during damage and failure process based on EMR[J]. International Journal of Mining Science and Technology, 2015, 25(5): 787-795.

[104] Fan Y, Lu W B, Yan P, et al. Transient characters of energy changes induced by blasting excavation of deep-buried tunnels[J]. Tunnelling and Underground Space Technology, 2015, 49(4): 9-17.

[105] 章梦涛. 积极开展矿山岩体变形稳定性的研究[J]. 岩石力学与工程学报, 1993, 12(3): 290-291.

[106] Xiao Y X, Feng X T, Li S J, et al. Rock mass failure mechanisms during the evolution process of rockbursts in tunnels[J]. International Journal of Rock Mechanics and Mining Sciences, 2016, 83: 174-181.

[107] 尹万蕾, 潘一山, 李忠华, 等. 基于煤岩流变特性的狭窄煤柱冲击地压孕育过程研究[J]. 防灾减灾工程学报, 2016, 36(5): 834-840.

[108] 刘冬桥, 何满潮, 汪承超, 等. 动载诱发冲击地压的实验研究[J]. 煤炭学报, 2016, 41(5): 1099-1105.

[109] He B G, Zelig R, Hatzor Y H, et al. Rockburst generation in discontinuous rock masses[J]. Rock Mechanics and Rock Engineering, 2016, 49(10): 4103-4124.

[110] Li D J, Zhao F, Zheng M J. Fractal characteristics of cracks and fragments generated in unloading rockburst tests[J]. International Journal of Mining Science and Technology, 2014, 24(6): 819-823.

[111] 蔡美峰, 冀东, 郭奇峰. 基于地应力现场实测与开采扰动能量积聚理论的岩爆预测研究

[J]. 岩石力学与工程学报, 2013, 32(10): 1973-1980.

[112] 张传庆, 俞缙, 陈珺, 等. 地下工程围岩潜在岩爆问题评估方法[J]. 岩土力学, 2016, 37(S1): 341-349.

[113] 张宏伟, 朱峰, 韩军, 等. 冲击地压的地质动力条件与监测预测方法[J]. 煤炭学报, 2016, 41(3): 545-551.

[114] Dou L M, He X Q, He H, et al. Spatial structure evolution of overlying strata and inducing mechanism of rockburst in coal mine[J]. Transactions of Nonferrous Metals Society of China, 2014, 24(4): 1255-1261.

[115] 纪洪广, 卢翔. 常规三轴压缩下花岗岩声发射特征及其主破裂前兆信息研究[J]. 岩石力学与工程学报, 2015, 34(4): 694-702.

[116] 张月征, 纪洪广, 向鹏, 等. 基于矿山钻孔应变观测数据时程分形特征的冲击地压前兆分析[J]. 岩石力学与工程学报, 2015, 35(S1): 3222-3231.

[117] 赵周能, 冯夏庭, 陈炳瑞. 深埋隧洞 TBM 掘进微震与岩爆活动规律研究[J]. 岩土工程学报, 2017, 39(7): 1206-1215.

[118] 苏国韶, 蒋剑青, 冯夏庭, 等. 岩爆弹射破坏过程的试验研究[J]. 岩石力学与工程学报, 2016, 35(10): 1990-1999.

[119] Lu C P, Liu G J, Liu Y, et al. Microseismic multi-parameter characteristics of rockburst hazard induced by hard roof fall and high stress concentration[J]. International Journal of Rock Mechanics and Mining Sciences, 2015, 76: 18-32.

[120] 陈光辉, 李夕兵, 张平, 等. 基于改进 Haskell 模型的断层滑移型岩爆震源模拟研究[J]. 中国安全科学学报, 2016, 26(8): 122-127.

[121] 冯帆, 李夕兵, 李地元, 等. 正交各向异性板裂屈曲岩爆机制与控制对策研究[J]. 岩土工程学报, 2017, 39(7): 1302-1311.

[122] 马春驰, 李天斌, 陈国庆, 等. 硬脆岩石的微观颗粒模型及其卸荷岩爆效应研究[J]. 岩石力学与工程学报, 2015, 34(2): 217-227.

[123] 陈学华, 吕鹏飞, 宋卫华, 等. 综放开采过断层冲击地压危险分析及防治技术[J]. 中国安全科学学报, 2016, 26(5): 81-87.

[124] 吴顺川, 周喻, 高斌. 卸载岩爆试验及 PFC^{3D} 数值模拟研究[J]. 岩石力学与工程学报, 2010, 29(S2): 4082-4088.

[125] Fakhimi A, Hosseini O, Theodore R. Physical and numerical study of strain burst of mine pillars[J]. Computers and Geotechnics, 2016, 74(1): 36-44.

[126] He J, Dou L M, Mu Z L, et al. Numerical simulation study on hard-thick roof inducing rock burst in coal mine[J]. Journal of Central South University, 2016, 23(9): 2314-2320.

[127] 汪培庄. 因素空间与因素库[J]. 辽宁工程技术大学学报(自然科学版), 2013, 32(10): 1297-1304.

[128] Wang P Z, Liu Z L, Shi Y, et al. Factor space, the theoretical base of data science[J]. Annals of Data Science, 2014, 1(2): 233-251.

[129] 汪培庄, 郭嗣琮, 包研科, 等. 因素空间中的因素分析法[J]. 辽宁工程技术大学学报(自然科学版), 2014, 33(7): 865-870.

[130] 汪培庄. 因素空间与数据科学[J]. 辽宁工程技术大学学报(自然科学版), 2015, 34(2):

273-280.

[131] 钟义信, 张瑞. 信息生态学与语义信息论[J]. 图书情报知识, 2017, (6): 4-11.

[132] 钟义信. 从"机械还原方法论"到"信息生态方法论"——人工智能理论源头创新的成功路[J]. 哲学分析, 2017, 8(5): 133-144, 199.

[133] 钟义信. 从信息科学视角看《信息哲学》[J]. 哲学分析, 2015, 6(1): 17-31, 197.

[134] 钟义信. 高等智能·机制主义·信息转换[J]. 北京邮电大学学报, 2010, 33(1): 1-6.

[135] 崔铁军, 马云东. 系统可靠性决策规则发掘方法研究[J]. 系统工程理论与实践, 2015, 35(12): 3210-3216.

第2章　空间故障网络与系统故障演化过程

可靠性研究是安全系统工程的重要组成部分，其源于系统工程理论，是安全科学的重要理论基础，特别是在工矿、交通、医疗、军事等复杂且又关系到生命财产和具有战略意义的领域中更为重要。然而目前研究存在一些不足：①因素变化对可靠性的影响。各种元件由物理材料组成，不同环境下物理、力学、电学等相关性质是变化的。这导致元件在变化环境中基础属性改变，执行能力(可靠性)也发生变化，此时系统的可靠性变化相当复杂。②故障数据对可靠性分析的影响。系统可靠性分析的基础数据不再是有限非变化数据，而是不断变化更新的。这些故障数据具有模糊性、离散性和随机性，使用传统可靠性方法难以体现原数据信息的特征性和整体性。③可靠性结构对可靠性分析的影响。系统设计阶段不能全面考虑使用阶段可能遇到的不同环境，单纯在设计角度从系统内部研究整个系统的可靠性是不稳妥的。应从系统基本单元可靠性特征和系统所表现出的可靠性特征出发，研究系统内部可靠性结构。

故障树是安全系统工程基础理论之一。在当前系统可靠性研究领域极为重要，也是学术界研究的重点。许多学者在不同方面对故障树理论进行了应用，并提出了改进方法。在医学方面，故障树应用于手足口病的控制分析[1]；利用故障树分析法处理硫化氢的实验室规模生物反应器的安全性[2]。在不确定性问题研究方面，使用事故树处理不确定性问题[3]；使用决策树基于概率和可能性来表示不确定性[4]；依赖基本事件的故障树模型进行不确定性分析[5]；通过混合概率-可能性框架处理故障树分析中的不确定性[6]。在系统可靠性分析方面，基于事故树提出实时的系统分析方法[7]；研究非可修系统的优先级和与门动态故障树模型[8]。在系统的安全分析方面，使用扩展故障树分析自治系统的安全[9]。在电气系统方面，利用多值 Fisher 模糊决策树对模拟电路故障进行诊断[10]；使用概率故障树进行风险分析和安全演化研究[11]；应用事故树诊断燃料电池故障[12]；利用故障树分析不间断电源系统可靠性[13]。在交通运输方面，基于时序故障树对铁路运输系统风险进行评估[14]。另外一些研究包括故障树分析中的基本事件排序[15]；二元决策图有效排序启发式算法的故障树分析[16]；有序随机变量概率模型和有序二元决策图的高度耦合动态故障树的定量分析[17]；结构函数耦合和蒙特卡罗仿真的动态故障树定量分析[18]；近似动态故障树 Markov 链分析[19]；结构函数动态故障树定量分析[20]等。

虽然这些研究取得了很多成果,但难以分析多因素影响下的系统可靠性特征,不具备逻辑分析和大数据处理能力。因此,作者提出了 SFT 理论。SFT 的基础是经典故障树,是一种具有树形结构的故障因果关系表示方法。实际故障发展过程往往不能表示成理想的故障树形式,更为一般的是网络结构的故障发生过程。即各种原因和结果相互交织,共同作用于最终故障。其难以表示成故障树形式,也难以使用 SFT 理论进行分析。

为解决该问题,同时利用 SFT 现有研究成果,作者提出 SFN 的概念。SFN 将一般的故障发生过程用网络拓扑形式表示,再通过一定的方式将其转化为 SFT 进行处理(第一种处理方式)。SFN 的提出是 SFT 理论解决实际故障过程的泛化,是进一步使用 SFT 理论研究故障一般规律的基础。

2.1 空间故障网络及其转化

SFT 是一种研究系统可靠性与影响因素关系的理论体系,用树形结构描述元件与系统之间的可靠性关系。然而实际故障发生过程是复杂的,难以表示成树形结构,而更为广泛的是网状结构。因此,尝试将 SFT 中的树形结构转化为网络结构,进而形成 SFN。

本节给出 SFN 的定义、性质及其与 SFT 的转化方法。目的是将 SFN 转化为 SFT,以利用 SFT 现有研究结果。SFN 的结构包括一般网络结构、多向环网络结构及含有单向环的多向环网络结构。由于单向环的特殊性,即具有循环连锁发生故障的特征,无法单独构成 SFN,因此将其加入多向环网络结构形成含有单向环的多向环网络结构。本节重点论述三种网络结构的表示和故障概率计算方法。

2.1.1 基本定义

定义 2.1 SFN:产生系统故障事件组成的拓扑结构,用 $W=(V,L,R,B,\mathrm{B})$ 表示。其中 V 代表网络中的节点集合,即事件;L 代表网络中的连接集合;R 代表网络跨度集合;B 代表网络宽度集合;B 代表布尔代数系统。

定义 2.2 节点:SFN 中的节点代表故障发生过程的事件,故障网络中多个节点可以表示同一个事件,但不是同一次事件;但一个事件的一次发生只对应一个节点。SFN 的节点按照故障的发展分为三类,用 v_i 表示,节点集合 $V=\{v_1,v_2,\cdots,v_I\}$,共有 I 个节点。

第一类节点称为边缘事件(edge event, EE),即导致故障的基本事件,是故障发生的源头,在故障网络中没有任何事件导致边缘事件发生,对应于故障树的基本事件。

第二类节点称为过程事件(process event，PE)，即故障发生过程中，由于边缘事件或其他过程事件导致的事件，同时也导致其他过程事件或最终事件，对应于故障树中的中间事件。

第三类节点称为最终事件(target event，TE)，即过程事件导致的事件，但在故障网络中不导致任何其他事件发生。

定义 2.3　事件的发生概率：事件的发生概率与 SFT 中的定义相同，用特征函数 p_i 表示。

定义 2.4　连接：故障发生过程中事件之间的影响传递，连接存在于两个事件之间。连接是有向的，从原因事件(cause event，CE)指向结果事件(result event，RE)，用 $L=\{l_1,l_2,\cdots,l_J\}$ 表示，共有 J 个连接。原因事件可以是边缘事件和过程事件。结果事件可以是过程事件和最终事件。

定义 2.5　路径：从一个事件到另一个事件过程中多个连接的组合。这些连接具有统一的方向。路径用 E_f 表示，路径集合 $E=\{e_1,e_2,\cdots,e_F\}$，共有 F 个路径。

定义 2.6　传递概率(transfer probability, TP)：原因事件可导致结果事件的传递概率，即原因事件发生后导致结果事件发生的概率，用 p_j 或 $p_{原因事件\to结果事件}$ 表示。

定义 2.7　SFN 的跨度：指两个事件之间经过的连接数量，用以衡量故障发生的过程复杂程度。一个事件与边缘事件的最大跨度称为该事件的模跨度。最终事件的模跨度是故障网络中的最大跨度。SFN 的跨度用 M 表示，跨度集合 $R=\{r_1,r_2,\cdots,r_O\}$，共有 O 个跨度。

定义 2.8　SFN 的宽度：故障网络中一个事件所涉及的所有边缘事件所有节点的总数，用以衡量故障原因的复杂度。一个事件的最大宽度称为该事件的模宽度。最终事件的模宽度是故障网络中的最大宽度。用 b_m 表示第 m 个宽度，宽度集合 $B=\{b_1,b_2,\cdots,b_M\}$，共有 M 个跨度。

定义 2.9　事件之间的逻辑关系：过程事件和最终事件都包含了引起它们发生的所有事件的逻辑关系。这些逻辑关系包括"与""或""非"，与故障树的逻辑关系相同。事件之间的逻辑关系用(B，$\vee$，$\wedge$，$\overline{}$)表示。

2.1.2　空间故障网络的性质、基本结构与转化

1) SFN 性质与结构

SFN 是泛化的 SFT，其故障因果关系是网状拓扑结构，能更为一般地表示可靠性与影响因素之间的关系。SFN 中的节点是根据故障发生过程确定的，节点可表示三种事件：边缘事件、过程事件和最终事件。多个节点可表示同一个事件，但非同一次事件；一个事件的一次发生只对应一个节点，多次发生对应多个不同的节点。边缘事件对应故障树中的基本事件，在故障网络中没有任何事件导致边

缘事件发生；边缘事件是故障网络分析中不可再分的、原因不清的或是网络之外的事件。过程事件对应故障树的中间事件，特点是存在于最终事件和边缘事件之间，是边缘事件到最终事件路径上的事件。相同的边缘事件和最终事件可能由于路径不同而过程事件不同。最终事件相当于故障树的顶事件，是故障网络分析的目标事件；最终事件在网络中不导致任何事件发生。与 SFT 不同的是，在网络中可以多次发生最终事件，导致最终事件不唯一。原因事件可以是边缘事件和过程事件。结果事件可以是过程事件和最终事件。连接是有向的，从原因事件指向结果事件。当两个事件互为因果时，它们组成了单向环结构。路径是两个事件之间多个连接的组合，具有一个统一的方向，若任意一个连接既可以作为路径的开始又可以作为路径的结束，则该路径是一个环状结构。传递概率实际上是两个事件之间的联系，也就是原因事件到达结果事件的可达性。跨度用以衡量故障发生过程的复杂程度，宽度用以衡量故障原因的复杂度。

2) SFN 的图形化表示

SFN 转化为 SFT 的前提是对故障发生过程的图形化表示。这里给出两种最基本的 SFN 结构，如图 2.1 所示。

图 2.1(a)为一个最基本的 SFN，网络由 6 个事件组成，分别为 $v_1 \sim v_6$。根据定义 2.2，边缘事件为 v_5、v_6；过程事件为 v_2、v_3、v_4；最终事件为 v_1。定义 2.4 的连接是图中的有向箭头。定义 2.7 和定义 2.8 中的跨度和宽度需要借助 SFT 转化得到。定义 2.9 的逻辑关系，"与""或"关系至少是二元运算，即需要两个原因事件才能完成，如图中的 v_1、v_4。"+"表示原因事件 v_2、v_3 是"或"关系，造成 v_1 发生；"·"表示原因事件 v_5、v_6 是"与"关系，造成 v_4 发生。如果原因事件和结果事件是一一对应的，且不是"非"关系，那么不需要在结果事件中标注逻辑关系。

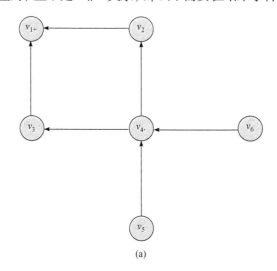

(a)

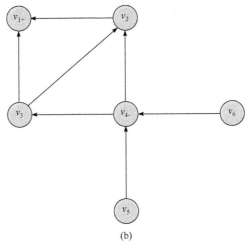

(b)

图 2.1　两种 SFN 结构

图 2.1(a)是最简单的故障网络。图中，连接方向是恒定的，不存在多向环网络结构。

图 2.1(b)在图 2.1(a)的基础上出现了多向环网络结构，如 $v_3 \rightarrow v_1$ 及 $v_3 \rightarrow v_2 \rightarrow v_1$。这样会产生相同原因事件和结果事件之间跨度不同的现象。即相同的原因事件经历不同过程导致相同的结果事件，这样在进行 SFT 转化过程中采取的措施是不同的。这与过程中结果事件及原因事件的逻辑关系有关。

上述两种故障网络是基本形式，不同形式转化为 SFT 的形式和方法不同，下面给出 SFN 转化为 SFT 的具体形式和方法。

3) SFN 与 SFT 的转化

SFT 是 SFN 的一种特殊情况，即网络结构的有向无环拓扑。针对故障发生过程的不同，可将 SFN 的拓扑结构归纳为一般结构、多向环网络结构、单向环结构。但在一般情况下，单向环结构难以独立存在，将单向环与多向环耦合，组成含有单向环的多向环网络结构，是论述的重点。三种结构特征不同，由简到繁，因此其 SFN 转化为 SFT 的方式也不同。图 2.2 为三种基本拓扑形式，图 2.3 为图 2.2 中三种网络转化的 SFT。

图 2.2 中，$v_1 \sim v_6$ 及其之间的箭头实线段组成了一般网络结构，其特征在于相邻两个事件之间有且只有一条路径相连，在这种情况下连接或路径的方向一致，网络中不存在多向环网络结构、单向环结构及含有单向环的多向环网络结构。该网络由 6 个事件组成，分别为 $v_1 \sim v_6$。其中，边缘事件为 v_5、v_6；过程事件为 v_2、v_3、v_4；最终事件为 v_1。图中有向箭头代表连接。v_1、v_4 分别为事件 v_2、v_3 和 v_5、v_6 所导致，是结果事件；v_2、v_3 和 v_5、v_6 分别是 v_1、v_4 的原因事件。"+"表示

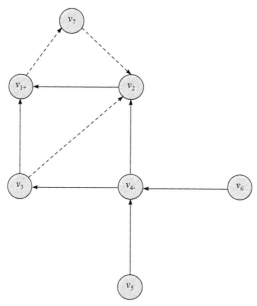

图 2.2　SFN 三种基本拓扑形式

实线箭头和连接的事件表示一般网络结构；实线箭头、虚线箭头和连接的事件表示多向环网络结构；
实线箭头、虚线箭头、点线箭头和连接的事件表示含有单向环的多向环网络结构，下同

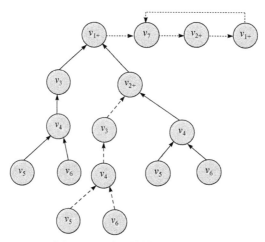

图 2.3　三种网络转化后的 SFT

原因事件 v_2 和 v_3 是"或"关系，两者其一就可造成 v_1 发生。"·"表示原因事件 v_5、v_6 是"与"关系，两者同时发生可造成 v_4 发生。若原因事件和结果事件是一一对应的，则不需要标注逻辑关系。上述方法与现有 SFT 的转化应从最终事件出发。根据一般网络结构特点，两事件之间有且只有一条路径且方向一致，可根据结果事件反向得到原因事件。从该网络结构的结果事件 v_1 出发，找到原因事件 v_3 和

v_2；v_3 的原因事件是 v_4，v_2 的原因事件是 v_4；v_4 的原因事件是 v_5 和 v_6。从而得到图 2.3 中箭头实线段及其连接事件组成的 SFT。

图 2.2 中，$v_1 \sim v_6$ 及其之间的箭头实线段和虚线段组成了多向环网络结构，其特征在于相邻两个事件之间至少有两条路径相连，在这种情况下连接或路径的方向不一致，网络中存在多向环网络结构，如 $v_3 \to v_1$ 及 $v_3 \to v_2 \to v_1$。在多向环网络结构中，原因事件和结果事件之间存在多条路径，可能导致这些路径的跨度不同。同样，转化从最终事件出发。相邻事件有两条或两条以上的路径相连（$v_4 \to v_3 \to v_2$ 和 $v_4 \to v_2$），因此这些路径指向的同一结果事件至少有两个原因事件，此时形成树形结构时就会出现分叉现象，而分叉中的一支与前述一般网络中的一支相同，如图中箭头虚线段组成的分支与 v_1 的左支，因为 v_3 可导致 v_1 和 v_2 发生。

图 2.2 表示含有单向环的多向环网络结构。单向环是一种特殊结构，表示一类特殊的故障发生模式。在这种模式下，故障发生过程中原因事件导致结果事件；进一步向下传递过程中，又会导致最初的原因事件继续发生。该过程中事件的连接方向相同，形成的路径是单向环形结构，如图中 $v_1 \to v_7 \to v_2$。产生单向环的故障是一种自循环故障。如果在自循环过程中不需要其他原因事件，那么这种故障发生后将难以停止，逐渐升级。当然，这与环中各事件之间的逻辑关系有关。逻辑"或"使单向环故障过程易于发生；逻辑"与"使单向环故障过程不易发生。图中单向环结构为 $v_1 \to v_7 \to v_2 \to v_1$。$v_1$、$v_7$、$v_2$ 与原因事件均为"或"关系，表明不需要其他原因事件，只需要 v_1、v_7、v_2 三个事件之一便可进行故障发生过程的循环。如果单向环结构中有一个事件的原因事件和其他事件是"与"关系，那么故障的发生过程将终结于此。图 2.3 中 SFT 可分为两部分：一个是一般故障树结构，另一个是循环结构。

SFN 与 SFT 的转化原则为：①从最终事件开始，转化是故障发生过程的逆序；②树根为结果事件，分支数量为指向结果事件的连接数量，即原因事件数量；③寻找得到的原因事件均为边缘事件时转化停止。

一般网络结构和多向环网络结构的故障网络都可以使用上述方法，但单向环结构有所区别。如果故障循环事件中有原因事件通过"与"关系导致结果事件，而且原因事件至少有一个不在故障循环中，那么故障循环将终止于该结果事件的某一原因事件。如果故障循环事件中所有原因事件由"或"关系导致结果事件，那么该故障循环将不会停止。

2.1.3 空间故障网络的故障概率

图 2.3 中，$v_1 \sim v_6$ 及其之间的箭头实线段组成的一般网络结构模跨度为 3，模

宽度为4。各过程事件和最终事件的发生概率计算过程与故障网络发生过程相同，最终事件发生概率计算过程如式(2.1)所示。

$$p_1 = p_5 p_{5 \to 4} p_6 p_{6 \to 4} p_{4 \to 3} p_{3 \to 1} + p_5 p_{5 \to 4} p_6 p_{6 \to 4} p_{4 \to 2} p_{2 \to 1}$$
$$= p_6 p_5 p_{5 \to 4} p_{6 \to 4} p_{4 \to 3} p_{3 \to 1} + p_6 p_5 p_{5 \to 4} p_{6 \to 4} p_{4 \to 2} p_{2 \to 1}$$
$$= p_6 p_5 \left(p_{6 \to 4} p_{5 \to 4} p_{4 \to 3} p_{3 \to 1} + p_{6 \to 4} p_{5 \to 4} p_{4 \to 2} p_{2 \to 1} \right) \tag{2.1}$$
$$p_4 = p_5 p_{5 \to 4} \times p_6 p_{6 \to 4}$$
$$p_3 = p_4 p_{4 \to 3}$$
$$p_2 = p_4 p_{4 \to 2}$$
$$p_1 = p_3 p_{3 \to 1} + p_2 p_{2 \to 1}$$

式(2.1)中的 $p_1 \sim p_4$ 存在如下关系。

由式(2.1)可知，最终事件 p_1 是由边缘事件 $p_6 p_5$ 经过一系列变化得到的。在这个变化中有两个路径：$e_1 = p_{6 \to 4} p_{5 \to 4} p_{4 \to 3} p_{3 \to 1}$ 和 $e_2 = p_{6 \to 4} p_{5 \to 4} p_{4 \to 2} p_{2 \to 1}$，即故障发生的两个过程。这两个过程的边缘事件相同，最终事件相同，但发展过程不同。模跨度为各过程连接中结果事件的无重复计数的最大值。例如，e_1 和 e_2 这两个过程中，结果事件均为3个，因此模跨度为3。模宽度为各过程中原因事件为边缘事件的重复计数的总和。这两个过程中，涉及的边缘事件均为 $p_6 p_5$，因此模宽度为4。

图2.3中，$v_1 \sim v_6$ 及其之间的箭头实线段和虚线段组成的多向环网络结构，其模跨度为4，模宽度为6。各过程事件和最终事件的发生概率计算过程如式(2.2)所示。

$$p_4 = p_5 p_{5 \to 4} \times p_6 p_{6 \to 4}$$

$$p_3 = p_4 p_{4 \to 3}$$

$$p_2 = p_4 p_{4 \to 2} + p_3 p_{4 \to 2}$$

$$p_1 = p_5 p_{5 \to 4} p_6 p_{6 \to 4} p_{4 \to 3} p_{3 \to 1} + (p_5 p_{5 \to 4} p_6 p_{6 \to 4} p_{4 \to 2} + p_5 p_{5 \to 4} p_6 p_{6 \to 4} p_{4 \to 3} p_{4 \to 3}) p_{2 \to 1}$$
$$= p_6 p_5 p_{5 \to 4} p_6 p_{6 \to 4} p_{4 \to 3} p_{3 \to 1} + p_6 p_5 p_{5 \to 4} p_{6 \to 4} p_{4 \to 2} p_{2 \to 1}$$
$$\quad + p_6 p_5 p_{5 \to 4} p_{6 \to 4} p_{4 \to 3} p_{4 \to 2} p_{2 \to 1}$$
$$= p_6 p_5 \left(p_{5 \to 4} p_{6 \to 4} p_{4 \to 3} p_{3 \to 1} + p_{5 \to 4} p_{6 \to 4} p_{4 \to 2} p_{2 \to 1} + p_{5 \to 4} p_{6 \to 4} p_{4 \to 3} p_{4 \to 2} p_{2 \to 1} \right)$$

$$\tag{2.2}$$

由式(2.2)可知，最终事件 p_1 同样是由边缘事件 $p_6 p_5$ 经过一系列变化过程得到的。在这个变化中有3个过程可以实现，即 $p_{5 \to 4} p_{6 \to 4} p_{4 \to 3} p_{3 \to 1}$、$p_{5 \to 4} p_{6 \to 4} p_{4 \to 2} p_{2 \to 1}$ 和 $p_{5 \to 4} p_{6 \to 4} p_{4 \to 3} p_{4 \to 3} p_{2 \to 1}$。由结果可知，以"+"相连的项数为边缘事件导致最终事件的途径数量。多项式中边缘事件总数为模宽度。多项式中传递概率的无重

复最终事件和过程事件总数为模跨度。

图 2.3 表示含有单向环的多向环网络结构，其模跨度为 $4+3k$，模宽度为 6。一般故障树结构中的 p_1 如式(2.3)所示。

$$p_1 = p_6 p_5 (p_{5\to4} p_{6\to4} p_{4\to3} p_{3\to1} + p_{5\to4} p_{6\to4} p_{4\to2} p_{2\to1} + p_{5\to4} p_{6\to4} p_{4\to3} p_{4\to2} p_{2\to1}) \quad (2.3)$$

故障循环中的所有事件是一一对应的，且未标注逻辑关系，因此原因事件直接导致结果事件，此时循环故障发生 k 次的 p_1 如式(2.4)所示。

$$p_1^k = (p_1 p_7 p_2 p_{1\to7} p_{7\to2} p_{2\to1})^k \quad (2.4)$$

综上所述，SFN 转化为 SFT 后的形式是边缘事件与路径乘积的和，即一般网络结构和多向环网络结构的 SFT 表达式如式(2.5)所示。

$$p_\eta = \sum_{f=1}^{F} \prod_{v_i \in e_f} p_i \prod_{l_j \in e_f} p_j \quad (2.5)$$

式中，η 表示最终事件；i 表示第 i 个事件；j 表示第 j 个传递概率。

如果 v_{14} 存在单向环的循环故障，那么 $p_i^k = \left(\prod_{ii \in \delta} p_{ii} \prod_{jj \in \zeta} p_{jj} \right)^k$，$\delta$ 表示循环结构事件集合，ii 表示该集合中第 ii 个事件；ζ 表示循环结构连接集合，jj 表示该集合中第 jj 个传递概率，则 SFN 转化为 SFT 的公式如式(2.6)所示。

$$p_\eta = \sum_{f=1}^{F} \prod_{v_i \in e_f} p_i \prod_{l_j \in e_f} p_j \left(\prod_{ii \in \delta} p_{ii} \prod_{jj \in \zeta} p_{jj} \right)^k \quad (2.6)$$

考虑到 SFT 事件发生受到 n 个因素影响，$P_i(x_1, x_2, \cdots, x_n) = 1 - \prod_{k=1}^{n}(1 - P_i^{d_k}(x_k))$。

其中，x_k 表示影响因素的数值，d_k 表示因素的符号，详见文献[21]。式(2.5)和式(2.6)可改写为式(2.7)和式(2.8)。

$$p_\eta(x_1, x_2, \cdots, x_n) = \sum_{f=1}^{F} \prod_{v_i \in e_f} \left\{ 1 - \prod_{k=1}^{n} [1 - P_i^{d_k}(x_k)] \right\} \prod_{l_j \in e_f} p_j \quad (2.7)$$

$$p_\eta(x_1, x_2, \cdots, x_n) = \sum_{f=1}^{F} \prod_{v_i \in e_f} [1 - P_i^{d_k}(x_k)] \prod_{l_j \in e_f} p_j \left(\left\{ \prod_{ii \in \delta} [1 - P_{ii}^{d_k}(x_k)] \right\} \prod_{jj \in \zeta} p_{jj} \right)^k \quad (2.8)$$

考虑到连接的传递概率也受到 n 个因素影响，且与事件的影响因素相同，则 P_j

$(x_1, x_2, \cdots, x_n) = 1 - \prod_{k=1}^{n} [1 - P_j^{d_k}(x_k)]$，进而式(2.7)和式(2.8)可改写为式(2.9)和式(2.10)。

$$p_\eta(x_1, x_2, \cdots, x_n) = \sum_{f=1}^{F} \prod_{v_i \in e_f} \left\{ 1 - \prod_{k=1}^{n} [1 - P_i^{d_k}(x_k)] \right\} \left(\prod_{l_j \in e_f} [1 - P_j^{d_k}(x_k)] \right) \quad (2.9)$$

$$p_\eta(x_1,x_2,\cdots,x_n)$$

$$=\sum_{f=1}^{F}\prod_{v_i\in e_f}[1-P_i^{d_k}(x_k)]\prod_{l_j\in e_f}[1-P_j^{d_k}(x_k)]\left(\left\{\prod_{ii\in\delta}[1-P_{ii}^{d_k}(x_k)]\right\}\left(\prod_{jj\in\zeta}[1-P_{jj}^{d_k}(x_k)]\right)\right)^k \quad (2.10)$$

由式(2.10)和式(2.9)可知，将 SFN 转化为 SFT 是可行的。可使用多因素影响下的三种 SFN 表达式计算最终事件，即系统故障的发生概率。可进一步利用 SFT 的已有方法处理具有网络结构的故障发生过程。

2.2 系统故障演化过程描述

本节将原有 SFN 结构 $W=(V,L,R,B,B)$ 改为 $W=(O,S,L,F)$，即利用四要素对象、状态、连接和因素描述 SFEP，构建 SFN。提出枚举法和实例法具体进行 SFEP 描述。研究三级往复式压缩机的第一级故障过程，并辨识事件的对象、对象的状态及事件的逻辑关系，绘制 SFN。

2.2.1 系统故障演化过程及其四要素

SFEP 源于作者对实际问题的研究。例如，在对电气系统这类人工系统可靠性进行研究时发现，电气系统在不同因素作用下，故障发展过程、故障概率及其后果都不相同。这些作用使同一电气系统表现出多种故障模式。组成该系统的元件不变，因此影响因素的变化使元件故障状态产生了变化。可见，因素导致元件状态变化使系统故障模式多样化，即因素使 SFEP 呈现多样化。又如，在研究冲击地压及矿区区域灾害时发现，灾害演化过程往往经历较长时间，各阶段的起因及发展过程都不同，较电气系统更为复杂。当然，也可将这些自然灾害过程抽象为 SFEP 予以研究。同样，研究这些灾害需要了解它们的起因、发生过程、最终结果和能影响灾害的因素。因此，需要可描述和处理这些 SFEP 的方法，即 SFN 理论。

系统是由多个单元组成，可相互联系且具有确定功能的整体。系统发生故障过程中，组成系统各个部分的功能也在发生改变。系统在实际运行过程中，组成系统的元件不变，元件组成系统的结构不变，又因为系统故障来源于元件的故障，所以最终导致系统故障的因素是元件故障。不同环境可导致元件物理材料的性能不同，因此元件制成后的可靠性主要取决于元件运行的环境。可见，影响因素是故障演化的动力。

元件本身有物理属性，无论是否发生故障，元件的物理存在性都不会发生改变。因此，因素作用于元件后导致元件发生故障的表示方法成为主要问题。例如，当电阻丝通过适当电流时发热量较小，通过较大电流时发热量增加，当电流达到限制时电阻丝熔断。如果将电流作为因素,那么无论因素如何变化电阻丝本身都没有变化,变化的是电阻丝热量状态。在 SFN 理论中电阻丝过热称为事件,这也是 SFN 对事件的定义。从另一角度看,事件是对象和状态的集合体。一个事件只能有一个对象作为因素影响的承受者;但对象的状态可以是多种,根据实际情况而定。因素的作用是使对象的状态发生改变,这也是系统故障演化的基本动力。

SFEP 中存在众多事件,这些事件由对象和状态组成,并且这些事件是按照一定逻辑关系相互连接的。这些连接表示事件之间的因果逻辑关系。因此,在 SFN 中给出了连接的概念,见定义 2.4。连接具有方向性,表示原因事件的存在性及可影响结果事件的概率。这个概率称为传递概率,见定义 2.6。当原因事件不存在时,传递概率为 0,当存在且必然引起结果事件时,传递概率为 100%。传递概率是一个复合值,具体依据实际情况而定。

这里在事件定义的基础上,给出对象和状态的定义。

定义 2.10　阶数:系统故障演化过程的阶数等于所有边缘事件发生的最高次数,用 N 表示。

定义 2.11　对象:事件的主体,是承受各种因素作用的客体。一个事件有且只有一个对象。对象集合用 $O = \{o_1, o_2, \cdots, o_I,\}$ 表示,共有 I 个对象。

定义 2.12　状态:事件中对象存在的某种表现,是对象应对某些因素影响表现出的响应。一个对象可有多种状态。状态集合用 $S = \{s_1, s_2, \cdots, s_{\mathrm{II}}\}$ 表示,共有 II 个状态。

定义 2.13　因素:故障演化过程中,使对象状态改变及传递概率改变的作用。因素集合用 $F = \{f_1, f_2, \cdots, f_M\}$ 表示,共有 M 个因素。

此时,SFN 可用基本要素 $W = (O, S, L, F)$ 表示。其中,O 为网络中的节点对象集合(事件的对象);L 为网络中的连接集合;S 为对象状态的集合;F 为因素集合。相对于 $W = (V, L, R, B, \mathrm{B})$ 结构,O、S 代替了 V、R;B 表示网络的复杂程度,不作为基本要素;B 代表运算关系,不作为基本要素。

综上所述,SFEP 可用对象、状态、连接和因素表示,称为 SFEP 四要素。因素是对象改变状态的动力,对象是承受作用的客体,状态是对象表现的特征,连接表示对象之间的关系。因此,在研究 SFEP 时必须先确定这四要素。

在 SFN 框架内描述 SFEP 可使用如下两种方法。

(1) 枚举法。从系统整体出发,找到系统中的所有对象,列出这些对象的所有状态及影响对象状态的所有因素,根据对象间因果关系列出连接并绘制网络结构,则可形成 SFN。网络中连接边缘事件和最终事件的每一条路径表示一种可能发生的故障演化过程。这种方法对 SFEP 分析是全面的,但面对的问题也是最多的，实现较为困难。

(2) 实例法。从系统某次故障实例出发，找到与这次故障相关的对象，列出这些对象在这次故障中的状态，列出影响这次故障的因素，根据故障发生过程连接各个对象，形成针对该故障的一个 SFN。这种分析方法有针对性，实现较为简单。

下面使用实例法以三级往复式压缩机的第一级故障为例进行 SFEP 描述与分析。

2.2.2 实例故障演化过程描述

文献[22]、[23]给出的三级往复式压缩机的第一级故障过程如下。

(1) 进气阀泄漏：当进气阀泄漏时，会导致在气阀关闭时，高压气体回流到进气腔内，对气阀温度造成较大影响，同时会对流量产生影响。

(2) 排气阀泄漏：当排气阀泄漏时，会导致在非排气阶段排气腔内气体流入气缸，进而影响排气压力。

(3) 活塞环泄漏：活塞泄漏，会造成吸气量不足，吸气压力上升，排气压力上升，排气量不足；另外，活塞泄漏产生逆流，导致排气温度异常升高。

(4) 入口滤清器阻塞：入口过滤器不清洁，或者有杂物阻塞，会造成吸气压力异常降低。

(5) 填料函泄漏：填料与活塞杆磨损引起泄漏，导致排气量不足。

(6) 放泄阀、旁通阀漏气：当放泄阀、旁通阀漏气时，会使排气压力异常降低。

下面根据实例法对上述故障过程进行描述，找到事件及其对象和状态，见表 2.1。根据故障发展过程，将所有节点按照因果逻辑关系绘制连接，如图 2.4(a)所示。

表 2.1 演化过程的节点分析

节点	事件	对象	状态
v_1	吸气管线处气压增加	吸气管线处气压	增加
v_2	排气压力增加	排气压力	增加
v_3	入口滤清器阻塞	入口滤清器	阻塞
v_4	吸气管线阻力增加	吸气管线阻力	增加
v_5	吸气量降低	吸气量	降低
v_6	活塞环泄漏	活塞环	泄漏

续表

节点	事件	对象	状态
v_7	填料函泄漏+	填料函	泄漏
v_8	进气阀泄漏	进气阀	泄漏
v_9	吸气温度降低	吸气温度	降低
v_{10}	排气压力降低	排气压力	降低
v_{11}	两级间管线阻力提高	两级间管线阻力	提高
v_{12}	排气量提高	排气量	提高
v_{13}	放泄阀、旁通阀漏气	放泄阀、旁通阀	漏气
v_{14}	排气阀泄漏	排气阀	泄漏
v_{15}	排气温度上升	排气温度	上升
v_{16}	冷却器效率降低	冷却器效率	降低

　　表 2.1 给出了三级往复式压缩机的第一级故障过程中涉及的所有事件,包括事件的对象和对象的状态。更为实际的过程可能涉及的事件更为复杂,这里只根据给出的故障过程进行网络化描述。另外,所给信息中并未直接给出影响故障演化过程的因素,但由论述可知,温度、气压等因素会影响故障演化过程。这里只关注 SFEP 描述;因素的作用通过 SFT 的元件故障概率分布表示;另外,论述中未给出因素的具体影响,因此这里假设影响因素不变,只研究演化过程描述方法。根据表 2.1 及事件之间的逻辑关系绘制 SFN,如图 2.4(a)所示。

　　图 2.4 给出了实例故障演化过程的 SFN,图中符号含义见文献[24]。"→"表

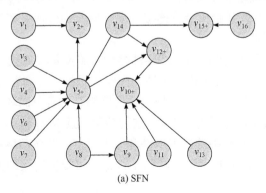

(a) SFN

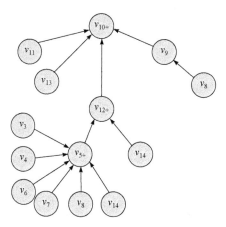

(b) 以v_{10}为最终事件的转化

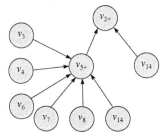

(c) 以v_2为最终事件的转化

图 2.4　演化过程描述及转化

示连接，箭头指向结果事件；"○"代表节点，即事件，包含了对象和状态；"+"代表结果事件与多个原因事件的关系。根据事件分类，边缘事件包括v_1、v_3、v_4、v_6、v_7、v_8、v_{11}、v_{13}、v_{14}、v_{16}，它们只作为原因事件而不作为结果事件。对过程事件和最终事件则需根据具体情况进行分析。

将 SFN 转化为 SFT 的方法见 2.1 节[24]，这里简要地进行总结。

(1) 在 SFN 中确定需要研究的最终事件，如图 2.4(a)中v_{10}。

(2) 从该最终事件开始，沿着连接的反方向，即传递概率的逆方向找到与该事件相关的原因事件。

(3) 将找到的原因事件作为最终事件继续按照步骤(2)寻找原因事件。

(4) 若找到的原因事件是边缘事件，则停止寻找；否则继续执行步骤(3)。

该转化过程只适用于不含单向环结构的网络，含有单向环网络的结构转化见本书后续章节。按照该过程对图 2.4(a)进行转化。选取v_{10}作为最终事件，即故障树的顶事件，寻找与其相关的过程事件和原因事件，并按照事件的逻辑关系用连接绘制树形图，如图 2.4(b)所示。转化是否正确可根据连接的方向及连接的原因事件和结果事件来确定。SFN 与 SFT 的每个连接都是对应的，包括连接的数量、方向、原因及结果事件等。然而，转化的 SFT 只包含与最终事件相关的过程事件和边缘事件及它们的连接，不包含 SFN 中与最终事件无关的事件及连接。如图 2.4(c)的转化所示，其最终事件为 v_2，所得 SFT 与图 2.4(b)有较大差别。因此，在故障演化过程中，最终事件的选择极其重要。最终事件应是需要研究的目标，而不一定是故障演化结束时的最终故障事件。

图 2.4(b)以 v_{10} 作为最终事件研究了故障演化过程，展开后得到的各阶故障演化过程数量较多，难以在书中展示，因此这里以图 2.4(c)中 v_2 为最终事件展开故障演化过程并进行详细研究，过程见表 2.2[25]。

表 2.2　空间故障网络中 v_2 的故障演化过程

阶数	形式	过程	数量
一阶	增量故障演化过程	$p_{52}p_6p_{65}$ $p_{52}p_8p_{85}$ $p_{52}p_{14}p_{145}$ p_1p_{1002} $p_{52}p_7p_{75}$ $p_{52}p_4p_{45}$ $p_{52}p_3p_{35}$	共 7 个过程
二阶	减量故障演化过程	$p_{52}p_4p_{45}p_6p_{65}$ $p_{52}p_3p_{35}p_6p_{65}$ $p_{52}p_6p_{65}p_7p_{75}$ $p_{52}p_4p_{45}p_7p_{75}$ $p_{52}p_3p_{35}p_7p_{75}$ $p_{52}p_7p_{75}p_8p_{85}$ $p_{52}p_6p_{65}p_8p_{85}$ $p_{52}p_4p_{45}p_8p_{85}$ $p_{52}p_3p_{35}p_8p_{85}$ $p_{52}p_4p_{45}p_{14}p_{145}$ $p_{52}p_6p_{65}p_{14}p_{145}$ $p_{52}p_3p_{35}p_{14}p_{145}$ $p_{52}p_7p_{75}p_{14}p_{145}$ $p_{52}p_8p_{85}p_{14}p_{145}$ $p_{52}p_6p_{65}p_1p_{1002}$ $p_{52}p_8p_{85}p_1p_{1002}$ $p_{52}p_{14}p_{145}p_1p_{1002}$ $p_{52}p_7p_{75}p_1p_{1002}$ $p_{52}p_4p_{45}p_1p_{1002}$ $p_{52}p_3p_{35}p_1p_{1002}$ $p_{52}p_3p_{35}p_4p_{45}$	共 21 个过程

阶数	形式	过程	数量
三阶	增量故障演化过程	$P_{52}P_6P_{65}P_7P_{75}P_8P_{85}$ $P_{52}P_3P_{35}P_4P_{45}P_6P_{65}$ $P_{52}P_4P_{45}P_6P_{65}P_7P_{75}$ $P_{52}P_3P_{35}P_6P_{65}P_7P_{75}$ $P_{52}P_3P_{35}P_4P_{45}P_7P_{75}$ $P_{52}P_4P_{45}P_7P_{75}P_8P_{85}$ $P_{52}P_4P_{45}P_6P_{65}P_8P_{85}$ $P_{52}P_3P_{35}P_7P_{75}P_8P_{85}$ $P_{52}P_3P_{35}P_6P_{65}P_8P_{85}$ $P_{52}P_3P_{35}P_4P_{45}P_8P_{85}$ $P_{52}P_3P_{35}P_4P_{45}P_{14}P_{145}$ $P_{52}P_4P_{45}P_6P_{65}P_{14}P_{145}$ $P_{52}P_3P_{35}P_6P_{65}P_{14}P_{145}$ $P_{52}P_6P_{65}P_7P_{75}P_{14}P_{145}$ $P_{52}P_4P_{45}P_7P_{75}P_{14}P_{145}$ $P_{52}P_3P_{35}P_7P_{75}P_{14}P_{145}$ $P_{52}P_7P_{75}P_8P_{85}P_{14}P_{145}$ $P_{52}P_6P_{65}P_8P_{85}P_{14}P_{145}$ $P_{52}P_4P_{45}P_8P_{85}P_{14}P_{145}$ $P_{52}P_3P_{35}P_8P_{85}P_{14}P_{145}$ $P_{52}P_4P_{45}P_6P_{65}P_1P_{1002}$ $P_{52}P_3P_{35}P_6P_{65}P_1P_{1002}$ $P_{52}P_6P_{65}P_7P_{75}P_1P_{1002}$ $P_{52}P_4P_{45}P_7P_{75}P_1P_{1002}$ $P_{52}P_3P_{35}P_7P_{75}P_1P_{1002}$ $P_{52}P_7P_{75}P_8P_{85}P_1P_{1002}$ $P_{52}P_6P_{65}P_8P_{85}P_1P_{1002}$ $P_{52}P_4P_{45}P_8P_{85}P_1P_{1002}$ $P_{52}P_3P_{35}P_8P_{85}P_1P_{1002}$ $P_{52}P_4P_{45}P_{14}P_{145}P_1P_{1002}$ $P_{52}P_6P_{65}P_{14}P_{145}P_1P_{1002}$ $P_{52}P_3P_{35}P_{14}P_{145}P_1P_{1002}$ $P_{52}P_7P_{75}P_{14}P_{145}P_1P_{1002}$ $P_{52}P_8P_{85}P_{14}P_{145}P_1P_{1002}$ $P_{52}P_3P_{35}P_4P_{45}P_1P_{1002}$	共35个过程
四阶	减量故障演化过程	$P_{52}P_6P_{65}P_7P_{75}P_8P_{85}P_1P_{1002}$ $P_{52}P_3P_{35}P_4P_{45}P_6P_{65}P_1P_{1002}$ $P_{52}P_4P_{45}P_6P_{65}P_7P_{75}P_1P_{1002}$ $P_{52}P_3P_{35}P_6P_{65}P_7P_{75}P_1P_{1002}$ $P_{52}P_3P_{35}P_4P_{45}P_7P_{75}P_1P_{1002}$	共35个过程

续表

阶数	形式	过程	数量
四阶	减量故障演化过程	$P_{52}P_4P_{45}P_7P_{75}P_8P_{85}P_1P_{1002}$ $P_{52}P_4P_{45}P_6P_{65}P_8P_{85}P_1P_{1002}$ $P_{52}P_3P_{35}P_7P_{75}P_8P_{85}P_1P_{1002}$ $P_{52}P_3P_{35}P_6P_{65}P_8P_{85}P_1P_{1002}$ $P_{52}P_3P_{35}P_4P_{45}P_8P_{85}P_1P_{1002}$ $P_{52}P_3P_{35}P_4P_{45}P_6P_{65}P_7P_{75}$ $P_{52}P_4P_{45}P_6P_{65}P_7P_{75}P_8P_{85}$ $P_{52}P_3P_{35}P_6P_{65}P_7P_{75}P_8P_{85}$ $P_{52}P_3P_{35}P_4P_{45}P_7P_{75}P_8P_{85}$ $P_{52}P_3P_{35}P_4P_{45}P_6P_{65}P_8P_{85}$ $P_{52}P_6P_{65}P_7P_{75}P_8P_{85}P_{14}P_{145}$ $P_{52}P_3P_{35}P_4P_{45}P_6P_{65}P_{14}P_{145}$ $P_{52}P_4P_{45}P_6P_{65}P_7P_{75}P_{14}P_{145}$ $P_{52}P_3P_{35}P_6P_{65}P_7P_{75}P_{14}P_{145}$ $P_{52}P_3P_{35}P_4P_{45}P_7P_{75}P_{14}P_{145}$ $P_{52}P_4P_{45}P_7P_{75}P_8P_{85}P_{14}P_{145}$ $P_{52}P_4P_{45}P_6P_{65}P_8P_{85}P_{14}P_{145}$ $P_{52}P_3P_{35}P_7P_{75}P_8P_{85}P_{14}P_{145}$ $P_{52}P_3P_{35}P_6P_{65}P_8P_{85}P_{14}P_{145}$ $P_{52}P_3P_{35}P_4P_{45}P_8P_{85}P_{14}P_{145}$ $P_{52}P_3P_{35}P_4P_{45}P_{14}P_{145}P_1P_{1002}$ $P_{52}P_4P_{45}P_6P_{65}P_{14}P_{145}P_1P_{1002}$ $P_{52}P_3P_{35}P_6P_{65}P_{14}P_{145}P_1P_{1002}$ $P_{52}P_6P_{65}P_7P_{75}P_{14}P_{145}P_1P_{1002}$ $P_{52}P_4P_{45}P_7P_{75}P_{14}P_{145}P_1P_{1002}$ $P_{52}P_3P_{35}P_7P_{75}P_{14}P_{145}P_1P_{1002}$ $P_{52}P_7P_{75}P_8P_{85}P_{14}P_{145}P_1P_{1002}$ $P_{52}P_6P_{65}P_8P_{85}P_{14}P_{145}P_1P_{1002}$ $P_{52}P_4P_{45}P_8P_{85}P_{14}P_{145}P_1P_{1002}$ $P_{52}P_3P_{35}P_8P_{85}P_{14}P_{145}P_1P_{1002}$	共 35 个过程
五阶	增量故障演化过程	$P_{52}P_3P_{35}P_4P_{45}P_6P_{65}P_7P_{75}P_1P_{1002}$ $P_{52}P_4P_{45}P_6P_{65}P_7P_{75}P_8P_{85}P_1P_{1002}$ $P_{52}P_3P_{35}P_6P_{65}P_7P_{75}P_8P_{85}P_1P_{1002}$ $P_{52}P_3P_{35}P_4P_{45}P_7P_{75}P_8P_{85}P_1P_{1002}$ $P_{52}P_3P_{35}P_4P_{45}P_6P_{65}P_8P_{85}P_1P_{1002}$ $P_{52}P_6P_{65}P_7P_{75}P_8P_{85}P_{14}P_{145}P_1P_{1002}$ $P_{52}P_3P_{35}P_4P_{45}P_6P_{65}P_{14}P_{145}P_1P_{1002}$ $P_{52}P_4P_{45}P_6P_{65}P_7P_{75}P_{14}P_{145}P_1P_{1002}$ $P_{52}P_3P_{35}P_6P_{65}P_7P_{75}P_{14}P_{145}P_1P_{1002}$ $P_{52}P_3P_{35}P_4P_{45}P_7P_{75}P_{14}P_{145}P_1P_{1002}$ $P_{52}P_4P_{45}P_7P_{75}P_8P_{85}P_{14}P_{145}P_1P_{1002}$	共 21 个过程

阶数	形式	过程	数量
五阶	增量故障演化过程	$p_{52}p_4p_{45}p_6p_{65}p_8p_{85}p_{14}p_{145}p_1p_{1002}$ $p_{52}p_3p_{35}p_7p_{75}p_8p_{85}p_{14}p_{145}p_1p_{1002}$ $p_{52}p_3p_{35}p_6p_{65}p_8p_{85}p_{14}p_{145}p_1p_{1002}$ $p_{52}p_3p_{35}p_4p_{45}p_8p_{85}p_{14}p_{145}p_1p_{1002}$ $p_{52}p_3p_{35}p_4p_{45}p_6p_{65}p_7p_{75}p_8p_{85}$ $p_{52}p_3p_{35}p_4p_{45}p_6p_{65}p_7p_{75}p_{14}p_{145}$ $p_{52}p_4p_{45}p_6p_{65}p_7p_{75}p_8p_{85}p_{14}p_{145}$ $p_{52}p_3p_{35}p_6p_{65}p_7p_{75}p_8p_{85}p_{14}p_{145}$ $p_{52}p_3p_{35}p_4p_{45}p_7p_{75}p_8p_{85}p_{14}p_{145}$ $p_{52}p_3p_{35}p_4p_{45}p_6p_{65}p_8p_{85}p_{14}p_{145}$	共 21 个过程
六阶	减量故障演化过程	$p_{52}p_3p_{35}p_4p_6p_{65}p_7p_{75}p_8p_{85}p_{14}p_{145}$ $p_{52}p_3p_{35}p_4p_{45}p_6p_{65}p_7p_{75}p_8p_{85}p_1p_{1002}$ $p_{52}p_3p_{35}p_4p_6p_{65}p_7p_{75}p_{14}p_{145}p_1p_{1002}$ $p_{52}p_4p_{45}p_6p_{65}p_7p_{75}p_8p_{85}p_{14}p_{145}p_1p_{1002}$ $p_{52}p_3p_{35}p_6p_{65}p_7p_{75}p_8p_{85}p_{14}p_{145}p_1p_{1002}$ $p_{52}p_3p_{35}p_4p_{45}p_7p_{75}p_8p_{85}p_{14}p_{145}p_1p_{1002}$ $p_{52}p_3p_{35}p_4p_{45}p_6p_{65}p_8p_{85}p_{14}p_{145}p_1p_{1002}$	共 7 个过程
七阶	增量故障演化过程	$p_{52}p_3p_{35}p_4p_{45}p_6p_{65}p_7p_{75}p_8p_{85}p_{14}p_{145}p_1p_{1002}$	共 1 个七阶过程
总计一	增量故障演化过程		共 64 个过程
总计二	减量故障演化过程		共 63 个过程

注：p_1、p_2、p_3、p_4、p_5、p_6、p_7、p_8、p_9、p_{10}、p_{11}、p_{12}、p_{13}、p_{14} 表示 14 个节点中事件对象的故障概率；p_{35}、p_{45}、p_{65}、p_{75}、p_{85}、p_{145}、p_{52}、p_{1002} 分别表示 $p_{3\rightarrow5}$、$p_{4\rightarrow5}$、$p_{6\rightarrow5}$、$p_{7\rightarrow5}$、$p_{8\rightarrow5}$、$p_{14\rightarrow5}$、$p_{5\rightarrow2}$、$p_{1\rightarrow2}$ 的传递概率。

2.2.3　故障演化过程机理

如 2.2.2 节对故障演化过程的描述，即使对图 2.4(a)中 v_2 事件进行演化过程分析，得到的故障过程也很复杂。当然，这种复杂性来源于原因事件"或"关系导致的结果事件。将所有故障演化过程展开后，不同演化过程都带有"+"和"–"号。"+"号表示增加 v_2 的事件发生概率，即对象故障概率增加；"–"号表示减少 v_2 的事件发生概率，即对象故障概率降低。表 2.2 中的每一项都是一种影响故障发生的模式，其中的边缘事件数量为故障演化过程的阶数；传递概率的乘积则表明故障演化过程的路径可达性。

定义 2.14　故障演化过程包括总故障演化过程、目标故障演化过程、同阶故障演化过程、单元故障演化过程。总故障演化过程：故障发生过程全部由 SFN 描述，可理解为故障演化过程的全集，即前述的系统故障演化过程 $W = (O, S, L, F)$。目标故障演化过程：以明确的最终事件为研究目标形成的 SFN，所有演化过程归于该最终事件。目标故障演化过程的 SFN 对应于 SFT，最终事件对应顶事件。表 2.2 得到的就是以 v_2 作为目标的目标故障演化过程。同阶故障演化过程：目标故障演化过程的故障树结构展开并化简后，具有相同边缘事件个数的单元故障演化过程。如表 2.2 中相同阶数的单元故障演化过程所示。单元故障演化过程：目标故障演化过程的故障树结构展开并化简后，得到的以"与"关系连接的边缘事件和传递概率的表达式，见表 2.2。单元故障演化过程可再分为增量故障演化过程和减量故障演化过程，前者表示故障演化过程完毕后造成总故障演化过程向着故障发生概率高的方向发展；后者相反。

由表 2.2 可知，即使是一个简单的故障，其原因也是相当复杂的。实际的 SFEP 可能是由一条或者多条增量故障演化过程组成的。但对于一次真正的故障，在所有增量故障演化过程中总能找到发生该事故的原因和过程。如果只知道发生了最终事件，即只知道过程的结果，那么以该事件作为目标的目标故障演化过程包含的所有增量故障演化过程都成为一种可能，只是可能性不同。增量故障演化过程与减量故障演化过程之间的差异在于：增量故障演化过程阶数为 1、3、5、7，减量故障演化过程为 2、4、6。事件发生概率和传递概率都小于 1，因此阶数越高，数值越小。增量故障演化过程在总故障演化过程中必然起主导作用。

利用 SFN 理论研究 SFEP 时，根据研究的目标、系统复杂性、影响因素等可采取不同的策略进行研究。一般情况下只需要研究低阶增量故障演化过程，但得到的最终事件发生概率略高。

因素对 SFEP 的影响是全面的，包括对象自身的故障概率分布，对象状态的改变、传递概率的改变。这些都可以通过 SFT 理论研究得到多因素与它们之间的关系。这里并未涉及因素改变的影响，因而不做详细说明。

2.3　空间故障网络中的单向环

环状结构中最终事件发生概率是每次循环中最终事件发生概率的累加，且每次循环最终事件发生概率都是下次的条件概率。因此，本节重新制定三种典型环状结构的网络描述形式，以及其对应的 SFT 转化机制；并根据需要定义环状结构、有序关系、同位事件和同位连接，给出三种形式最终事件发生概率的计算方法。

2.3.1　空间故障网络中单向环的意义

SFN 中的单向环结构是一类特殊结构。在 SFEP 中，多个事件既作为原因事件同时也是结果事件，各事件的连接方向相同。这些事件组成了一个环状的故障演化过程。与多向环相比，单向环连接方向统一，事件按照连接方向导致下一个事件发生，循环往复没有尽头。

　　例如，实际研究过程中，力学实验的应力集中与裂隙发展有关。在实验初期，对试件施加应力，试件并非均质且存在内部损伤，因此施加的应力将集中在非均质及损伤部位。这些位置受到应力后逐渐出现细微损伤点，这些损伤点将进一步加强应力集中。应力集中使损伤点扩展相连形成裂隙，裂隙的尖端应力集中更为明显。如果应力持续不断，那么裂隙将进一步发展直至贯穿整个试件，导致破坏。

　　又例如土石坝的管涌现象。土石坝建成初期，土体密实，水流难以渗入坝体。但在水流冲刷、人为、生物等物理化学作用后，坝体逐渐出现侵蚀点。水流作用在侵蚀点附近进一步通过机械作用运移砂石颗粒。砂石颗粒的减少使空隙进一步增大，水流机械作用进一步加强。水流侵入和砂石流失相互加强直至在土石坝中形成水流通道，产生管涌。

　　上述岩体试件破坏及管涌的形成过程都可抽象为 SFEP。这些演化过程的特点是各事件按照一定的发生顺序形成循环递进的加强过程。实际中，如果发生此类故障演化过程，不施加干预，整个系统故障发生只是时间问题。而且，演化过程的每一次循环都是对系统故障发生概率的提高。

　　在 SFN 中对该类循环故障演化过程可通过环状结构表示，分为四类，图 2.5 给出其中三类环状结构，包括无关系结构、"或"关系结构、"与"关系结构，另外还有混合关系结构。

　　图 2.5 中"□"表示若干个事件组成的故障网络。"○"代表环状故障演化过程中的两个事件。v_3，v_4，$\cdots$，v_M 表示导致 v_2 发生的原因事件，M 表示事件的总数。这样 v_1 和 v_2 代表循环过程中的任意两个事件。

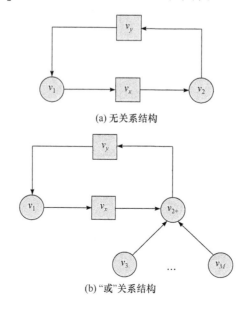

(a) 无关系结构

(b) "或"关系结构

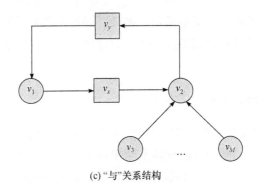

(c) "与"关系结构

图 2.5　三类环状结构

无关系单向环结构如图 2.5(a)所示，是最简单的单向环结构。特点是各结果事件有且只有一个原因事件，各原因事件只导致一个结果事件发生。各事件按照同一顺序进行连接，过程中不需要任何其他事件参与。"或"关系单向环结构如图 2.5(b)所示，环中至少有一个结果事件由两个或两个以上原因事件独立导致。"与"关系单向环结构如图 2.5(c)所示，环中至少有一个结果事件由两个或两个以上原因事件共同导致。混合关系单向环结构由上述三种环状结构叠加形成。对环状结构的性质论述详见参考文献[26]。

环状结构是故障演化过程的叠加，是每一次循环在上一次循环条件下的发生过程，因此本次循环是上次循环的一种条件概率形式。对环状结构中的最终事件而言，每一次故障循环的发生都可以视为一次独立的多次循环的叠加，而多次循环对于最终事件是发生概率的增加，即每次循环都产生一定的最终事件发生概率，而所有前期循环是它的条件概率事件。因此，每一次循环对于最终事件发生概率都有加强，这与各原因事件导致结果事件发生的"与""或"关系不同，是一种有序的发生并叠加的过程。根据上述论述给出如下定义。

定义 2.15　环状结构：网络中各事件都是原因事件和结果事件，事件之间的连接具有相同方向，且通过事件和连接组成首尾相连的环路径，表示循环叠加的故障演化过程。环状结构包括无关系结构、"或"关系结构、"与"关系结构及混合关系结构。无关系结构表示所有原因事件各自导致唯一的结果事件，不包含"与""或"关系；"或"关系结构表示环中至少有一个结果事件由多个原因事件的"或"关系导致；"与"关系结构表示环中至少有一个结果事件由多个原因事件的"与"关系导致；混合关系结构表示环中有多个结果事件由多个原因事件的"与""或"关系导致。

定义 2.16　有序关系：用于表示环状结构中原因事件导致结果事件的逻辑关系；有序代表从起始开始，故障演化循环过程的次序；每循环一次代表最终事件发生的概率增加，因而有序关系是每次循环到最终事件时其发生概率的和；这些发生概率的前期循环过程是其条件事件。有序关系用"＞"表示，置于节点符号的下角标处。

2.3.2　单向环与空间故障树转化方法

无关系结构、"或"关系结构、"与"关系结构是单向环的三种基本形式，混合结构是这三种形式的叠加，因此本节给出这三种形式与 SFT 的转化方法。

2.3.1 节给出了处理无关系环状结构的方法，认为环状结构中的最终事件是一个经过 n 次循环的边缘事件与传递概率积的 n 次方。随着研究的深入，作者发现这种表示只是最终事件在环状结构中第 n 次发生的最终事件发生概率。实际上，最终事件在环状故障演化过程中是循环发生的，不加以干预则不会停止。因此，最终事件的发生概率应为每次循环产生的最终事件发生概率的叠加，且本次最终事件发生是下次最终事件发生的条件事件。它们之间的概率变化即为下次环状结构循环传递概率的积。每一次循环的最终事件发生概率较上一次降低，但作为最终事件每一次循环后的发生概率都是之前已发生最终事件的概率之和。因此，2.3.1节给出的环状结构最终事件发生概率计算方法不是多次循环后的发生概率，而只是第 n 次的发生概率。

图 2.6 给出了三种循环结构的转化图。

图 2.6 给出了三种环状结构转化为 SFT 的形式，与图 2.5 相对应。下面对图 2.6 中符号进行说明。树状结构与文献[26]中提出的 SFT 结构相同，但具体表示方法略有区别，表现在符号、连接、逻辑关系方面。原有 SFT 沿用了经典故障树的表示方法；这里的 SFT 是为满足 SFN 转化而设计的。事件表示符号有三种：圆形、虚圆形、方形。圆形事件符号表示单一事件，可以是边缘事件、过程事件、最终事件，或原因事件和结果事件。方形符号表示众多事件和连接的集合体，类似经

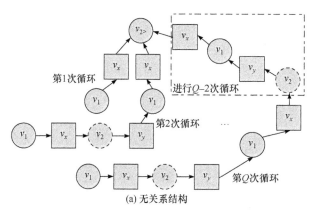

(a) 无关系结构

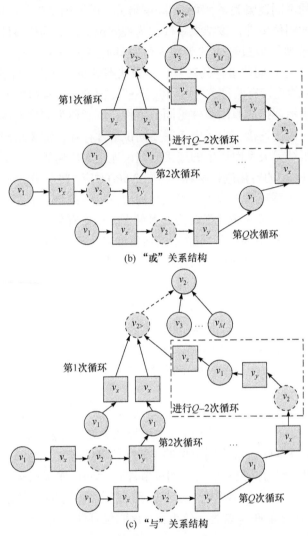

图 2.6　环状结构三种形式的转化

典故障树的转移符号。虚圆形符号表示一类没有实际意义、只为满足逻辑关系需要而设置的符号。虚圆形符号在 SFN 中不存在，在 SFN 转化为 SFT 时，是为了建立路径而在连接之间添加的过渡事件，用以区分结果事件的多个原因事件导致结果事件的不同逻辑关系。例如，图 2.6(c)中 $v_{2.}$ 与 $v_{2>}$、v_3、$\cdots$、v_M 是逻辑"与"关系，但 $v_{2.}$ 在环状结构中。因此，通过 $v_{2>}$ 表示与 $v_{2.}$ 相关的多次循环的发生概率累加。这些累加即为定义 2.16 给出的有序关系，而不是"与""或"关系，将虚圆形表示的事件称为同位事件。

定义 2.17　同位事件：表示 SFN 中已有的事件，由于需要区别多个原因事件导致结果事件的不同逻辑关系，而将相同逻辑关系的原因事件归类所指向的事件，即为结果事件的同位事件，该结果事件称为被同位事件。同位事件只在对原因事件逻辑分类及连接形成过程中的事件占位时具有逻辑意义。同位符号只存在于SFN 转化的 SFT 中。同位事件的对象、对象状态等与被同位事件相同。

图 2.6(c)中的连接有两种："→"和"--→"，前者表示连接的原因事件不是同位事件，后者表示连接的原因事件是同位事件，后者称为同位连接。

定义 2.18　同位连接：表示由于需要同位事件存在，需要将同位事件与被同位事件组成原因结果关系而产生的连接。同位连接的传递概率为1。

这里对图 2.6(a)的转化进行解释。与图 2.5(a)对应，将 v_2 作为最终事件进行研究。v_2 存在于无关系环状结构中，因此结构中只有一条路径贯穿于循环。根据定义 2.16 的有序关系，每次循环都对最终事件发生概率有累加作用。同时，每次循环的最终事件发生概率都是下次循环最终事件发生概率的条件概率。因此，在图 2.6(a)中，共表示 Q 次循环过程后最终事件发生概率。如果将 v_1 作为边缘事件，v_2 作为最终事件，那么第 1 次循环则为图中最左侧的路径。第 1 次循环的最终事件发生后进入第 2 次循环。第 2 条路径上开始出现第 1 次 v_2 的同位事件，但与 v_y 是连接，不是同位连接。继续故障演化过程循环，当循环到 Q 次时，其路径为最右侧路径。该路径中有 $Q-2$ 次的循环过程及最初的两次循环。这 Q 次故障循环过程共同对最终事件发生概率进行了累加，它们是有序关系，并表示最终事件发生概率。

图 2.6(b)和(c)是在图 2.6(a)的基础上生成的。图 2.6(b)中的最终事件不但在循环结构中，同时也存在多个原因事件或关系导致最终事件发生。因此，在图 2.6(a)的基础上，将最终事件 v_2 改为同位事件，该同位事件与 v_3、v_4、…、v_M 是"或"关系导致 v_2 发生，同时同位事件与被同位事件 v_2 用同位连接相连。同理，图 2.6(c)中的最终事件不但在循环结构中，同时也存在多个原因事件与关系导致最终事件发生。因此，将最终事件 v_2 改为同位事件，该同位事件与 v_3、v_4、…、v_M 是"与"关系导致 v_2 发生。

以上给出了环状结构三种基本形式的转化过程，混合结构可参照上述三种结构进行转化。另外，出于需要，SFN 转化的 SFT 添加并修改了基本组成部分，因此与原有 SFT 在形式上有了区别。但是，分析方法和相关概念仍可借鉴 SFT，同时可通过适当处理方法沿用 SFT 的方法和理论，因此 SFN 转化得到的树形结构也可称为 SFT。

2.3.3　事件发生概率计算

对上述三种环状结构转化得到的 SFT 进行计算，得到最终事件发生概率。

SFEP 中最终事件发生概率指最终事件的对象故障发生概率。

图 2.5(a)转化得到的图 2.6(a)的 SFT 最终事件发生概率计算过程如下：

循环次数 $Q=1$ 时，有

$$p_2^{Q=1} = p_1 p_{1\to x} p_{x\to 2}$$

循环次数 $Q=2$ 时，有

$$
\begin{aligned}
p_2^{Q=2} &= p_2^{Q=1} + p_1 p_{1\to x} p_{x\to 2} p_{2\to y} p_{y\to 1} p_{1\to x} p_{x\to 2}\\
&= p_1 p_{1\to x} p_{x\to 2} + p_1 p_{1\to x} p_{x\to 2} p_{2\to y} p_{y\to 1} p_{1\to x} p_{x\to 2}\\
&= p_1 p_{1\to x} p_{x\to 2}(1 + p_{2\to y} p_{y\to 1} p_{1\to x} p_{x\to 2})
\end{aligned}
$$

循环次数 $Q=3$ 时，有

$$
\begin{aligned}
p_2^{Q=3} &= p_2^{Q=2} + p_1 p_{1\to x} p_{x\to 2} p_{2\to y} p_{y\to 1} p_{1\to x} p_{x\to 2} p_{2\to y} p_{y\to 1} p_{1\to x} p_{x\to 2}\\
&= p_1 p_{1\to x} p_{x\to 2}[1 + p_{2\to y} p_{y\to 1} p_{1\to x} p_{x\to 2} + (p_{2\to y} p_{y\to 1} p_{1\to x} p_{x\to 2})^2]
\end{aligned}
$$

总结并递推上述过程，得到第 Q 次的最终事件发生概率为

$$p_2^Q = p_1 p_{1\to x} p_{x\to 2}\left[1 + \sum_{n=1}^{n=Q-1}(p_{2\to y} p_{y\to 1} p_{1\to x} p_{x\to 2})^n\right] \tag{2.11}$$

此时，无关系结构的最终事件发生概率为

$$
\begin{aligned}
&p_{最终事件}\\
&= p_{边缘事件} p_{边缘事件\to x} p_{x\to 最终事件}\left[1 + \sum_{n=1}^{n=Q-1}(p_{最终事件\to y} p_{y\to 边缘事件} p_{边缘事件\to x} p_{x\to 最终事件})^n\right]
\end{aligned}
$$
$$\tag{2.12}$$

下面给出由图 2.5(c)转化得到的图 2.6(c)的 SFT 最终事件发生概率计算过程。v_3、v_4、$\cdots$、v_M 与 v_2 为 "与" 关系连接，则导致 v_2 的发生概率为 $\prod_{n=3}^{n=M}(p_n p_{n\to 2})$。借助式(2.11)得到图 2.6(c)中第 Q 次的最终事件发生概率为

$$
\begin{aligned}
p_2^Q &= p_2^Q \prod_{n=3}^{n=M}(p_n p_{n\to 2})\\
&= p_1 p_{1\to x} p_{x\to 2}\left[1 + \sum_{n=1}^{n=Q-1}(p_{2\to y} p_{y\to 1} p_{1\to x} p_{x\to 2})^n\right]\prod_{n=3}^{n=M}(p_n p_{n\to 2}) \tag{2.13}
\end{aligned}
$$

式中，等号右侧 p_2^Q 为无关系结构第 Q 次最终事件的发生概率，同式(2.15)。

此时，可得 "与" 关系结构的最终事件发生概率为

$P_{\text{最终事件}}$

$= p_{\text{边缘事件}} p_{\text{边缘事件} \to x} p_{x \to \text{最终事件}}$

$\cdot \left[1 + \sum\limits_{n=1}^{n=Q-1} (p_{\text{最终事件} \to y} p_{y \to \text{边缘事件}} p_{\text{边缘事件} \to x} p_{x \to \text{最终事件}})^n \right] \prod\limits_{n=3}^{n=M} (p_n p_{n \to \text{最终事件}})$

$$(2.14)$$

同理，给出图 2.6(b)中 SFT 最终事件的发生概率计算过程。v_3、v_4、$\cdots$、v_M 与 v_2 为"或"关系连接，则导致的 v_2 发生概率为 $1 - \prod\limits_{n=3}^{n=M} (1 - p_n p_{n \to 2})$。同时，循环结构与它们的关系也是"与"关系，可得图 2.6(b)中第 Q 次的最终事件发生概率为

$$p_2^Q = 1 - \left(1 - p_2^Q\right)(1 - p_3 p_{3 \to 2}) \cdots (1 - p_M p_{M \to 2}) = 1 - \left(1 - p_2^Q\right) \prod\limits_{n=3}^{n=M} (1 - p_n p_{n \to 2})$$

$$(2.15)$$

将式(2.11)代入式(2.15)，可得

$$p_2^Q = 1 - \left\{ 1 - p_1 p_{1 \to x} p_{x \to 2} \left[1 + \sum\limits_{n=1}^{n=Q-1} (p_{2 \to y} p_{y \to 1} p_{1 \to x} p_{x \to 2})^n \right] \right\} \prod\limits_{n=3}^{n=M} (1 - p_n p_{n \to 2})$$

$$(2.16)$$

此时，可得"或"关系结构的最终事件发生概率为

$P_{\text{最终事件}}$

$= 1 - \left\{ 1 - p_{\text{边缘事件}} p_{\text{边缘事件} \to x} p_{x \to \text{最终事件}} \right.$

$\left. \cdot \left[1 + \sum\limits_{n=1}^{n=Q-1} (p_{\text{最终事件} \to y} p_{y \to \text{边缘事件}} p_{\text{边缘事件} \to x} p_{x \to \text{最终事件}})^n \right] \right\} \prod\limits_{n=3}^{n=M} (1 - p_n p_{n \to \text{最终事件}})$

$$(2.17)$$

综上所述，本节给出了环状结构三种基本形式的转化方法和最终事件计算方法。从图中可知，边缘事件只有一个，当具有多个边缘事件时转化方法和最终事件计算方法更为烦琐，但也可借助上述研究过程类比得到。

2.4 全事件诱发的故障演化

本节主要解决全事件诱发，即边缘事件和过程事件均导致最终事件发生的故障演化过程研究。论述全事件诱发的故障演化过程含义。使用一般故障演化过程

和全事件诱发故障演化过程两种方法，计算单一路径和网络结构的故障演化过程最终事件发生概率。两种方法得到了发生概率的两种极端情况，任何可能的最终事件发生概率都在两者之间。可根据边缘事件及数量、连接数量及各连接传递概率的不同，对发生概率计算过程进行化简。

2.4.1　全事件诱发的故障演化过程

定义 2.14 对 SFN 中各种故障演化过程进行了定义。其认为，随着 SFN 复杂性增加和演化过程的延长，单元故障演化过程的阶数逐渐增加且路径逐渐延长。虽然随着阶数升高，对最终事件发生概率影响降低，但应视具体情况而定。相关研究给出了将 SFN 的一般结构及多向环网络结构表示为 SFEP 的方式 W_fault，如式(2.18)所示。

$$W_\text{fault} = \sum_{\forall N\left(\prod p_{v_i}\right)}\left[\sum_{\exists N\left(\prod p_{v_i}\right)}\left(\prod_{\forall v_i \text{in} e_f} p_{v_i}\prod_{\forall p_{c\to r}\in e_f} p_{c\to r}\right)\right] \tag{2.18}$$

式中，$p_{c\to r}$ 表示属于某一路径 e_f 的连接的传递概率 $p_{c\to r}$；$\prod_{\forall p_{c\to r}\in e_f} p_{c\to r}$ 表示路径 e_f 的所有传递概率的乘积，如 $p_{5\to4}p_{6\to4}P_{4\to3}P_{3\to1}$；$p_{v_i}$ 表示节点 v_i 对应边缘事件的发生概率；$v_i \text{in} e_f$ 表示在路径 e_f 上的边缘事件 v_i；$\prod_{\forall v_i \text{in} e_f} p_{v_i}$ 表示在路径 e_f 上所有边缘事件 v_i 发生概率的乘积；$\prod_{\forall v_i \text{in} e_f} p_{v_i}\prod_{\forall p_{c\to r}\in e_f} p_{c\to r}$ 表示某一阶数的一个故障演化过程；$\exists N\left(\prod p_{v_i}\right)$ 表示任意一阶数；$\sum_{\exists N\left(\prod p_{v_i}\right)}$ 表示任意一阶数的全部故障演化过程；$\forall N\left(\prod p_{v_i}\right)$ 表示所有的阶数；$\sum_{\forall N\left(\prod p_{v_i}\right)}$ 表示所有存在的阶数的所有故障演化过程的总和；$\forall$ 表示全部；$\exists$ 表示任意一个。

由式(2.18)可知，对于 SFEP 的研究，其起始事件为所有路径的边缘事件。上述研究的假设状态认为，在 SFEP 中，只有路径的边缘事件是 SFEP 的起始原因，之后通过连接的传递概率将故障发生概率转移到过程事件，导致最终事件发生，并计算发生概率。这样解释看似是完整且确定的，但忽略了 SFEP 的重要环节，即过程事件在演化过程中的作用。

虽然过程事件在演化过程中是一种过渡事件，其发生概率是通过边缘事件发生概率及它们之间的传递概率的积表示的，但过程事件也具有对象。这意味着过程事件的对象也可承受因素的变化，导致状态变化，进而作为故障演化的发起者。因此，故障的发起者也可以是过程事件。

从另一角度描述 SFEP，可将过程中除最终事件之外的事件均作为边缘事件，研究最终事件发生概率，即全事件诱发的 SFEP 最终事件发生概率。全事件诱发的故障演化过程与一般故障演化过程，是针对故障发起对象而言的两种极限状态。前者故障发起者是边缘事件和过程事件的对象；后者只有边缘事件的对象。前者是故障演化过程中参与事件(边缘事件和过程事件)均发生且导致最终事件发生，各参与事件导致最终事件发生是平行关系；后者参与事件(边缘事件)导致后继过程事件发生进而导致最终事件发生，是递进关系。进一步地，后者故障演化过程中，过程事件是边缘事件发生而导致的；前者则是边缘事件的对象自发产生的。

　　全事件诱发的故障演化过程可看作一般故障演化过程的叠加，条件是 SFEP 中的所有边缘事件和过程事件均作为发起故障过程的边缘事件，是所有故障演化过程最终事件的最大发生概率计算方法。该方法认为，故障过程除最终事件外都作为故障的发起事件，同时考虑边缘事件发生导致过程事件发生的情况，以及过程事件自发产生导致最终事件发生的情况，可独立地将所有边缘事件和过程事件作为边缘事件，计算演化过程的最终事件发生概率，并求和得到全事件诱发的 SFEP 最终事件发生概率。下面给出单一故障路径和网络结构的全事件诱发的故障演化过程。这里暂不对含有单向环结构的 SFN 进行计算。

　　这里给出 SFN 及前期研究得到的转化后的 SFT 实例，如图 2.7 所示。

　　图 2.7 给出了一种简单电气系统发生故障过程的网络结构，各节点表示事件，各事件都有对象，即电气系统的元件。这些元件发生故障后，相互之间的关系导致其他元件或系统发生故障。

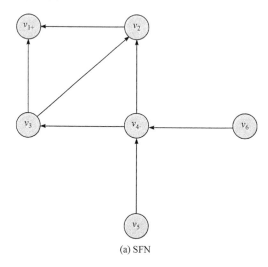

(a) SFN

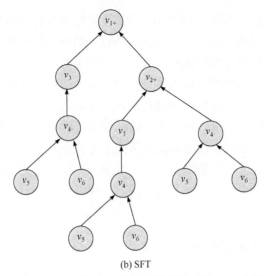

(b) SFT

图 2.7　SFN 及前期研究得到的转化后的 SFT 实例

2.4.2　单一路径最终事件发生概率计算

作为最简单的例子，对单一路径情况下(只有一个单元故障演化过程)的全事件诱发的故障演化过程进行研究。在图 2.7 中选择一条故障演化路径，如图 2.8 所示。

图 2.8　单一路径故障演化过程

对于图 2.8 中的过程，暂不考虑事件之间的"与"关系和"或"关系。那么，上述过程中的边缘事件 v_5 和过程事件 v_4、v_3、v_2 均作为边缘事件计算最终事件 v_1 的发生概率。

(1) $v_5 \to v_4 \to v_3 \to v_{2+} \to v_{1+}$，$v_5$ 作为边缘事件的单元故障演化过程发生概率为 $p_1 = p_5 p_{5\to4} p_{4\to3} p_{3\to2} p_{2\to1}$。

(2) $v_4 \to v_3 \to v_{2+} \to v_{1+}$，$v_4$ 作为边缘事件的单元故障演化过程发生概率为 $p_1 = p_4 p_{4\to3} p_{3\to2} p_{2\to1}$。

(3) $v_3 \to v_{2+} \to v_{1+}$，$v_3$ 作为边缘事件的单元故障演化过程发生概率为 $p_1 = p_3 p_{3\to2} p_{2\to1}$。

(4) $v_{2+} \to v_{1+}$，v_2 作为边缘事件的单元故障演化过程发生概率为 $p_1 = p_2 p_{2\to1}$。

按照一般的最终事件故障概率计算，$p_1 = p_5 p_{5\to4} p_{4\to3} p_{3\to2} p_{2\to1}$。按照全事件诱发的最终事件故障概率计算，$p_1 = p_5 p_{5\to4} p_{4\to3} p_{3\to2} p_{2\to1} + p_4 p_{4\to3} p_{3\to2} p_{2\to1} +$

$p_3 p_{3\to 2} p_{2\to 1} + p_2 p_{2\to 1}$。可见，后者不但考虑了边缘事件作为故障发起者，也考虑了过程事件作为发起者的情况，它们共同导致了最终事件发生。上述两种方式构成了最终事件发生概率计算的两种方法，也是发生概率的两种极端情况。最小值是针对一般情况计算得到的，最大值是针对全事件诱发得到的，因此该故障演化过程任何可能的最终事件发生概率都在两者之间。

通过对单一路径最终事件发生概率的计算可得到全事件诱发的最终事件发生概率计算思想。在不考虑事件逻辑关系条件下得到的发生概率也没有考虑故障演化过程的阶数。单一过程的最终事件发生概率计算如式(2.19)所示。

$$p_{最终事件} = \sum_{\forall v_i \mathrm{in} e_f} \left(p_{v_i} \prod_{\forall p_{c\to r} \in e_f} p_{c\to r} \right) \tag{2.19}$$

2.4.3 网络结构最终事件发生概率计算

与单一路径计算思路相同，全事件诱发的网络结构故障演化过程最终事件发生概率计算步骤如下：

(1) 选择 SFN 中的最终事件，如图 2.7 中 v_1 所示。

(2) 利用以 v_1 为 SFT 的顶事件将 SFN 转化为 SFT，如图 2.7(b)所示。具体方法见文献[24]。

(3) 确定边缘事件，如图 2.7(b)中 v_5 和 v_6 所示。

(4) 以步骤(3)中确定的边缘事件作为故障发起者，计算最终事件发生概率。

(5) 去掉上述已经完成计算的边缘事件，若剩余事件只有最终事件，则算法停止；否则进行步骤(3)。

(6) 将得到的不同边缘事件引起的最终事件发生概率累加即为所求。

图 2.7(b)和图 2.9 为边缘事件的确定和逐步去掉边缘事件的树形图。

由 SFN 转化为 SFT，如图 2.7(a)和(b)所示，边缘事件为 v_5、v_6；将这些边缘事件去掉，转化为图 2.9(a)，边缘事件为 v_4；去掉 v_4，转化为图 2.9(b)，边缘事件为 v_3；去掉 v_3，转化为图 2.9(c)，边缘事件为 v_2。根据图 2.7(b)和图 2.9 的 SFT 结构，分别计算最终事件 v_1 的发生概率。

v_2 作为边缘事件的发生概率为 $+p_2 p_{2\to 1}$，一个单元故障演化过程。

v_3 作为边缘事件的发生概率为 $+p_3 p_{3\to 2} p_{2\to 1}$、$+p_3 p_{3\to 1}$、$-p_3^2 p_{3\to 1} p_{3\to 2} p_{2\to 1}$，三个单元故障演化过程。

v_4 作为边缘事件的发生概率为 $+p_{2\to 1} p_4 p_{4\to 2}$、$+p_{2\to 1} p_4 p_{4\to 3} p_{3\to 2}$、$-p_{2\to 1} p_4^2 p_{4\to 3} p_{3\to 2} p_{4\to 2}$、$+p_4 p_{4\to 3} p_{3\to 1}$、$-p_4^2 p_{4\to 3} p_{3\to 1} p_{2\to 1} p_{4\to 2}$、$-p_4^2 p_{4\to 3}^2 p_{3\to 1} p_{2\to 1} p_{3\to 2}$、$+p_4^3 p_{4\to 3}^2 p_{3\to 1} p_{2\to 1} p_{3\to 2} p_{4\to 2}$，七个单元故障演化过程。

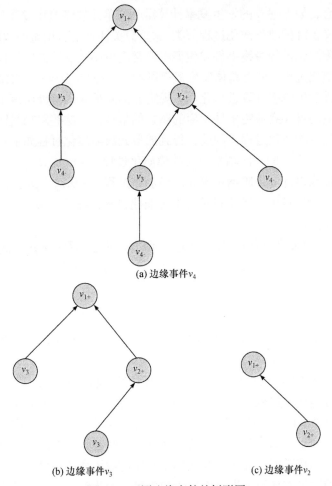

(a) 边缘事件v_4

(b) 边缘事件v_3　　　　　　　　(c) 边缘事件v_2

图 2.9　不同边缘事件的树形图

v_5 和 v_6 作为边缘事件的发生概率为 $+p_{2\to1}p_5p_{5\to4}p_6p_{6\to4}p_{4\to2}$、$+p_{2\to1}p_5p_{5\to4}$ $p_6p_{6\to4}p_{4\to3}p_{3\to2}$、$-p_{2\to1}p_5^2p_{5\to4}^2p_6^2p_{6\to4}^2p_{4\to3}p_{3\to2}p_{4\to2}$、$+p_5p_{5\to4}p_6p_{6\to4}p_{4\to3}p_{3\to1}$、$-p_5^2p_{5\to4}^2p_6^2p_{6\to4}^2p_{4\to3}p_{3\to1}p_{2\to1}p_{4\to2}$、$-p_5^2p_{5\to4}^2p_6^2p_{6\to4}^2p_{4\to3}p_{3\to1}p_{2\to1}p_{3\to2}$、$+p_5^3p_{5\to4}^3$ $p_6^3p_{6\to4}^3p_{4\to3}^2p_{3\to1}p_{2\to1}p_{3\to2}p_{4\to2}$，七个单元故障演化过程。

理论上，全事件诱发的故障演化过程的最终事件发生概率是上述的 v_2、v_3、v_4、v_5、v_6 作为边缘事件计算得到的最终事件发生概率的和，即为上述所有表达式的总和，如式(2.20)所示。

$$p_{\text{最终事件}} = \sum_{\forall e_f \in E} \sum_{\forall v_i \text{in} e_f} \left(p_{v_i} \prod_{\forall p_{c\to r} \in e_f} p_{c\to r} \right) \tag{2.20}$$

式中，E 为除了最终事件外所有事件分别作为边缘事件构成的可导致最终事件发生的路径集合，如上述 v_1 的发生概率计算得到的单元故障演化过程。

根据定义2.14的故障演化过程分类,这里只关注低阶且增量的故障演化过程。因为高阶故障演化过程最终事件发生概率通常高阶小于低阶的发生概率。虽然存在减量故障演化过程，但对总体发生概率影响不大(相差至少一个数量级)。因此，可对最终事件发生概率计算进行化简，规定 E 为除最终事件外所有事件分别作为边缘事件构成的可导致最终事件发生的路径的集合，且这些路径是阶数等于边缘事件数的增量故障演化过程。因此，得到的单元故障演化过程如下。

v_2 作为边缘事件的一阶增量单元故障演化过程：$+p_2 p_{2\to1}$。

v_3 作为边缘事件的一阶增量单元故障演化过程：$+p_3 p_{3\to2} p_{2\to1}$、$+p_3 p_{3\to1}$。

v_4 作为边缘事件的一阶增量单元故障演化过程：$+p_{2\to1} p_4 p_{4\to2}$、$+p_{2\to1} p_4 p_{4\to3}$ $p_{3\to2}$、$+p_4 p_{4\to3} p_{3\to1}$。

v_5 和 v_6 作为边缘事件的二阶增量单元故障演化过程：$+p_{2\to1} p_5 p_{5\to4} p_6 p_{6\to4}$ $p_{4\to2}$、$+p_{2\to1} p_5 p_{5\to4} p_6 p_{6\to4} p_{4\to3} p_{3\to2}$、$+p_5 p_{5\to4} p_6 p_{6\to4} p_{4\to3} p_{3\to1}$。

综上所述，最终事件 v_1 的发生概率为

$$p_1 = p_2 p_{2\to1} + p_3 p_{3\to2} p_{2\to1} + p_3 p_{3\to1} + p_{2\to1} p_4 p_{4\to2} + p_{2\to1} p_4 p_{4\to3} p_{3\to2}$$
$$+ p_4 p_{4\to3} p_{3\to1} + p_{2\to1} p_5 p_{5\to4} p_6 p_{6\to4} p_{4\to2} + p_{2\to1} p_5 p_{5\to4} p_6 p_{6\to4} p_{4\to3} p_{3\to2}$$
$$+ p_5 p_{5\to4} p_6 p_{6\to4} p_{4\to3} p_{3\to1}$$

式中，每项均为可能导致最终事件发生的故障发展模式。由于边缘事件及其数量、连接数量及各连接传递概率的不同，各发展模式，即单元故障演化过程不同。一般情况下，边缘事件发生概率通过 SFT 的故障概率分布诠释，该部分只与影响因素相关，是对象本身的故障特性。故障概率分布受因素影响较大，随着因素的变化而变化，但与传递概率无关，且实际生产中的故障概率很低，为 $10^{-5} \sim 10^{-4}$。传递概率是原因事件导致结果事件发生的概率，变化较大但总体较小，一般小于 10^{-2}。因此，那些低阶且连接少的单元故障演化过程对最终事件发生概率起主导作用。实际分析问题时可进一步化简概率计算过程和结果。

2.5　事件重复性及时间特征

本节对过程中某些事件重复对故障的影响以及 SFEP 的时间特征进行研究，提出事件的重复性及时间性定义。研究两类具有重复性的边缘事件，并分别给出它们的最终事件发生概率计算方法。研究 SFEP 的时间特征，给出事件及连接的发生时刻及持续时间用以表征时间特征。基于两类重复性、事件"与""或"关系、时间的叠加情况，给出考虑时间的 SFEP 最终事件发生概率计算方法。最后参照重复性和时间性给出阻止最终事件发生的措施。

2.5.1　边缘事件的重复性

定义 2.19　事件的重复性：重复性分为两类，一是同一边缘事件在两条路径中，其中之一发生则都发生且性质相同；二是同类事件非同次发生或多个同类事件发生，虽然性质相同但视为两个不同事件。

在 SFN 转化为 SFT[21,27-37]的过程中，环形结构转化较为困难，尤其是单向环。单向环是具有循环特征的故障演化过程。但多向环，即环形中有两个及以上方向，转化为 SFT 时，存在同一边缘事件分属两个路径的情况。这种情况的转化与一般情况有所不同。

图 2.10 所示为多向环的转化，图 2.10(a)为最简单的多向环网络。将该网络转化为 SFT，如图 2.10(b)所示。图 2.10(a)中的事件 v_4 通过两个路径 $v_4 \rightarrow v_2 \rightarrow v_1$ 和 $v_4 \rightarrow v_3 \rightarrow v_1$ 达到最终事件 v_1。根据一般的 SFN 转化规则，$p_2 = p_4 p_{4\rightarrow2}$、$p_3 = p_4 p_{4\rightarrow3}$、$p_1 = 1 - (1 - p_2 p_{2\rightarrow1})(1 - p_3 p_{3\rightarrow1})$，则 $p_1 = p_2 p_{2\rightarrow1} + p_3 p_{3\rightarrow1} - p_2 p_{2\rightarrow1} p_3 p_{3\rightarrow1} = p_4 p_{4\rightarrow2} p_{2\rightarrow1} + p_4 p_{4\rightarrow3} p_{3\rightarrow1} - p_4 p_{4\rightarrow2} p_{2\rightarrow1} p_4 p_{4\rightarrow3} p_{3\rightarrow1}$。这种 v_1 发生概率计算方法认为两个一阶演化过程的边缘事件是不同的，或者认为是不同时发生的同类型事件。因此，上述过程应对应图 2.10(c)的 SFN 转化。

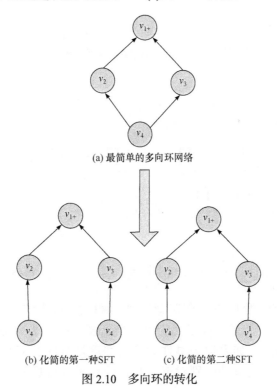

(a) 最简单的多向环网络

(b) 化简的第一种SFT　　　(c) 化简的第二种SFT

图 2.10　多向环的转化

图 2.10(a)应转化为图 2.10(b)。v_4 作为边缘事件存在于两条路径中，作为两条路径的边缘事件。由 SFN 可知，这两条路径的边缘事件 v_4 是同一个事件的同一次发生，因此在逻辑上应具备相同的特性，在 SFN 转化为 SFT 时符号不变。图 2.10(b)中两个 v_4 事件性质完全相同，是同一事件的同一次发生，其出现是为了满足 SFN 转化为 SFT 的需要。此时，$p_1 = p_4(p_{4\to2}p_{2\to1} + p_{4\to3}p_{3\to1}) - p_4^2 p_{4\to2}p_{2\to1}\ p_{4\to3}p_{3\to1}$。图 2.10(c)中的 v_4 与 v_4^1 是相同事件的非同次发生，或是同类事件的不同事件的同次发生。v_4 与 v_4^1 虽然性质相同，但并非等价，得到的 $p_1 = p_4 p_{4\to2}p_{2\to1} + p_4^1 p_{44\to3}^1$
$\cdot p_{3\to1} - p_4 p_{4\to2}p_{2\to1}p_4^1 p_{4\to3}^1 p_{3\to1}$，因此不能继续化简。直观来讲，如果图 2.10(a)中的 v_4 发生，那么 $p_1 = p_4(p_{4\to2}p_{2\to1} + p_{4\to3}p_{3\to1}) - p_4^2 p_{4\to2}p_{2\to1}\ p_{4\to3}p_{3\to1}$。如果图 2.10(c)中只有 v_4 发生，那么 $p_1 = p_4 p_{4\to2}p_{2\to1}$；只有 v_4^1 发生才有 $p_1 = p_4^1 p_{4\to2}^1 p_{2\to1}$；若两者具有时间相关性，则 $p_1 = p_4 p_{4\to2}p_{2\to1} + p_4^1 p_{4\to3}^1 p_{3\to1} - p_4 p_{4\to2}p_{2\to1}p_4^1 p_{4\to3}^1 p_{3\to1}$，与图 2.10(a)的结果相同。将 v_1 与原因事件的逻辑关系改为"与"关系，那么图 2.10(b)中 $p_1 = p_4 p_{4\to2}p_{2\to1}p_4 p_{4\to3}p_{3\to1} = p_4^2 p_{4\to2}p_{2\to1}p_{4\to3}p_{3\to1}$，只要 v_4 发生即成立。图 2.10(c)中 $p_1 = p_4 p_{4\to2}p_{2\to1}p_4^1 p_{4\to3}^1 p_{3\to1}$，只有当 p_4 和 p_4^1 同时发生时才成立。

相关研究给出了 SFN 的一般结构及多向环网络结构表示 SFEP 的方式 W_{fault}，如式(2.18)所示。考虑事件的重复性，SFEP 的最终事件发生概率表示为

$$
W_{\text{fault}}
$$
$$
= \begin{cases} \sum\limits_{\forall N(\prod p_{v_i})}\left(\sum\limits_{\exists N(\prod p_{v_i})}\left(\prod\limits_{\forall v_i \text{in}e_f} p_{v_i} \prod\limits_{\forall p_{c\to r}\in e_f} p_{c\to r}\right)\right), & \text{第一类重复} \\[4mm] \sum\limits_{\forall N(\prod p_{v_i})}\left[\sum\limits_{\exists N(\prod p_{v_i})}\left(\begin{array}{l} \prod\limits_{\forall v_i \text{in}e_f} p_{v_i} \prod\limits_{\forall p_{c\to r}\in e_f} p_{c-r} + \prod\limits_{\forall v_i^1 \text{in}e_f^1} p_{v_i^1} \prod\limits_{\forall p_{c^1\to r}\in e_f^1} p_{c^1\to r} \\ +\cdots+ \prod\limits_{\forall v_i^n \text{in}e_f^n} p_{v_i^n} \prod\limits_{\forall p_{c^n\to r}\in e_f^n} p_{c^n\to r} \end{array}\right)\right], & \text{第二类重复} \end{cases}
$$

$$(2.21)$$

式中，$\prod\limits_{\forall v_i^1 \text{in}e_f^1} p_{v_i^1} \prod\limits_{\forall p_{c^1\to r}\in e_f^1} p_{c^1\to r} +\cdots+ \prod\limits_{\forall v_i^n \text{in}e_f^n} p_{v_i^n} \prod\limits_{\forall p_{c^n\to r}\in e_f^n} p_{c^n\to r}$ 表示某一阶数的一个故障演化过程中，与 v_i 事件同类的第二类重复事件为边缘事件的故障演化过程。

式(2.21)说明，如果边缘事件为第一类重复事件，那么与原最终事件发生概率推导过程相同。如果边缘事件为第二类重复事件，那么需要对所有该边缘事件的第二类重复事件区别对待，其目的在于分析这些故障演化过程的时间特征。

　　上述内容说明, SFN 转化为 SFT 时必须要了解是否有重复边缘事件, 特别是多向环中的边缘事件的重复性。这些边缘事件转化为 SFT 时的作用不同, 那些由于需要补充逻辑关系添加的边缘事件是具有相同属性且同时发生的同一边缘事件; 而那些在 SFN 中具有相同属性但不同次或同类同次发生的边缘事件则使用上角标加以区分。它们计算最终事件发生概率的方法和结果是不同的。

　　边缘事件重复性有两类: 一是同一边缘事件在两条路径中, 其中之一发生则都发生且性质相同, 如图 2.10(a)所示; 二是同类事件非同次发生或多个同类事件发生, 虽然性质相同但视为不同事件, 如图 2.10(c)所示。那么, 这些边缘事件的发生是否导致最终事件发生, 除逻辑关系之外还受众多因素限制。如果假设 SFEP 中的所有事件均处于同一系统, 各因素均作用于这些事件, 那么时间因素就变得很特殊了。可以说时间因素在 SFEP 中起到决定性作用, 如果事件演化过程在时间上无重叠, 那么故障必然不发生。下面讨论 SFEP 的时间特征。

2.5.2　故障演化过程时间特征

　　定义 2.20　事件的时间性: 事件演化经历的时间, t 表示事件和传递的发生时刻, τ 表示事件和传递的持续时间, 因此某个事件的存在及产生作用的时间为 $[t, t+\tau]$ [38]。

　　如图 2.10(c)所示, 以 v_4 和 v_4^1 分别为边缘事件的两条路径导致最终事件 v_1 发生, 则 v_1 与原因事件为不同逻辑"与""或"关系时, 最终导致 v_1 发生的决定因素如何确定是关键问题。如果故障演化过程存在的空间是相互联系的, 各事件经历的各种影响因素有重叠, 那么何种因素是导致最终故障发生的根源难以确定。

　　在前期研究的 SFT 理论中, 各种因素导致系统中各种元件的故障发生概率不同。可通过对这些因素进行控制以防止故障发生。如果控制其中大多数因素比较困难, 那么控制时间因素是较为理想的。任何事物的发生和发展都需要时间, 事件达到某种状态可认为是故障, 维持这种状态是故障持续, 失去这种状态是故障结束。若多个事件导致最终事件发生且是"与"关系, 则需要原因事件故障持续时间有交集; 若多个事件导致最终事件发生且是"或"关系, 则最终事件发生时间是原因事件持续时间的并集。

　　如图 2.10(c)所示, 由 v_4 和 v_4^1 作为边缘事件, 这两个事件都有发生时间和持续时间, 同时, 传递过程也需要时间, 那么它们导致最终事件发生的情况是不同的。将事件发生概率和传递概率用发生时刻 t 和持续时间 τ 表示, 得到图 2.11 的两个单元演化过程导致最终事件发生的时间特征。

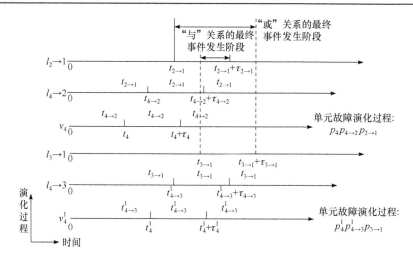

图 2.11 两个单元演化过程导致最终事件发生的时间特征

图 2.11 给出了图 2.10(c)的 v_4 和 v_4^1 作为边缘事件的最终事件发生时间，t 表示事件和传递的发生时刻，τ 表示事件和传递的持续时间。

由图 2.11 可知，后继传递概率的发生时刻 t_{n+1} 必须在前继发生时刻 t_n 与持续时刻 $t_n+\tau_n$ 之间存在，当 $t_{n+1} \geqslant t_n + \tau_n$ 及 $t_{n+1} \geqslant t_n$ 时，$p=0$；当 $t_n < t_{n+1} < t_n + \tau_n$ 时，$p = p_{n+1}$。

若两条路径是"与"关系导致最终事件发生，则 v_4 为边缘事件，有 $p_4(t_4,\tau_4)$ $p_{4\to2}(t_{4\to2},\tau_{4\to2})p_{2\to1}(t_{2\to1},\tau_{2\to1}) = p_4 p_{4\to2} p_{2\to1}$，作用时间范围为 $[t_{2\to1},t_{2\to1}+\tau_{2\to1}]$；$v_4^1$ 为边缘事件，有 $p_4^1(t_4^1,\tau_4^1)p_{4\to3}^1(t_{4\to3}^1,\tau_{4\to3}^1)p_{3\to1}(t_{3\to1},\tau_{3\to1}) = p_4^1 p_{4\to3}^1 p_{3\to1}$，作用时间范围为 $[t_{3\to1},t_{3\to1}+\tau_{3\to1}]$。

最终事件 v_1 的发生概率 $p_1 = p_4 p_{4\to2} p_{2\to1} p_4^1 p_{4\to3}^1 p_{3\to1}$，作用时间范围为 $[t_{2\to1},t_{2\to1}+\tau_{2\to1}]\bigcap[t_{3\to1},t_{3\to1}+\tau_{3\to1}]$。若 $[t_{2\to1},t_{2\to1}+\tau_{2\to1}]\bigcap[t_{3\to1},t_{3\to1}+\tau_{3\to1}]=\varnothing$，则最终事件 v_1 不发生；若 $[t_{2\to1},t_{2\to1}+\tau_{2\to1}]\bigcap[t_{3\to1},t_{3\to1}+\tau_{3\to1}]\neq\varnothing$，则最终事件 v_1 发生，且起始时刻 $t_1 = \max\{t_{2\to1},t_{3\to1}\}$，持续时间 $\tau_1 = [t_{2\to1},t_{2\to1}+\tau_{2\to1}]\bigcap[t_{3\to1},t_{3\to1}+\tau_{3\to1}]$。

若两条路径是"或"关系导致最终事件发生，则最终事件 v_1 的发生概率 $p_1 = p_4 p_{4\to2} p_{2\to1} + p_4^1 p_{4\to3}^1 p_{3\to1} - p_4 p_{4\to2} p_{2\to1} p_4^1 p_{4\to3}^1 p_{3\to1}$，持续时间为 $[t_{2\to1},t_{2\to1}+\tau_{2\to1}]\bigcup[t_{3\to1},t_{3\to1}+\tau_{3\to1}]$。最终事件 v_1 的起始时刻 $t_1 = \min\{t_{2\to1},t_{3\to1}\}$，持续时间 $\tau_1 = [t_{2\to1},t_{2\to1}+\tau_{2\to1}]\bigcup[t_{3\to1},t_{3\to1}+\tau_{3\to1}]$。

在考虑时间特征的情况下，SFEP 的最终事件发生概率的第一类"与"关系见式(2.22)，第二类"或"关系见式(2.23)。

$$W_{\text{fault}} = \begin{cases} \sum\limits_{\forall N(\prod p_{v_i})} \left[\sum\limits_{\exists N(\prod p_{v_i})} \left(\prod\limits_{\forall v_i \text{in} e_f} p_{v_i} \prod\limits_{\forall p_{c \to r} \in e_f} p_{c \to r} \right) \right], \\ \qquad t_f = \max\{\forall t_{c \to f}\}, \tau_f = \bigcap \forall [t_{c \to f}, t_{c \to f} + \tau_{c \to f}] \neq \varnothing \\ 0, \quad t_f = \max\{\forall t_{c \to f}\}, \tau_f = \bigcap \forall [t_{c \to f}, t_{c \to f} + \tau_{c \to f}] = \varnothing \\ \sum\limits_{\forall N(\prod p_{v_i})} \left[\sum\limits_{\exists N(\prod p_{v_i})} \left(\prod\limits_{\forall v_i \text{in} e_f} p_{v_i} \prod\limits_{\forall p_{c \to r} \in e_f} p_{c \to r} \right) \right], \\ \qquad t_f = \min\{\forall t_{c \to f}\}, \tau_f = \bigcup \forall [t_{c \to f}, t_{c \to f} + \tau_{c \to f}] \end{cases} \quad (2.22)$$

$$W_{\text{fault}} = \begin{cases} \sum\limits_{\forall N(\prod p_{v_i})} \left(\sum\limits_{\exists N(\prod p_{v_i})} \left(\prod\limits_{\forall v_i \text{in} e_f} p_{v_i} \prod\limits_{\forall p_{c \to r} \in e_f} p_{c \to r} + \prod\limits_{\forall v_i^1 \text{in} e_f^1} p_{v_i^1} \prod\limits_{\forall p_{c^1 \to r} \in e_f^1} p_{c^1 \to r} + \cdots \right. \right. \\ \left. \left. \qquad + \prod\limits_{\forall v_i^n \text{in} e^n_f} p_{v_i^n} \prod\limits_{\forall p_{c^n \to r} \in e_f^n} p_{c^n \to r} \right) \right), \\ \qquad t_f = \max\{\forall t_{c \to f}\}, \tau_f = \bigcap \forall [t_{c \to f}, t_{c \to f} + \tau_{c \to f}] \neq \varnothing \\ 0, \quad t_f = \max\{\forall t_{c \to f}\}, \tau_f = \bigcap \forall [t_{c \to f}, t_{c \to f} + \tau_{c \to f}] = \varnothing \\ \sum\limits_{\forall N(\prod p_{v_i})} \left(\sum\limits_{\exists N(\prod p_{v_i})} \left(\prod\limits_{\forall v_i \text{in} e_f} p_{v_i} \prod\limits_{\forall p_{c \to r} \in e_f} p_{c \to r} + \prod\limits_{\forall v_i^1 \text{in} e_f^1} p_{v_i^1} \prod\limits_{\forall p_{c^1 \to r} \in e_f^1} p_{c^1 \to r} + \cdots \right. \right. \\ \left. \left. \qquad + \prod\limits_{\forall v_i^n \text{in} e^n_f} p_{v_i^n} \prod\limits_{\forall p_{c^n \to r} \in e_f^n} p_{c^n \to r} \right) \right), \\ \qquad t_f = \min\{\forall t_{c \to f}\}, \tau_f = \bigcup \forall [t_{c \to f}, t_{c \to f} + \tau_{c \to f}] \end{cases}$$

$$(2.23)$$

式中，t_f 表示最终事件的发生时刻；τ_f 表示最终事件的持续时间。

由式(2.22)可知，SFN 的最终事件发生概率主要取决于边缘事件和演化过程各事件的逻辑关系。当根据网络各事件逻辑关系化简后，将得到多个不同阶的单元故障演化过程。这些过程都可导致最终事件发生，只是概率不同。从时间特征考虑，事件的发生和持续及传递的发生和持续都是时间的函数，只有时间存在重叠，故障演化才能进行。导致最终事件的各前继连接的逻辑关系决定了最终事件发生时刻和持续时间，即可通过逻辑关系对各前继连接的时间特征进行叠加。无论是第一类(式(2.22))还是第二类(式(2.23))边缘事件的重复事件，当单元故障过程与关系导致最终事件发生时，t_f 为各单元故障过程最终事件发生时间的最大值；τ_f 为各单元故障过程最终事件持续时间的交集，若交集为空，则 $W_{\text{fault}} = 0$。当单元故障过程或关系导致最终事件发生时，t_f 为各单元故障过程最终事件发生时刻的最小值；τ_f 为各单元故障过程最终事件持续时间的并集，这时 τ_f 可能是间断的。

由以上论述过程可知，为了防止最终事件发生，可以在如下方面采取措施：①阻止边缘事件发生，同时区别边缘事件的两类重复性。②如果不能阻止边缘事件发生，那么缩短边缘事件发生后的持续时间。③如果不能缩短边缘事件发生后的持续时间，那么设法延后传递发生时间，同时缩短传递持续时间，后继传递的控制与此相同。目的在于使单元故障演化过程各传递在时间上无重叠，可断开故障演化过程。④通过单元故障演化过程导致最终事件发生的逻辑关系来阻止最终事件发生。

2.6　本章小结

本章作为 SFN 的理论基础，从以下方面进行了研究。

(1) SFN 及其转化：①根据故障发展过程特点给出了三种故障网络形式，主要研究了含有单向环的多向环网络结构的表示和故障概率计算方法。一般网络结构和多向环网络结构的转化方法相同，即逆序转化。单向环结构的转化一部分与上述相同，循环部分转化与原因事件导致结果事件的逻辑关系有关。②给出了 SFN 的模宽度和模跨度的确定方法。将最终事件概率表示为边缘事件发生概率和连接传递概率乘积的和。将 SFT 中事件在多因素影响下的发生概率特征函数引入 SFN，同时考虑传递概率受环境因素的影响，得到 SFN 转化为 SFT 的最终事件概率计算方法。③SFN 可处理具有网络结构的故障发生过程，这是 SFT 的泛化，可用于更一般和广泛的故障发生过程研究。

(2) SFEP 描述：①进一步细化了 SFN 的组成。将 SFN 基本要素确定为对象、状态、连接和因素四项，解释了它们的物理意义，并补充了定义。给出了在 SFN 框架内描述 SFEP 的两种方法——枚举法和实例法，以及其优缺点。②论述了故障演化过程的机理。在已有研究基础上进一步对 SFEP 进行分类，分为总故障演化过程、目标故障演化过程、同阶故障演化过程、单元故障演化过程。又将单元故障演化过程分为增量故障演化过程和减量故障演化过程。给出了它们的定义，并结合这些类别的演化过程论述了演化机理。

(3) SFN 中的单向环：①给出了 SFN 中单向环的意义。认为环状结构是故障演化过程的叠加，每次循环都产生一定的最终事件发生概率，且每次循环的所有前期循环都是它的条件事件。这与各原因事件导致结果事件发生的"与""或"关系不同，是一种有序发生并叠加的过程。定义了环状结构及有序关系概念，并论述了物理意义。给出了三种基本环状结构的网络表示形式及符号意义。②重构了单向环与 SFT 的转化方法，为满足转化需要，给出了另一种 SFT 形式。虽然该类

SFT 与原 SFT 在符号、逻辑关系等方面存在不同, 但也可借鉴原 SFT 的概念和方法。给出了无关系结构、"或"关系结构、"与"关系结构转化为 SFT 的形式。为保证转化后事件的逻辑关系, 定义了同位符号, 包括同位事件和同位连接, 说明了它们的性质及作用。③给出了事件发生概率计算方法。根据转化后的 SFT 中事件的逻辑关系计算得到了三种形式环状结构中最终事件发生概率计算式。

(4) 全事件诱发的故障演化: ①论述了全事件诱发的故障演化过程含义。全事件指在 SFEP 中, 除了最终事件外, 边缘事件和过程事件都作为边缘事件, 成为故障的发起者。全事件诱发的故障演化过程与一般故障演化过程, 是针对故障发起对象而言的两种极限状态。前者故障发起者是边缘事件和过程事件的对象; 后者只有边缘事件的对象。前者各参与事件导致最终事件发生是平行关系; 后者是递进关系。②单一路径最终事件发生概率研究。使用一般故障演化过程和全事件诱发故障演化过程两种方法计算了最终事件发生概率, 得到了发生概率的两种极端情况。最小值是一般情况计算得到的, 最大值是全事件诱发计算得到的, 因此任何可能的最终事件发生概率都在两者之间。给出了单一过程的最终事件发生概率计算式。③网络结构最终事件发生概率研究。给出了计算步骤及过程, 认为全事件诱发的故障演化过程的最终事件发生概率是边缘事件和过程事件作为边缘事件计算得到的最终事件发生概率的和, 并给出了计算式和条件。由于边缘事件及数量、连接数量及各连接传递概率的不同, 可对计算进行化简, 主要考虑低阶且连接少的单元故障演化过程进行故障概率的求和计算。

(5) 事件重复性及时间特征。①研究了事件的重复性, 给出了边缘事件重复性的定义。重复性包括两类。一是同一边缘事件在两条路径中, 发生之一则都发生且性质相同; 二是同类事件非同次发生或多个同类事件发生, 虽然性质相同但视为不同事件。这两类重复事件对最终事件发生概率的影响不同, 因此计算方法也不同。②研究了事件的时间性, 即 SFEP 的时间特征。演化经历的时间特征用事件和传递的发生时刻及持续时间表示。研究各事件和传递连接的发生时刻及持续时间的重叠情况, 进而得到不同"与""或"关系及两类重复事件情况下的最终事件发生概率计算方法。③根据事件的重复性和时间性给出了防止最终事件发生的几类措施。

参 考 文 献

[1] Isoda N, Kadohira M, Sekiguchi S, et al. Review: Evaluation of foot-and-mouth disease control using fault tree analysis[J]. Transboundary and Emerging Diseases, 2013, 62(3): 233-244.

[2] Zytoon M A, El-Shazly A H, Noweir A H, et al. Quantitative safety analysis of a laboratory-scale bioreactor for hydrogen sulfide biotreatment using fault tree analysis[J]. Process Safety Progress, 2013, 32(4): 376-386.

[3] Ferdous R, Khan F, Sadiq R, et al. Fault and event tree analyses for process systems risk analysis: Uncertainty handling formulations[J]. Risk Analysis, 2011, 31(1): 86-107.

[4] Flage R, Barald P, Zio E, et al. Probability and possibility-based representations of uncertainty in fault tree analysis[J]. Risk Analysis, 2012, 33(1): 121-133.

[5] Pedroni N, Zio E. Uncertainty analysis in fault tree models with dependent basic events[J]. Risk Analysis, 2013, 33(6): 1146-1173.

[6] Wang D, Zhang Y, Jia X, et al. Handling uncertainties in fault tree analysis by a hybrid probabilistic-possibilistic framework[J]. Quality and Reliability Engineering International, 2015, 32(3): 1137-1148.

[7] Remenyte-Prescott R, Andrews J D. An efficient real-time method of analysis for non-coherent fault trees[J]. Quality and Reliability Engineering International, 2009, 25(2): 129-150.

[8] Ge D C, Li D, Chou Q, et al. Quantification of highly coupled dynamic fault tree using IRVPM and SBDD[J]. Quality and Reliability Engineering International, 2014,32(1): 139-151.

[9] Aslund J, Frisk B, Krysander E, et al. Safety analysis of autonomous systems by extended fault tree analysis[J]. International Journal of Adaptive Control and Signal Processing, 2007, 21(2): 287-298.

[10] Cui Y Q, Shi J U, Wang Z L. Analog circuits fault diagnosis using multi-valued Fisher's fuzzy decision tree(MFFDT)[J]. International Journal of Circuit Theory and Applications, 2015, 44(1): 240-260.

[11] Faisal I Khan, Tahir Husain. Risk assessment and safety evaluation using probabilistic fault tree analysis[J]. Human and Ecological Risk Assessment: An International Journal, 2001, 7(7): 1909-1927.

[12] Yousfi S N, Hissel D, Moçotéguy P, et al. Application of fault tree analysis to fuel cell diagnosis[J]. Fuel Cells, 2012, 12(2): 302-309.

[13] Rahmat M K, Jovanovic S. Reliability modelling of uninterruptible power supply systems using fault tree analysis method[J]. European Transactions on Electrical Power, 2009, 19(2): 258-273.

[14] Peng Z G, Lu Y, Miller A, et al. Risk assessment of railway transportation systems using timed fault trees[J]. Quality and Reliability Engineering International, 2016, 32(1): 181-194.

[15] Huang H Z, Zhang H, Li Y F. A new ordering method of basic events in fault tree analysis[J]. Quality and Reliability Engineering International, 2012, 28(3): 297-305.

[16] Mo Y C, Zhong F R, Liu H W, et al. Efficient ordering heuristics in binary decision diagram-based fault tree analysis[J]. Quality and Reliability Engineering International, 2013, 29(3): 307-315.

[17] Ge D C, Yang Y H. Reliability analysis of non-repairable systems modeled by dynamic fault trees with priority and gates[J]. Applied Stochastic Models in Business and Industry, 2015, 31(6): 809-822.

[18] Merle G, Roussel J M, Lesage J J, et al. Quantitative analysis of dynamic fault trees based on the coupling of structure functions and Monte Carlo simulation[J]. Quality and Reliability Engineering International, 2014, 32(1): 7-18.

[19] Yevkin O. An efficient approximate Markov chain method in dynamic fault tree analysis[J]. Quality and Reliability Engineering International, 2015, 32(4): 1509-1520.

[20] Merle G, Roussel J M, Lesage J J. Quantitative analysis of dynamic fault trees based on the structure function[J]. Quality and Reliability Engineering International, 2014, 30(1): 143-156.

[21] Cui T J, Li S S. Deep learning of system reliability under multi-factor influence based on space fault tree[J]. Neural Computing and Applications, 2019, 31(9): 4761-4776.

[22] 聂银燕, 林晓焕. 基于 SDG 的压缩机故障诊断方法研究[J]. 微电子学与计算机, 2013, 30(3): 140-142.

[23] 张静. 基于粒度熵的故障模型约简与 SDG 推理方法研究[D]. 太原: 太原理工大学, 2011.

[24] 崔铁军, 李莎莎, 朱宝岩. 空间故障网络及其与空间故障树的转换[J].计算机应用研究, 2019, 36(8): 2400-2403.

[25] 崔铁军. 系统故障演化过程描述方法研究[J]. 计算机应用研究, 2020, 37(10): 3006-3009.

[26] 崔铁军, 李莎莎, 朱宝岩. 含有单向环的多向环网络结构及其故障概率计算[J]. 中国安全科学学报, 2018, 28(7): 19-24.

[27] 崔铁军, 马云东. 多维空间故障树构建及应用研究[J]. 中国安全科学学报, 2013, 23(4): 32-37.

[28] 崔铁军, 马云东. DSFT 的建立及故障概率空间分布的确定[J]. 系统工程理论与实践, 2016, 36(4): 1081-1088.

[29] Cui T J, Li S S. Study on the construction and application of discrete space fault tree modified by fuzzy structured element[J]. Cluster Computing, 2019, 22(3): 6563-6577.

[30] 崔铁军, 汪培庄, 马云东. 01SFT 中的系统因素结构反分析方法研究[J]. 系统工程理论与实践, 2016, 36(8): 2152-2160.

[31] 崔铁军, 马云东. 系统可靠性决策规则发掘方法研究[J]. 系统工程理论与实践, 2015, 35(12): 3210-3216.

[32] Cui T J, Wang P Z, Li S S. The function structure analysis theory based on the factor space and space fault tree[J]. Cluster Computing, 2017, 20(2): 1387-1399.

[33] Li S S, Cui T J, Li X S, et al. Construction of cloud space fault tree and its application of fault data uncertainty analysis[C]//The 2017 International Conference on Machine Learning and Cybernetics, Ningbo, 2017: 195-201.

[34] Li S S, Cui T J, Liu J. Study on the construction and application of cloudization space fault tree[J]. Cluster Computing, 2019, 22: 5613-5633.

[35] 崔铁军, 马云东. 因素空间的属性圆定义及其在对象分类中的应用[J]. 计算机工程与科学, 2015, 37(11): 2169-2174.

[36] 崔铁军, 马云东. 基于因素空间的煤矿安全情况区分方法的研究[J]. 系统工程理论与实践, 2015, 35(11): 2891-2897.

[37] Cui T J, Li S S. Study on the relationship between system reliability and influencing factors under big data and multi-factors[J]. Cluster Computing, 2019, 22 (1): 10275-10297.

[38] Cui T J, Li S S. Research on complex structures in space fault network for fault data mining in system fault evolution process[J]. IEEE Access, 2019, 7(1): 121881-121896.

第3章 空间故障网络的结构化表示

  SFEP 存在于当前各行各业。系统指自然系统和人工系统。自然系统灾害演化过程是自然灾害按照自然规律发生发展的过程，与人是否参与无关。人工系统故障演化过程是人们根据既定目的，按照事物的自然属性所建立系统发生失效的过程。它们都可归结为 SFEP。研究 SFEP 主要在于过程的表示、分析和干预。由于 SFEP 宏观逻辑过程和微观因果关系的复杂性，加之影响因素众多，演化过程具有多样性，这给深入研究 SFEP 带来困难。

  目前对 SFEP 的表示和分析方法的研究正在迅速增加。主要研究包括机械系统故障[1]、网格级联故障[2]、多焦点策略优化[3]、竞争故障[4]、混合故障[5]、多策略演化[6]，交通系统[7]，企业系统[8]和行为过程[9]等演化机理。在医疗[10]、项目管理[11]、软件评估[12]、健康分析[13]和连锁故障分析[14]等领域也出现了系统演化过程的表示方法研究。这些研究都有很强的专业背景，形成的表示分析方法都具有针对性，难以相互借鉴，更难以建立通用 SFEP 表示和分析方法。

  本章研究演化过程中原因事件、结果事件、因果关系和影响因素的关系。已有研究都是将 SFN 根据转化规则转化为 SFT，再使用 SFT 已有方法进行分析。然而，SFT 方法对 SFN 的网络结构缺乏较好的针对性。为此本书提出 SFN 的结构化表示方法(I 和 II)，借助矩阵表示 SFN，有利于计算机智能处理。在结构化表示方法中，需要解决多原因事件以不同逻辑关系导致结果事件的情况。演化过程中事件的逻辑关系较为复杂，不只存在"与""或"关系，更存在其他逻辑关系。因此，借助何华灿提出的柔性逻辑处理模式[15,16]，将柔性逻辑关系转化为事件发生逻辑关系，最终得到演化过程分析式和演化过程计算式，为 SFN 的结构化表示和计算机智能处理奠定基础。

3.1 空间故障网络的结构化分析方法 I

  为了使 SFN 研究具有独立性，本书提出一种 SFN 的结构化分析方法。由于 SFT 方法并没有针对 SFN 的网络拓扑结构进行研究，性能不佳，因此本章提出使用矩阵形式表示 SFN，建立因果结构矩阵。通过矩阵及其相关运算表示 SFN 数据结构，使 SFN 分析适合计算机智能处理。根据不同网络结构(一般网络、多向环网络、单向环网络)和诱发方式(边缘事件、全事件)，给出最终事件发生概率的计算方法，并通过实例简单说明计算流程。

3.1.1　系统故障演化过程的特点

SFEP 普遍存在于各行各业，影响系统可靠性。系统故障发生不是一蹴而就的，而是一种演化过程。该过程经历众多事件，也受到很多因素影响，使演化过程具有多样性。这些多样性都是系统发生故障的模式，每一种模式都是一种可能，只是可能性不同。实际系统故障演化只是其中一种可能。因此，如何分析 SFEP 的所有可能性，判断哪一种演化最易发生，对保障系统安全运行、维持可靠性具有重要意义。

SFEP 有其自身的特点：①引起故障演化过程的原因很多，它们之间关系的确定困难；②故障演化过程中，原因事件到最终事件的演化是复杂的网络结构；③该网络结构不能使用化简方法删除事件及其关系；④原因事件存在多种逻辑关系导致结果事件；⑤演化过程中，影响演化原因和演化进程的因素很多；⑥各种因素和各种原因的相互关系复杂。这些特点使用目前的系统结构分析方法难以描述，这为描述分析和防治系统故障演化过程带来了很大困难。对 SFEP 的研究一般针对具体行业，基于行业和学科的基本特征进行研究。因此，一般抽象程度不够，难以形成具有普遍意义的系统故障演化过程描述及分析方法。

总体上，SFEP 可分为自然系统灾害演化和人工系统故障演化。自然系统指在自然环境中存在的非人造系统，其变化与人是否存在无关，按照自然规律进行演化，如地震、滑坡、雾霾、暴风雨等。人工系统指为了完成预定的目标，人们根据自然属性和规律制造的，在一定条件下可控制的系统，如机床、飞机等，当然也可包括社会系统这样的非物质系统。

SFEP 的结构较为复杂。宏观上，演化过程是由众多事件按照一定逻辑和时间顺序发展形成的；微观上，演化过程则是事件之间的相互作用和因果关系。因此，对 SFEP 的描述仍存在一些困难，如演化系统的界定问题，不同的边界条件可产生不同的边缘事件和最终事件，甚至影响演化过程；又如演化过程各事件的划分和确定，划分的尺度不同，事件和演化过程也会发生变化；各事件间的因果关联性，一些过程事件逻辑关系难以直接获得；过程中各种因素对事件、事件间逻辑关系、演化顺序的影响是不同的，因素相关性难以确定。

综上，SFEP 是必须要研究的问题。文献[17]给出了三级往复式压缩机的第一级故障过程描述。对该过程进行归纳和描述可知，压缩机第一级故障演化过程与众多元件及其发生事件相关。这些元件故障的发生至少受到温度和压力因素影响；同时，故障特征蕴含在实时监测的数据中。因此，需要通过故障数据和影响因素分析各元件失效、意外交互、失效因果关系及失效传递情况。本书认为冲击地压过程是一个复杂的动力系统演化过程，影响因素很多，单纯通过力学实验和现场数据难以有效诠释煤(岩)体变形、裂隙发展、飞石抛射和坍塌的复杂灾害演化过程[18]。从实地矿井收集的冲击地压数据较多，现有方法分析各阶段事件及影响因素较为困难。在不清楚演化过程中各事件逻辑关系及各因素作用的情况下，难以研究冲击地压过程演化。同样，在研究露天矿区灾害演化时会涉及很多灾害因素和监控数据，如地表变形、水污染和大气污染等重点灾害，它们与开采活动、水、火、震动等几大类几十项因素之间是相互交织的复杂网络关系[19]。现有方法难以描述这些灾害演化过程、确定影响因素、分析灾害数据、划分阶段和抽象特征，使下一步研究和防治面临极大困难。这些挑战为系统故障演化过程的研究提出了迫切需求。

SFEP 形成的 SFN 与一般网络不同，因为故障因果关系存在特殊性。例如，有向图矩阵可以通过 Hasse 转换形成 Hasse 矩阵。这是通过保留两点间最大路径，删除除此之外的非最大路径得到的。这种方法能将各节点使用最简路径相连，方便计算机处理，使网络复杂度下降。然而，这种方法在 SFN 中逻辑上无法实现，因为 SFEP 中各事件可以通过不同演化路径导致同一事件发生，或者说两个事件可以通过多条演化路径相连。因此，不可将这些演化路径化简，因为这些路径都是一种故障模式，也是一种可能性。

以往对 SFN 的研究是通过将 SFN 转化为 SFT 实现的，但其基础是树形结构，且基于函数关系，并不适合计算机智能化定性定量分析。因此，为适应计算机智能处理，需要针对 SFN 设计一种面向计算机的结构化分析方法。以矩阵形式存储 SFN，并通过矩阵运算结合数据库操作完成 SFEP 的定性和定量分析，即 SFN 的结构化分析方法。

3.1.2　结构化表示方法 I 的构建

本书针对 SFN 描述的 SFEP 进行定性定量分析，提出 SFN 的结构化分析方法，即因果结构矩阵及其相关方法。SFN 结构分析方法与以往借助 SFT 的方法不同，是针对 SFN 网络特征建立的独立研究方法，是奠定 SFN 独立研究体系的基础。下面给出该方法的相关定义、步骤和计算过程[20]。

表 3.1 是 SFN 的因果结构矩阵 I(matrix of cause event and result event, CEREI)。表中体现了故障演化过程中各事件的因果关系。这里 ce_n 表示原因事件 ($n = 1, 2, \cdots, N$)，re_m 表示结果事件 ($m = 1, 2, \cdots, M$)，CE 表示原因事件的集合，CE = $\{ce_n \mid n = 1, 2, \cdots, N\}$，RE 表示结果事件的集合，RE = $\{re_m \mid m = 1, 2, \cdots, M\}$。这与 SFN 中原因事件和结果事件表示方法略有区别，因为原定义并未涉及原因事件集合和结果事件集合，这里为了论述和推导进行了修改。使用 CEREI 表示 SFEP 不需要 SFN 结构中的连接，但需要传递概率。因此，在 CEREI 中所有 ce_n 和 re_m 的

传递关系使用 $\mathrm{tp}_{n \to m}$ 表示，即 ce_n 发生导致 re_m 发生的可能性。在 CEREI 中传递概率的集合表示为 $\mathrm{TP} = \{\mathrm{tp}_{n \to m} \mid n = 1, 2, \cdots, N; m = 1, 2, \cdots, M\}$，因此 CERE 可作为一个表结构系统，即 $\mathrm{CEREI} = (\mathrm{CE}, \mathrm{RE}, \mathrm{TP})$，可以表示所有 ce_n 和 re_m 之间的关系，最大关系数为 $N \times M$，最小关系数为 N。

表 3.1　SFN 的因果结构矩阵 I

原因事件	结果事件			
	re_1	re_2	$\cdots$	re_M
ce_1	0	$\mathrm{tp}_{1 \to 2}$	$\cdots$	0
ce_2	0	0	$\cdots$	$\mathrm{tp}_{2 \to M}$
$\cdots$	$\cdots$	$\cdots$	$\cdots$	$\cdots$
ce_N	0	0	$\cdots$	$\mathrm{tp}_{N \to M}$

定义 3.1 因果结构矩阵 I(CEREI)：用于 SFN 的结构化表示，进而表述故障演化过程中各事件的因果关系，$\mathrm{CEREI} = (\mathrm{CE}, \mathrm{RE}, \mathrm{TP})$。原因事件的集合为 $\mathrm{CE} = \{\mathrm{ce}_n \mid n = 1, 2, \cdots, N\}$、结果事件的集合为 $\mathrm{RE} = \{\mathrm{re}_m \mid m = 1, 2, \cdots, M\}$，传递概率的集合为 $\mathrm{TP} = \{\mathrm{tp}_{n \to m} \mid n = 1, 2, \cdots, N; m = 1, 2, \cdots, M\}$。

TP 的数量取值范围是 $[N, N \times M]$。N 表示每个 ce_n 至少导致一个 re_m 发生，否则 ce_n 没有意义。$N \times M$ 表示所有 ce_n 和所有 re_m 都存在因果关系。因此，对于每一个 $\mathrm{tp}_{n \to m}$ 的取值，当 $\mathrm{ce}_n \to \mathrm{re}_m$ (原因事件可导致结果事件)时，$\mathrm{tp}_{n \to m} = p_j$；当 $\neg (\mathrm{ce}_n \to \mathrm{re}_m)$ (原因事件不导致结果事件)时，$\mathrm{tp}_{n \to m} = 0$。因此，CEREI 模型的基本结构如式(3.1)所示。

$$\begin{cases} \mathrm{CEREI} = (\mathrm{CE}, \mathrm{RE}, \mathrm{TP}) \\ \mathrm{CE} = \{\mathrm{ce}_n \mid n = 1, 2, \cdots, N\} \\ \mathrm{RE} = \{\mathrm{re}_m \mid m = 1, 2, \cdots, M\} \\ \mathrm{TP} = \{\mathrm{tp}_{n \to m} \mid n = 1, 2, \cdots, N; m = 1, 2, \cdots, M\} \\ \mathrm{tp}_{n \to m} = \begin{cases} p_j, & \mathrm{ce}_n \to \mathrm{re}_m \\ 0, & \neg(\mathrm{ce}_n \to \mathrm{re}_m) \end{cases} \end{cases} \quad (3.1)$$

研究 CEREI 中表现出来的 SFEP 微观特征，即事件之间的因果关系。为方便计算机推理和计算，给出如下结构化分析方法。

(1) 根据 SFEP 的宏观微观特征建立 CEREI。

(2) 原因事件等于结果事件与 CEREI 各行单元相除：

$$CE = RE. / CEREI[N,1\sim M] \rightarrow ce_n = [re_{1\sim M}]. / CEREI[n,1\sim M]$$

（3）所有 $ce_n \rightarrow re_m$ 的关系可表示为 $tp_{n\rightarrow m} \times ce_n = re_m$，这些关系组成因果关系组 $\Gamma = \{ce_n \rightarrow re_m \mid tp_{n\rightarrow m} \times ce_n = re_m\}$，关系数量与 $tp_{n\rightarrow m}$ 的数量相同。

定义 3.2　因果关系组：因果关系组中存储了 CEREI 中所有事件的逻辑关系，表示为 $\Gamma = \{ce_n \rightarrow re_m \mid tp_{n\rightarrow m} \times ce_n = re_m\}$。因果关系组中所有关系的前件都是原因事件，后件都是结果事件。因此，它是各事件因果关系存储的数据结构。

（4）由一个原因事件 ce_n 出发，根据演化过程因果关系，找到结果事件 $re_m = tp_{n\rightarrow m} \times ce_n$，将 re_m 作为原因事件 ce_n 在 Γ 中继续寻找结果事件。循环该过程，直至找到可终止的结果事件 re_m。

（5）确定可终止结果事件 re_m。由第 2 章可知，转化的 SFN 分为一般结构、多向环网络结构和单向环结构三种。一般结构和多向环网络结构的终止结果事件确定方法相同，即该结果事件不导致 CEREI 中的其他原因事件 $ce_{n'}$ 发生，这时 $re_m = \prod tp_{n\rightarrow m} ce_{n'}, \exists(ce_n \rightarrow re_m) \in \Gamma$。单向环结构较为复杂，表示循环递进式故障演化。当演化过程有一部分带有单向环结构时，设原因事件 $ce_{n'}$ 为最终结果事件，那么 $re_m = \prod tp_{n\rightarrow n'} ce_{n'}(tp_{n'\rightarrow m} ce_{n'})^k, \exists(ce_n \rightarrow re_m) \in \Gamma$，其中 k 表示单向环循环次数。

以上得到了 SFEP 的 SFN 表示的边缘事件与最终事件的逻辑关系。边缘事件 ce_n 导致最终事件 re_m 的 CEREI 模型如式(3.2)所示。

$$\begin{cases} CE = RE. / CEREI[N,1\sim M] \rightarrow ce_n = [re_{1\sim M}]. / CEREI[n,1\sim M] \\ re_m = ce_n \times tp_{n\rightarrow m} \\ \Gamma = \{ce_n \rightarrow re_m \mid tp_{n\rightarrow m} \times ce_n = re_m\} \\ re_m = \prod tp_{n\rightarrow m} ce_{n'}, \exists(ce \rightarrow re) \in \Gamma, \quad \text{一般结构和多向环网络结构} \\ re_m = \prod tp_{n\rightarrow n'} ce_{n'}(tp_{n'\rightarrow m} ce_{n'})^k, \exists(ce \rightarrow re) \in \Gamma, \quad \text{单向环结构} \end{cases} \tag{3.2}$$

（6）根据边缘事件导致最终事件发生的分析过程，给出全事件诱发最终事件的 CEREI 模型，如式(3.3)所示。

$$\begin{cases} CE = RE. / CEREI[N,1\sim M] \rightarrow ce_n = [re_{1\sim M}]. / CEREI[n,1\sim M] \\ re_m = ce_n \times tp_{n\rightarrow m} \\ \Gamma = \{ce_n \rightarrow re_m \mid tp_{n\rightarrow m} \times ce_n = re_m\} \\ re_m = \sum_{i=1}^{n'} \left(\prod tp_{i\rightarrow m} ce_i \right), \exists(ce \rightarrow re) \in \Gamma, \quad \text{一般结构和多向环网络结构} \\ re_m = \sum_{i=1}^{n'} \left[\prod tp_{i\rightarrow n'} \left(\prod tp_{n'\rightarrow m} \right)^k ce_{n'} \right], \exists(ce \rightarrow re) \in \Gamma, \quad \text{单向环结构} \end{cases} \tag{3.3}$$

图 3.1 给出了 SFEP 的 SFN 结构分析法的分析流程。以往的研究重点在于使用 SFN 描述 SFEP，然后将 SFN 根据转化准则转化为 SFT，利用 SFT 现有成果进行 SFN 研究，优势是利用现有研究成果，不足在于缺乏对网络结构本身的分析方法。本节使用了 CEREI 来建立属于 SFN 的研究方法。

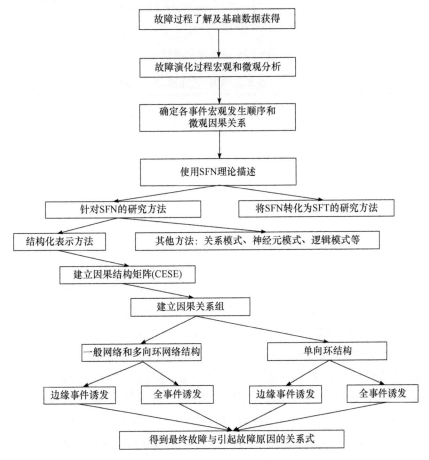

图 3.1 SFEP 的 SFN 结构分析法的分析流程

3.1.3 实例分析

假设某 SFEP 由 5 个事件组成，如图 3.2 所示。

根据图 3.2 得到，$CE = \{a, b, c, d, e\}$，$RE = \{a, b, c, d, e\}$。为了研究需要，设定 $TP = \{0.1, 0.5, 0.3, 0.3, 0.4, 0.5, 0.3\}$，建立因果结构矩阵，见表 3.2。

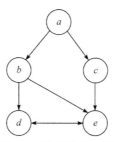

图 3.2　故障演化过程

表 3.2　图 3.2 所示故障演化过程的因果结构矩阵

事件	a	b	c	d	e
a	0	0.1	0.5	0	0
b	0	0	0	0.3	0.3
c	0	0	0	0	0.4
d	0	0	0	0	0.5
e	0	0	0	0.3	0

根据表 3.2 建立因果关系组:

$$\Gamma = \{a \to b, a \to c, b \to d, b \to e, c \to e, d \to e, e \to d\}$$
$$= \{0.1a = b, 0.5a = c, 0.3b = d, 0.3b = e, 0.4c = e, 0.5d = e, 0.3e = d\}$$

由 a 出发,因为 $0.1a = b$ 且 $0.3b = e$,所以 $0.3 \times (0.1a = b) = e \Rightarrow 0.3 \times 0.1a = e$。又由于 $0.3e = d$,所以 $0.3 \times [0.3 \times (0.1a = b) = e] = d$。进一步,因为 $0.5d = e$,所以 $0.5 \times \{0.3 \times [0.3 \times (0.1a = b) = e] = d\} = e$,可知 e 和 d 形成了循环结构,第二次出现的 e 是终止事件。根据 $(0.5 \times 0.3)^k \times 0.3 \times 0.1a = e$,得到了边缘事件 a 与最终事件 e 的关系。同理,可以得到其他边缘事件和最终事件之间的关系。全事件诱发情况下,$0.5 \times \{0.3 \times [0.3 \times (0.1a = b) = e] = d\} + 0.3 \times [0.3 \times (0.1a = b) = e] + [0.3 \times (0.1a = b) = e] + (0.1a = b) = e$,则 $(0.5 \times 0.3)^k \times 0.3 \times 0.1a + (0.5 \times 0.3)^k \times 0.3b + (0.5 \times 0.3)^k \times (e + d) = e$。

结合 SFT 理论,上述 a、b、c、d、e 的 5 个事件实际上是事件对象发生故障或灾害的可能性,可以使用 SFT 中的故障发生概率 p 来描述。对一个事件 a 来说,p_a 描述了 a 在受到任意多因素影响下的发生概率变化情况,是描述多因素影响及故障发生或灾害发生关系的量。p_a 与 Q 个因素共同组成了 $Q+1$ 维空间。p_a 在这个因素空间内是一个 $Q+1$ 维曲面。如果 a、b、c、d、e 事件的影响因素相同,那么就可以将 $p_{a \sim e}$ 根据网络结构(一般网络、多向环网络、单向环网络)和诱发方式(边缘事件、全事件)得到的不同 CEREI 的 re_m 结构表达式进行叠加,形成最终故障发生概率分布。

本节研究的最大进步在于绕开了 SFN 转化 SFT 的过程，直接使用因果结构矩阵分析 SFN 描述的 SFEP，并能进行定性化简和定量计算，为 SFN 的独立研究提供了基础方法。该研究的明显不足是，目前仍不能在因果结构矩阵中体现多个原因事件以不同逻辑关系导致结果事件的情况。

3.2　空间故障网络的结构化分析方法 II

本节进一步研究 SFEP，提出了 SFN 结构化表示方法 II。目的在于描述故障演化过程中多个原因事件以不同逻辑关系导致结果事件的情况。将方法 I 中因果结构矩阵 CEREI 添加关系事件 RS，扩展为 CEREII。对方法 I 建立的不同网络结构(一般网络结构、多向环网络结构和单向环网络结构)和诱发情况(边缘事件和全事件诱发)的最终事件演化过程分析式进行改造，得到这些情况下的最终事件演化过程分析式。SFN 的结构化表示方法可为 SFN 的独立研究提供理论基础。

3.2.1　结构化表示方法 II 的构建

首先论述结构化表示方法 II 提出的原因。3.1 节提到 SFN 的结构化表示是为了使 SFN 具有独立的研究路线，而不是转化为 SFT 进而进行定性定量分析。然而，结构化表示方法 I 存在重要缺陷。

图 3.3(a)是研究结构化表示方法 I 时建立的故障演化过程图。图中给出了各事件之间的因果演化关系，用 CEREI 表示。进一步考虑 e 作为结果事件，其原因事件有 b、c 和 d 此时 b、c 和 d 之间通过何种逻辑关系进行组合导致 e 的发生，图 3.3(a)和 CEREI 都无法表示，这是方法 I 最大的问题。

图 3.3(b)给出了原有演化过程中可能存在的一种导致 e 发生的原因事件 b、c 和 d 的组合情况。即在导致 e 发生的过程中，b 和 c 其中之一发生即可导致下一步发生，b 和 c 是"或"关系。事件 d 与 b 或 c 的结果同时发生可导致 e 发生，它们是"与"关系。这些特征在 CEREI 中无法表示，因此构建了 CEREII，将其作为基础提出结构化表示方法 II。

为满足结构化表示方法 II 和 CEREII 的建立，将该系统故障演化过程表示为图 3.3(c)。图 3.3(c)中将事件之间的逻辑关系进行标记，记为 x_{ib}。b 代表事件之间的逻辑关系，B 代表所有逻辑关系的集合，$b \in B$。由于主要针对结构化表示方法进行研究，这里 B 只包括"与""或"关系。实际上，根据何华灿对柔性信息处理中的基本模式研究，作者已经将逻辑关系扩展到 20 种[15,21]。作者根据这 20 种逻辑关系，研究了它们与故障演化过程事件逻辑关系的转换形式，即将 20 逻辑关系等效地体现在演化过程事件之间的逻辑性上，具体过程见 3.3 节。图 3.3(c) 中虚线箭头表示同位连接，即表示连接的原因事件和结果事件是相同的，但原因 事件导致结果事件的逻辑关系不同，进而对原因事件进行区分，同位连接的传递 概率 $tp=1$。

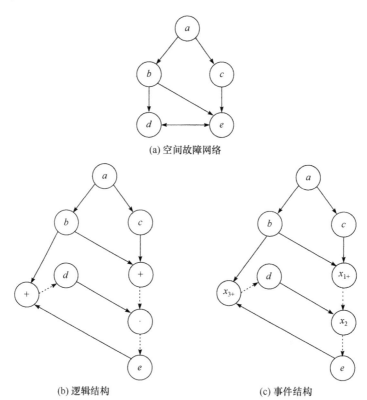

(a) 空间故障网络

(b) 逻辑结构　　　　　　　　(c) 事件结构

图 3.3　故障演化的等效转化过程

下面根据结构化表示方法 I 建立结构化表示方法 II。

表 3.3 是 SFN 的因果结构矩阵 II。使用 ce_n 表示原因事件 ($n=1,2,\cdots,N$)，集 合 $CE=\{ce_n \mid n=1,2,\cdots,N\}$。使用 re_m 表示结果事件 ($m=1,2,\cdots,M$)，集合 $RE=\{re_m \mid m=1,2,\cdots,M\}$。使用 rs_l 表示关系事件 ($l=1,2,\cdots,L$)，集合 $RS=\{rs_l \mid l=1,2,\cdots,L\}$。CEREII 不需要 SFN 结构中的连接，但需要传递概率。另外，关系 事件是从事件中分离出来的关系，本身并不是实体事件，而只是导致该事件的 原因事件关系。因此统一规定，无论多事件是否按照不同逻辑关系导致结果事 件，都将事件分离为实体事件和关系事件，如图 3.3(c)中事件 x_{3+} 和关系事件 x_3 所示。

表 3.3　SFN 的因果结构矩阵 II

事件		结果事件				关系事件		
		re_1	re_2	$\cdots$	re_M	rs_1	$\cdots$	rs_L
原因事件	ce_1	0	$tp_{1\to2}$	$\cdots$	0	$tp_{1\to M+1}$	$\cdots$	0
	ce_2	0	0	$\cdots$	$tp_{2\to M}$	0	$\cdots$	$tp_{2\to M+L}$
	$\cdots$	$\cdots$	$\cdots$	$\cdots$	$\cdots$	0	$\cdots$	0
	ce_N	0	0	$\cdots$	$tp_{N\to M}$	0	$\cdots$	0
关系事件	rs_1	$tp_{N+1\to1}$	0	0	0	0	$\cdots$	0
	$\cdots$	$\cdots$	$\cdots$	$\cdots$	$\cdots$	$\cdots$	$\cdots$	$\cdots$
	rs_L	0	$tp_{N+L\to2}$	0	0	$rs_{L\to1}$	$\cdots$	0

　　表 3.3 区域分为四部分，有底色部分为增加部分。有底色部分需要关系事件参与分析。CEREII 根据处理方式不同可分为两部分，见表 3.3 中竖线，左侧仍然继续使用结构化表示方法 I(事件之间关系的处理方式)，右侧使用新方法(关系事件之间关系的处理)，整合形成结构化表示方法 II。

　　所有 ce_n 和 re_m 传递关系使用 $tp_{n\to m}$ 表示；所有 ce_n 和 rs_l 传递关系使用 $tp_{n\to l}$ 表示；rs_l 和 re_m 及 rs_l 和 rs'_l 的传递概率为 1。传递概率的集合表示为 $TP = \{tp_{n\to m} \mid n = 1,2,\cdots,N+L; m = 1,2,\cdots,M+L\}$。因此，$CEREII = (CE,RE,RS,TP)$ 可以表示所有 ce_n 和 re_m、rs_l 和 re_m 及 rs_l 之间的关系，最大关系数为 $(N+L)\times(M+L)$，最小关系数为 $N+L$。

　　TP 的数量取值范围是 $[N+L,(N+L)\times(M+L)]$。$N+L$ 表示每个 ce_n 和 rs_l 至少导致一个 re_m 或 rs_l 发生，否则 ce_n 和 rs_l 没有意义。$N\times M$ 表示所有 ce_n 和 rs_l 及所有 re_m 和 rs_l 都存在因果关系。当 $ce_n \to re_m$ 或 $ce_n \to rs_l$ 时，$tp = p_j$；当 $rs_l \to re_m$ 和 $rs_l \to rs'_l$ 时，$tp = 1$；当不存在关系时，$tp = 0$。因此，CEREII 模型的基本结构如式(3.4)所示。

$$\begin{cases} CEREII = (CE,RE,RS,TP) \\ CE = \{ce_n \mid n = 1,2,\cdots,N\} \\ RE = \{re_m \mid m = 1,2,\cdots,M\} \\ RS = \{rs_l \mid l = 1,2,\cdots,L\} \\ TP = \{tp_{n\to m} \mid n = 1,2,\cdots,N+L; m = 1,2,\cdots,M+L\} \\ tp_{n\to m} = \begin{cases} 0, & \neg(ce_n \to re_m \text{ 或 } rs_l \to re_m) \\ 1, & rs_l \to re_m \text{ 或 } rs_l \to rs'_l \\ p_j, & ce_n \to re_m \text{ 或 } ce_n \to rs_l \end{cases} \end{cases} \quad (3.4)$$

下面针对结构化表示方法 II 给出关键定义。

定义 3.3　因果结构矩阵 II(CEREII)：用于 SFN 的结构化表示，记为
$\text{CEREII} = (\text{CE,RE,RS,TP})$。使用 ce_n 表示原因事件 $(n=1,2,\cdots,N)$，集合 $\text{CE} = \{\text{ce}_n \mid n=1,2,\cdots,N\}$。使用 re_m 表示结果事件 $(m=1,2,\cdots,M)$，集合 $\text{RE} = \{\text{re}_m \mid m=1,2,\cdots,M\}$。使用 rs_l 表示关系事件 $(l=1,2,\cdots,L)$，集合 $\text{RS} = \{\text{rs}_l \mid l=1,2,\cdots,L\}$。传递概率集合 $\text{TP} = \{\text{tp}_{n \to m} \mid n=1,2,\cdots,N+L; m=1,2,\cdots,M+L\}$。

定义 3.4　因果关系组：存储了 CEREII 中所有事件及关系事件的逻辑关系，记为 $\Gamma = \{\text{ce}_n \to \text{re}_m, \text{ce}_n \to \text{rs}_l, \text{rs}_l \to \text{re}_m, \text{rs}_l \to \text{rs}'_l, \text{CE}+\text{RS} \to \text{rs}_l \mid \text{tp}_{n \to m} \times \text{ce}_n = \text{re}_m, \text{tp}_{l \to n} \times \text{ce}_n = \text{rs}_l, \text{rs}_l = \text{rs}'_l, \text{rs}_l = \text{re}_m, \text{rs}_l = b[(\text{RE}+\text{RS}).\times \text{CERE}(\text{rs}_l)]\}$。因果关系组中所有关系的前件都是原因事件，后件都是结果事件。

CEREII 左侧处理方式如下。

(1) CE 等于结果事件与 CEREII 各行单元相除，$\text{CE} = \text{RE}./\text{CEREII}[N,1\sim M] \to \text{ce}_n = [\text{re}_{1\sim M}]./\text{CEREII}[n,1\sim M]$。关系事件等于结果事件与 CEREII 各行单元相除，$\text{RS} = \text{RE}./\text{CEREII}[N,1\sim M] \to \text{rs}_l = [\text{re}_{1\sim M}]./\text{CEREII}[N+L,1\sim M]$。

(2) 所有 $\text{ce}_n \to \text{re}_m$ 和 $\text{rs}_l \to \text{re}_m$ 的关系可表示为 $\text{tp}_{n \to m} \times \text{ce}_n = \text{re}_m$ 和 $\text{tp}_{l \to m} \times \text{ce}_n = \text{rs}_l$，这些关系组成因果关系组 $\Gamma = \{\text{ce}_n \to \text{re}_m, \text{ce}_n \to \text{rs}_l, \text{rs}_l \to \text{re}_m, \text{rs}_l \to \text{rs}'_l \mid \text{tp}_{n \to m} \times \text{ce}_n = \text{re}_m, \text{tp}_{l \to n} \times \text{ce}_n = \text{rs}_l, \text{rs}_l = \text{rs}'_l, \text{rs}_l = \text{re}_m\}$。

(3) 由一个原因事件 ce_n 或 rs_l 出发，根据演化过程因果关系找到结果事件，将该结果事件作为原因事件在 Γ 中继续寻找其结果事件。循环该过程，直至找到可终止的结果事件。

CEREII 右侧处理方式如下。

(1) 由 CEREII 右侧一列代表一种原因事件导致结果事件的逻辑关系。前面指出这种逻辑关系有 20 种，组成了集合 B。$\text{rs}_l = b[(\text{RE}+\text{RS}).\times \text{CEREII}(\text{rs}_l)]$，$b \in B$，$\text{RE}+\text{RS}$ 表示 RE 与 RS 按先后顺序排列，$\text{CEREII}(\text{rs}_l)$ 表示 CEREII 的第 rs_l 列的 tp 值。形成的因果关系组 $\Gamma = \{\text{rs}_l \to \text{rs}'_l, \text{CE}+\text{RS} \to \text{rs}_l \mid \text{rs}_l = \text{rs}'_l, \text{rs}_l = b[(\text{RE}+\text{RS}).\times \text{CEREII}(\text{rs}_l)]\}$。因此，CEREII 的总因果关系组为 $\Gamma = \{\text{ce}_n \to \text{re}_m, \text{ce}_n \to \text{rs}_l, \text{rs}_l \to \text{re}_m, \text{rs}_l \to \text{rs}'_l, \text{CE}+\text{RS} \to \text{rs}_l \mid \text{tp}_{n \to m} \times \text{ce}_n = \text{re}_m, \text{tp}_{l \to n} \times \text{ce}_n = \text{rs}_l, \text{rs}_l = \text{rs}'_l, \text{rs}_l = \text{re}_m, \text{rs}_l = b[(\text{RE}+\text{RS}).\times \text{CEREII}(\text{rs}_l)]\}$。

(2) 确定终止结果事件 re_m。SFN 可分为一般结构 $(a \to b)$、多向环网络结构 $(a \to b \to x_1$ 和 $a \to c \to x_1)$ 和单向环结构 $(d \to x_2 \to e \to x_3)$ 三种。当 SFN 是一般结构和多向环网络结构时，终止结果事件为该结果事件，不导致 CEREII 中的其他原因事件 $\text{ce}_{n'}$ 发生，这时最终事件演化过程分析式为 $\text{re}_m = \prod\{\text{tp}_{n \to m}\text{ce}_{n'}$

$\cdot \mathrm{tp}_{l \to n} \mathrm{ce}_n \times b[(\mathrm{RE+RS}). \times \mathrm{CEREII}(\mathrm{rs}_l)]\}$，$\exists(\mathrm{ce} \to \mathrm{re}, \mathrm{ce} \to \mathrm{rs}, \mathrm{CE+RS} \to \mathrm{rs}) \in \Gamma$。当 SFN 有一部分带有单向循环结构时，$\mathrm{re}_m = \prod\{\mathrm{tp}_{n \to n'} \mathrm{ce}_{n'} \mathrm{tp}_{l \to n} \mathrm{ce}_n \times b[(\mathrm{RE+RS}). \times \mathrm{CEREII}(\mathrm{rs}_l)]\}\{\mathrm{tp}_{n' \to m} \mathrm{ce}_{n'} \mathrm{tp}_{l \to n} \mathrm{ce}_n \times b[(\mathrm{RE+RS}). \times \mathrm{CEREII}(\mathrm{rs}_l)]\}^k$，$\exists(\mathrm{ce} \to \mathrm{re}, \mathrm{ce} \to \mathrm{rs}, \mathrm{CE+RS} \to \mathrm{rs}) \in \Gamma$，其中 k 表示单向环循环次数。当所求最终事件不在循环体中时，可按照上式计算；在循环体中时只能得到类似上式的递归式，如式(3.5)和式(3.6)中最后一项所示。

利用上述步骤得到了 SFN 的结构化表示方法 II。边缘事件 ce_n 导致最终事件 re_m 的 CEREII 模型如式(3.5)所示。

$$
\begin{cases}
\mathrm{CE = RE./CEREII}[N,1{\sim}M] \to \mathrm{ce}_n = [\mathrm{re}_{1{\sim}M}]./\,\mathrm{CEREII}[n,1{\sim}M] \\
\mathrm{RS = RE./CEREII}[N,1{\sim}M] \to \mathrm{rs}_l = [\mathrm{re}_{1{\sim}M}]./\,\mathrm{CEREII}[N+l,1{\sim}M] \\
\mathrm{re}_m = \mathrm{ce}_n \times \mathrm{tp}_{n \to m} \\
\mathrm{rs}_l = \mathrm{tp}_{l \to n} \times \mathrm{ce}_n \\
\mathrm{rs}_l = b[(\mathrm{RE+RS}). \times \mathrm{CEREII}(\mathrm{rs}_l)], b \in B, \mathrm{TP} = \{\mathrm{tp}_{n \to l} \mid n = 1,2,\cdots,N+L\} \\
B = \{b_1, b_2, \cdots, b_{20}\} \\
\Gamma = \{\mathrm{ce}_n \to \mathrm{re}_m, \mathrm{ce}_n \to \mathrm{rs}_l, \mathrm{rs}_l \to \mathrm{re}_m, \mathrm{rs}_l \to \mathrm{rs}'_l, \mathrm{CE+RS} \to \mathrm{rs}_l \mid \\
\quad \mathrm{tp}_{n \to m} \times \mathrm{ce}_n = \mathrm{re}_m, \mathrm{tp}_{l \to n} \times \mathrm{ce}_n = \mathrm{rs}_l, \mathrm{rs}_l = \mathrm{rs}'_l, \mathrm{rs}_l = \mathrm{re}_m, \mathrm{rs}_l = b[(\mathrm{RE+RS}). \\
\quad \times \mathrm{CEREII}(\mathrm{rs}_l)]\} \\
\mathrm{re}_m = \prod\{\mathrm{tp}_{n \to m} \mathrm{ce}_{n'} \mathrm{tp}_{l \to n} \mathrm{ce}_n \times b[(\mathrm{RE+RS}). \times \mathrm{CEREII}(\mathrm{rs}_l)]\}, \\
\quad \exists(\mathrm{ce} \to \mathrm{re}, \mathrm{ce} \to \mathrm{rs}, \mathrm{CE+RS} \to \mathrm{rs}) \in \Gamma, \quad \text{一般结构和多向环网络结构} \\
\mathrm{re}_m = \prod\{\mathrm{tp}_{n \to n'} \mathrm{ce}_{n'} \mathrm{tp}_{l \to n} \mathrm{ce}_n \times b[(\mathrm{RE+RS}). \times \mathrm{CEREII}(\mathrm{rs}_l)]\} \\
\quad \cdot \{\mathrm{tp}_{n' \to m} \mathrm{ce}_{n'} \mathrm{tp}_{l \to n} \mathrm{ce}_n \times b[(\mathrm{RE+RS}). \times \mathrm{CEREII}(\mathrm{rs}_l)]\}^k, \\
\quad \exists(\mathrm{ce} \to \mathrm{re}, \mathrm{ce} \to \mathrm{rs}, \mathrm{CE+RS} \to \mathrm{rs}) \in \Gamma, \quad \text{单向环结构，} \mathrm{re}_m \text{不在循环中} \\
\mathrm{re}_{mk} = \prod\{\mathrm{tp}_{n \to n'} \mathrm{ce}_{n'} \mathrm{tp}_{l \to n} \mathrm{ce}_n \times b[(\mathrm{RE+RS}). \times \mathrm{CEREII}(\mathrm{rs}_l)]\}\mathrm{re}_{mk-1}, \\
\quad \exists(\mathrm{ce} \to \mathrm{re}, \mathrm{ce} \to \mathrm{rs}, \mathrm{CE+RS} \to \mathrm{rs}) \in \Gamma, \quad \text{单向环结构，} \mathrm{re}_m \text{在循环中}
\end{cases}
$$

$$(3.5)$$

本书根据边缘事件导致最终事件发生过程式(3.5)，给出全事件诱发最终事件的 CEREII 模型，如式(3.6)所示。全事件诱发定义见 2.4.1 节论述。

$$\begin{cases} CE = RE./CEREII[N,1{\sim}M] \to ce_n = [re_{1{\sim}M}]./CEREII[n,1{\sim}M] \\ RS = RE./CEREII[N,1{\sim}M] \to rs_l = [re_{1{\sim}M}]./CEREII[N+l,1{\sim}M] \\ re_m = ce_n \times tp_{n \to m} \\ rs_l = tp_{l \to n} \times ce_n \\ rs_l = b[(RE+RS).\times CEREII(rs_l)], b \in B, TP = \{tp_{n \to l} \mid n = 1,2,\cdots,N+L\} \\ B = \{b_{1{\sim}20}\} \\ \Gamma = \{ce_n \to re_m, ce_n \to rs_l, rs_l \to re_m, rs_l \to rs_l', CE+RS \to rs_l \mid \\ \quad tp_{n \to m} \times ce_n = re_m, tp_{l \to n} \times ce_n = rs_l, rs_l = rs_l', rs_l = re_m, rs_l = b[(RE+RS). \\ \quad \times CEREII(rs_l)]\} \\ re_m = \sum \prod \{tp_{n \to m} ce_{n'} tp_{l \to n} ce_n \times b[(RE+RS).\times CEREII(rs_l)]\}, \\ \quad \exists (ce \to re, ce \to rs, CE+RS \to rs) \in \Gamma, \quad \text{一般结构和多向环网络结构} \\ re_m = \sum \prod \{tp_{n \to n'} ce_{n'} tp_{l \to n} ce_n \times b[(RE+RS).\times CEREII(rs_l)]\} \\ \quad \cdot \{\prod (tp_{n' \to m} ce_{n'} tp_{l \to n} ce_n \times b[(RE+RS).\times CEREII(rs_l)]\}^k, \\ \quad \exists (ce \to re, ce \to rs, CE+RS \to rs) \in \Gamma, \quad \text{单向环结构, } re_m \text{不在循环中} \\ re_{mk} = \sum \prod \{tp_{n \to n'} ce_{n'} tp_{l \to n} ce_n \times b[(RE+RS).\times CEREII(rs_l)]\}(\prod re_{mk-1}), \\ \quad \exists (ce \to re, ce \to rs, CE+RS \to rs) \in \Gamma, \quad \text{单向环结构, } re_m \text{在循环中} \end{cases}$$

$$(3.6)$$

上述模型较为复杂,下面通过实例介绍这些方法的使用。

3.2.2　实例分析

根据图 3.3(c)建立该 SFEP 的 CEREII 因果结构矩阵,如表 3.4 所示。

表 3.4　根据图 3.3(c)建立的 CEREII 因果结构矩阵

事件		结果事件					关系事件		
		a	b	c	d	e	x_{1+}	x_{2-}	x_{3+}
原因事件	a	0	p_1	p_2	0	0	0	0	0
	b	0	0	0	0	0	p_4	0	p_3
	c	0	0	0	0	0	p_5	0	0
	d	0	0	0	0	0	0	p_6	0
	e	0	0	0	0	0	0	0	p_7
关系事件	x_{1+}	0	0	0	0	0	0	1	0
	x_{2-}	0	0	0	0	1	0	0	0
	x_{3+}	0	0	0	1	0	0	0	0

由表 3.4 可得：$CE = RE\{a, d, c, d, e\}$，$RS = \{x_1, x_2, x_3\}$，$B = \{+,\cdot\}$，$TP = \{p_1, p_2, p_3, p_4, p_5, p_6, p_7\}$。CEREII 左侧的因果关系组$\{b = p_1a, c = p_2a, e = x_2, d = x_3\}$，右侧因果关系组$\{x_1 = 1 - (1 - p_4b)(1 - p_5c), x_2 = p_6dx_1, x_3 = p_3b \times p_7e\}$，因此$\Gamma = \{b = p_1a, c = p_2a, e = x_2, d = x_3, x_1 = 1 - (1 - p_4b)(1 - p_5c), x_2 = p_6dx_1, x_3 = p_3b \times p_7e\}$。可根据式(3.5)和式(3.6)及数据库相关知识对表 3.4 进行操作。

一般结构中，边缘事件 a 导致最终事件 b 演化过程为 $a \to b$，那么最终事件演化过程分析式为 $b = p_1a$。

存在单向环结构时，如 $a \to b \to d$ 中的 d 在单向环 $d \to x_2 \to e \to x_3$ 中，则最终事件演化过程分析式为 $d = x_3 = 1 - (1 - p_3b)(1 - p_7e) = 1 - (1 - p_3p_1a)(1 - p_7 \cdot x_2) = 1 - (1 - p_3p_1a)(1 - p_7p_6dx_1) = 1 - (1 - p_3p_1a)\{1 - p_7p_6d[1 - (1 - p_4b)(1 - p_5c)]\} = 1 - (1 - p_3p_1a)\{1 - p_7p_6d[1 - (1 - p_3p_1a)(1 - p_5p_2a)]\}$。当 d 在 $d \to x_2 \to e \to x_3$ 中循环了 k 次后，最终事件演化过程分析式为 $d_k = 1 - (1 - p_3p_1a)\{1 - p_7p_6d_{k-1}[1 - (1 - p_3p_1a)(1 - p_5p_2a)]\}$，$d_0 = p_3p_1a$。由式(3.5)可知，当最终事件在循环体中时，只能得到递归式。

图 3.3(c)中事件 a、b、c 不在循环中，d 和 e 在循环中，因此该例是不存在含有循环且最终事件不在循环中的情况，该例只给出了事件 d 的分析式。对于全事件诱发的最终事件过程描述，与上述过程思路相同，只是过程中的所有事件都作为边缘事件引发最终事件。只需将过程中除最终事件外的事件作为边缘事件使用式(3.5)分析得到各事件分析式，将其求和即为最终事件的全事件故障演化过程分析式，即式(3.6)。需要注意的是，可用事件发生概率替换分析式对应事件，得到最终事件演化过程计算式，即最终事件故障概率分布。结合 SFN 的定义，在多因素影响下将故障概率分布 $p_{a\sim e}$[16]代入 d_k 的计算公式中，代替事件 a、b、c、d、e 位置，可得到最终事件 d 的演化过程计算式，即 d 的故障概率分布。这也是分析的最终目的。

SFN 结构化表示方法 II 是在表示方法 I 基础上发展而来的。主要解决方法 I 不能对多个原因事件通过不同逻辑关系导致结果事件的问题。这也是一般方法难以表示 SFEP 的主要原因。通过在 CEREI 矩阵基础上建立的 CEREII 矩阵中添加关系事件对逻辑关系进行描述。虽然目前仍有不足，但这种方法可以有效表示 SFEP，将 SFN 转化为矩阵形式，进一步用于计算机的智能分析。

3.3　柔性逻辑处理模式

本节研究事件间柔性逻辑处理模式转化为事件发生逻辑关系的方法。在研究 SFN 的结构化表示方法时，主要问题是对多原因事件按照不同逻辑关系导致结果事件的表示和分析。这里根据何华灿提出的柔性逻辑处理模式，将可能存在的 20 种事件间逻辑关系进行推导。假设柔性逻辑处理模式和事件发生逻辑关系中的"与""或"关系等价，从而对这 20 种柔性逻辑处理模式进行推导，得到等效的事件发生逻辑关系。将事件链逻辑关系表示为原因事件的故障概率分布叠加。

3.3.1 事件逻辑关系与柔性逻辑模式

SFN 的结构化表示方法基础是因果结构矩阵，用于表示所有事件和它们之间的逻辑关系。如图 3.3 所示，图 3.3(a)表示 SFEP；图 3.3(b)表示考虑多原因事件导致结果事件逻辑关系的演化过程；图 3.3(c)表示加入关系事件的演化过程。事件为 a、b、c、d、e；关系事件为 x_1、x_2、x_3。事件 b、c 其一发生则导致下一步事件发生，是"或"关系。事件 d 与事件 b、c 结果同时发生导致事件 e 发生，是"与"关系。那么关键问题是类似"与""或"这类逻辑关系有多少种类。

本书根据泛逻辑学理论，给出柔性信息处理模式。将关系模式、关系模式分类标准、神经元描述及逻辑描述进行等价研究和分析。在完备的布尔信息处理逻辑关系基础上，增加了参数 e 反应阈值，并且在经典布尔逻辑上补充了四种新逻辑关系，包括组合、平均、非组合和非平均，最终形成了 20 种逻辑关系，见表 3.5[21]。

表 3.5　逻辑关系对应表

编号	关系模式分类	关系模式分类的一般标准	神经元描述 $Z = \Gamma[ax + by - e]$	逻辑描述	事件发生逻辑关系描述
1	$0 = (0,0);$ $0 = (0,1);$ $0 = (1,0);$ $0 = (1,1)$	$Z \equiv 0$	$\langle a,b,e \rangle = \langle 0,0,0 \rangle$	$Z \equiv 0$ 恒假	$P(q_x, q_y) \equiv 0$
2	$1 = (0,0);$ $0 = (0,1);$ $0 = (1,0);$ $0 = (1,1)$	$Z \leqslant \min((1-x),(1-y))$ $= 1-(x \vee y)$	$\langle a,b,e \rangle = \langle -1,-1,-1 \rangle$	$Z = \neg(x \vee y)$ 非或	$P(q_x, q_y)$ $= 1 - q_x - q_y + q_x q_y$
3	$1 = (0,0);$ $1/2 = (0,1);$ $1/2 = (1,0);$ $0 = (1,1)$	$Z = -x/2 - y/2 + 1$ $= 1 - (x \circledR y)$	$\langle a,b,e \rangle$ $= \langle -1/2, -1/2, -1 \rangle$	$Z = \neg(x \circledR y)$ 非平均	$P(q_x, q_y)$ $= 1 - (q_x/2 + q_y/2)$
4	$0 = (0,0);$ $1 = (0,1);$ $0 = (1,0);$ $0 = (1,1)$	$Z \leqslant \min((1-x),y)$ $= 1 - (y \rightarrow x)$	$\langle a,b,e \rangle = \langle -1,1,0 \rangle$	$Z = \neg(y \rightarrow x)$ 非蕴含	$P(q_x, q_y) = q_x - q_x q_y$

编号	关系模式分类	关系模式分类的一般标准	神经元描述 $Z = \Gamma[ax + by - e]$	逻辑描述	事件发生逻辑关系描述
5	$1=(0,0);$ $1=(0,1);$ $0=(1,0);$ $0=(1,1)$	$Z = 1 - x$	$\langle a,b,e \rangle = \langle -1,0,-1 \rangle$	$Z = \neg x$ 非 x	$P(q_x,q_y) = 1 - q_x$
6	$0=(0,0);$ $0=(0,1);$ $1=(1,0);$ $0=(1,1)$	$Z \leqslant \min(x,(1-y))$ $= 1-(x \rightarrow y)$	$\langle a,b,e \rangle = \langle 1,-1,0 \rangle$	$Z = \neg(x \rightarrow y)$ 非蕴含1	$P(q_x,q_y) = q_x - q_x q_y$
7	$1=(0,0);$ $0=(0,1);$ $1=(1,0);$ $0=(1,1)$	$Z = 1 - y$	$\langle a,b,e \rangle = \langle 0,-1,-1 \rangle$	$Z = \neg y$ 非 y	$P(q_x,q_y) = 1 - q_y$
8	$0=(0,0);$ $1=(0,1);$ $1=(1,0);$ $0=(1,1)$	$Z = \lvert x-y \rvert$	组合实现 $\lvert x-y \rvert$	$Z = \neg(x \leftrightarrow y)$ 非等价	$P(q_x,q_y) = 1 - q_x$ 或 q_y
9	$0 < e < 1$ $1=(0,0);$ $e=(0,1);$ $e=(1,0);$ $0=(1,1)$	$Z = 1 - (x \copyright^e y)$	$\langle a,b,e \rangle = \langle -1,-1,1+e \rangle$	$Z = \neg(x \copyright^e y)$ 非组合	$P(q_x,q_y) =$ $\begin{cases} P \leqslant 1-q_x q_y, \\ q_x,q_y > e \\ P \geqslant 1 - q_x - q_y + q_x q_y, \\ q_x,q_y < e \\ 1-q_x q_y \leqslant P \leqslant 1 - q_x - q_y \\ + q_x q_y, q_x = q_y = e \end{cases}$
10	$1=(0,0);$ $1=(0,1);$ $1=(1,0);$ $0=(1,1)$	$Z \geqslant \max((1-x),(1-y))$ $= 1-(x \wedge y)$	$\langle a,b,e \rangle = \langle -1,-1,2 \rangle$	$Z = \neg(x \wedge y)$ 非与	$P(q_x,q_y) = 1 - q_x q_y$
11	$0=(0,0);$ $0=(0,1);$ $0=(1,0);$ $1=(1,1)$	$Z \leqslant \min(x,y)$	$\langle a,b,e \rangle = \langle 1,1,1 \rangle$	$Z = x \wedge y$ 与	$P(q_x,q_y) = q_x q_y$
12	$0 < e < 1$ $0=(0,0);$ $1-e=(0,1);$ $0=(1,0);$ $1=(1,1)$	$x,y < e, Z \leqslant \min(x,y);$ $x,y > e, Z \geqslant \max(x,y);$ $x+y = 2e, Z = e;$ $\min(x,y) \leqslant Z \leqslant \max(x,y)$	$\langle a,b,e \rangle = \langle 1,1,e \rangle$	$Z = x \copyright^e y$ 组合	$P(q_x,q_y) =$ $\begin{cases} P \leqslant q_x q_y, q_x,q_y > e \\ P \geqslant q_x + q_y - q_x q_y, \\ q_x,q_y < e \\ q_x q_y \leqslant P \leqslant q_x + q_y \\ - q_x q_y, q_x = q_y = e \end{cases}$

编号	关系模式分类	关系模式分类的一般标准	神经元描述 $Z = \Gamma[ax + by - e]$	逻辑描述	事件发生逻辑关系描述
13	$1=(0,0)$; $0=(0,1)$; $0=(1,0)$; $1=(1,1)$	$Z=1-\lvert x-y \rvert$	组合实现 $1-\lvert x-y \rvert$	$Z=x \leftrightarrow y$ 等价	$P(q_x,q_y)=q_x$ 或 q_y
14	$0=(0,0)$; $1=(0,1)$; $0=(1,0)$; $1=(1,1)$	$Z=y$	$\langle a,b,e \rangle = \langle 0,1,0 \rangle$	$Z=y$ 指 y	$P(q_x,q_y)=q_y$
15	$1=(0,0)$; $1=(0,1)$; $0=(1,0)$; $1=(1,1)$	$Z \geqslant \max((1-x),y)$	$\langle a,b,e \rangle = \langle -1,1,-1 \rangle$	$Z=x \rightarrow y$ 蕴含1	$P(q_x,q_y)=1-q_x+q_xq_y$
16	$0=(0,0)$; $0=(0,1)$; $1=(1,0)$; $1=(1,1)$	$Z=x$	$\langle a,b,e \rangle = \langle 1,0,0 \rangle$	$Z=x$ 指 x	$P(q_x,q_y)=q_x$
17	$1=(0,0)$; $0=(0,1)$; $1=(1,0)$; $1=(1,1)$	$Z \geqslant \max(x,(1-y))$	$\langle a,b,e \rangle = \langle 1,-1,-1 \rangle$	$Z=y \rightarrow x$ 蕴含2	$P(q_x,q_y)=1-q_y+q_xq_y$
18	$0=(0,0)$; $1/2=(0,1)$; $1/2=(1,0)$; $1=(1,1)$	$Z=x/2+y/2$	$\langle a,b,e \rangle = \langle 1/2,1/2,0 \rangle$	$Z=x \circledR y$ 平均	$P(q_x,q_y)=q_x/2+q_y/2$
19	$0=(0,0)$; $1=(0,1)$; $1=(1,0)$; $1=(1,1)$	$Z \geqslant \max(x,y)$	$\langle a,b,e \rangle = \langle 1,1,0 \rangle$	$Z=x \vee y$ 或	$P(q_x,q_y)=q_x+q_y-q_xq_y$
20	$1=(0,0)$; $1=(0,1)$; $1=(1,0)$; $1=(1,1)$	$Z \equiv 1$	$\langle a,b,e \rangle = \langle 1,1,-1 \rangle$	$Z \equiv 1$ 恒真	$P(q_x,q_y) \equiv 1$

表 3.5 给出了何华灿得到的 20 种不同逻辑表达形式的对应关系[15,16]，包括关系模式分类、关系模式分类的一般标准、神经元描述及逻辑描述。然而，这些逻辑关系表示和 SFEP 的事件逻辑关系有所差别,不能用于 SFN 的结构化表示方法。

因此，需要解决 SFN 中已知事件故障概率分布(多因素下原因事件与结果事件发生的关系，即事件对象在多因素情况下发生故障的情况)时的最终事件故障概率计算方法。需要将上述 20 种逻辑关系等效为原因事件的故障概率分布之间的叠加关系，确定最终事件计算方法。需要明确的是，任何复杂的逻辑关系操作都可化简为两个事件之间的逻辑关系操作(假设为二元逻辑关系)。下面以两个事件为例，进行 20 种逻辑关系与事件故障概率之间的等效转化。

在 SFN 中，最经典的关系是"与""或"关系。根据经典故障树逻辑关系与故障概率计算方法，设"与"关系 $Z=x \wedge y \Rightarrow P(q_x,q_y)=q_x q_y$；"或"关系 $Z=x \vee y \Rightarrow P(q_x,q_y)=1-(1-q_x)(1-q_y)$。其中，$P(q_x,q_y)$ 表示原因事件 x、y 发生导致的结果事件故障概率分布；q_x 表示原因事件 x 的故障概率分布与传递概率的积；q_y 表示原因事件 y 的故障概率分布与传递概率的积。等效推导过程如下：

$$Z \equiv 1 \Rightarrow P(q_x,q_y) \equiv 1$$

$$Z = x \vee y \Rightarrow P(q_x,q_y) \geqslant 1-(1-q_x)(1-q_y)=q_x+q_y-q_x q_y$$

$$Z = x \circledR y \Rightarrow P(q_x,q_y)=q_x/2+q_y/2$$

$$Z = y \rightarrow x \Rightarrow P(q_x,q_y) \geqslant 1-(1-q_x)\left[1-(1-q_y)\right]=1-(1-q_x)q_y=1-q_y+q_x q_y$$

$$Z = x \Rightarrow P(q_x,q_y)=q_x$$

$$Z = x \rightarrow y \Rightarrow P(q_x,q_y) \geqslant 1-(1-q_y)\left[1-(1-q_x)\right]=1-(1-q_y)q_x=1-q_x+q_x q_y$$

$$Z = y \Rightarrow P(q_x,q_y)=q_y$$

$$Z = x \leftrightarrow y \Rightarrow P(q_x,q_y)=q_x \text{ 或 } Z=x \leftrightarrow y \Rightarrow P(q_x,q_y)q_y$$

$$Z = x \copyright^e y \Rightarrow P(q_x,q_y)=x-q_e=\begin{cases} P \leqslant q_x q_y, q_x,q_y>e \\ P \geqslant 1-(1-q_x)(1-q_y)=q_x+q_y-q_x q_y, q_x,q_y<e \\ q_x q_y \leqslant P \leqslant q_x+q_y-q_x q_y, q_x=q_y=e \end{cases}$$

$$Z = x \wedge y \Rightarrow P(q_x,q_y)=q_x q_y$$

$$Z = \neg(x \wedge y) \Rightarrow P(q_x,q_y)=1-q_x q_y$$

$$Z = \neg(x \copyright^e y) \Rightarrow P(q_x,q_y)=\begin{cases} P \leqslant 1-q_x q_y, q_x,q_y>e \\ P \geqslant (1-q_x)(1-q_y)=1-q_x-q_y+q_x q_y, q_x,q_y<e \\ 1-q_x q_y \leqslant P \leqslant 1-q_x-q_y+q_x q_y, q_x=q_y=e \end{cases}$$

$$Z = \neg(x \leftrightarrow y) \Rightarrow P(q_x, q_y) = 1 - q_x \text{ 或 } Z = \neg(x \leftrightarrow y) \Rightarrow P(q_x, q_y) = q_y$$

$$Z = \neg y \Rightarrow P(q_x, q_y) = 1 - q_y$$

$$Z = \neg(x \rightarrow y) \Rightarrow P(q_x, q_y) \leqslant 1 - \left\{ 1 - \left[1 - (1 - q_x) \right](1 - q_y) \right\} = \left[1 - (1 - q_x) \right](1 - q_y)$$
$$= q_x - q_x q_y$$

$$Z = \neg x \Rightarrow P(q_x, q_y) = 1 - q_x$$

$$Z = \neg(y \rightarrow x) \Rightarrow P(q_x, q_y) \leqslant 1 - \left\{ 1 - \left[1 - (1 - q_y) \right](1 - q_x) \right\} = \left[1 - (1 - q_y) \right](1 - q_x)$$
$$= q_x - q_x q_y$$

$$Z = \neg(x \circledR y) \Rightarrow P(q_x, q_y) = 1 - (q_x/2 + q_y/2)$$

$$Z = \neg(x \vee y) \Rightarrow P(q_x, q_y) \leqslant 1 - \left[1 - (1 - q_x)(1 - q_y) \right] = 1 - q_x - q_y + q_x q_y$$

$$Z \equiv \neg 0 \Rightarrow P(q_x, q_y) \equiv 0$$

在上述过程中，存在"$\leqslant$"和"$\geqslant$"。考虑到 SFEP 中的事件逻辑关系，事件的故障概率分布 $P(q_x, q_y)$ 取极限值，即取等号情况。由于 $Z = \neg(x \copyright^e y)$ 和 $Z = x \copyright^e y$ 得到的 $P(q_x, q_y)$ 是分段函数，保留原始推导形式。最终，这 20 种事件的逻辑关系如表 3.5 最后一列所示。

3.3.2　实例分析

使用图 3.3 进行上述 20 种事件故障逻辑关系计算举例。以原因事件 b、e 导致结果事件 d 为例进行说明。

"与"关系：$Z = x \wedge y$，$P_d(q_b, q_e) = q_b q_e$。

蕴含：$Z = x \rightarrow y$，$P_d(q_b, q_e) = 1 - q_b + q_b q_e$。

非平均：$Z = \neg(x \circledR y)$，$P_d(q_b, q_e) = 1 - (q_b/2 + q_e/2)$。

组合：$Z = x \copyright^e y$，设 $e = 0.7$，$q_b = 0.4$，$q_e = 0.4$，$P_d(q_b, q_e) \geqslant q_b + q_e - q_b q_e (q_b, q_e < e) = 0.4 + 0.4 - 0.4 \times 0.4 = 0.64$。

上述关系实际上是关系事件 x_3 的计算，即 $P_{x_3}(q_b, q_e)$。由于 x_3 并不代表实体事件，而只是为了满足逻辑关系，将事件与逻辑关系分离。因此，关系事件 x_3 到事件 d 之间的关系是同位关系，其传递概率为 1，则 $P_{x_3} = P_d$。

在上述条件下，使用事件发生概率逻辑关系(SFN 中为事件故障概率分布)进行分析。SFN 可使用 SFT 的事件(元件)故障概率分布[22]。此时，在 SFT 系统中选

择两个元件 x_1 和 x_2[22]，将它们的故障概率分布分别等同于事件 b 和事件 e，那么 b 和 e 对使用时间 t 和使用温度 c 的特征函数分别为 $P^t(t)$ 和 $P^c(c)$，见表 3.6。

表 3.6　q_b 和 q_e 的特征函数

概率 元件	$P^t(t)$	$P^c(c)$
b	$P_b^t(t) = \begin{cases} 1 - \mathrm{e}^{-0.1842t}, & t \in [0,50] \\ 1 - \mathrm{e}^{-0.1842(t-50)}, & t \in (50,100] \end{cases}$	$P_b^e(c) = \begin{cases} \dfrac{\cos(2\pi c/40)+1}{2}, & c \in [0,40] \\ 1, & c \in (40,50] \end{cases}$
e	$P_e^t(t) = \begin{cases} 1 - \mathrm{e}^{-0.1316t}, & t \in [0,70] \\ 1 - \mathrm{e}^{-0.1316(t-70)}, & t \in (70,100] \end{cases}$	$P_e^c(c) = \begin{cases} 1, & c \in [0,10] \\ \dfrac{\cos[2\pi(c-10)/40]+1}{2}, & c \in (10,50] \end{cases}$

　　根据 SFT 的基本事件故障发生概率，得到事件 b 和 e 的故障概率分布如式(3.7)所示[22,23]。

$$P(t,c) = 1 - (1 - P^t(t))(1 - P^c(c)) \tag{3.7}$$

　　根据式(3.7)在使用时间[0 天,100 天]、使用温度[0℃,50℃]范围内绘制事件 b 和 e 的故障概率分布，及其 $\neg(q_b \circledR q_e)$ 逻辑关系的故障概率分布，如图 3.4 所示。

　　图 3.4(a)和(b)是文献[22]得到的，相当于 SFN 的边缘事件；图 3.4(c)是使用 $\neg(q_b \circledR q_e)$ 逻辑关系得到的结果事件故障概率分布，相当于 SFN 的最终事件。上述过程传递概率假设为 1%。可见，不同原因事件根据不同逻辑关系导致结果事件的故障概率分布不同。可使用这 20 种逻辑关系配合事件故障概率分布得到结果事件发生概率，进而在演化过程中研究多因素影响下的多逻辑结果事件故障概率分布。

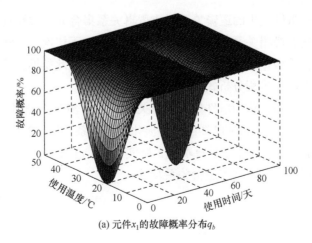

(a) 元件 x_1 的故障概率分布 q_b

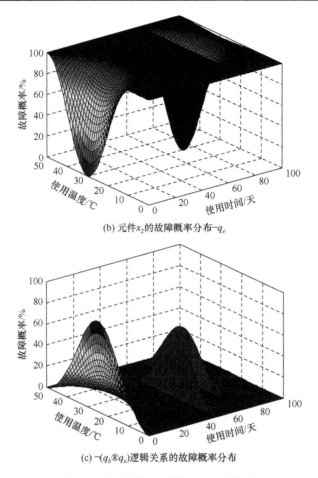

(b) 元件x_2的故障概率分布-q_e

(c) ¬(q_b⑧q_e)逻辑关系的故障概率分布

图 3.4　使用元件故障概率的逻辑关系

　　将这 20 种事件发生的逻辑关系组成逻辑关系集合 B。演化过程的不同层次原因事件根据这些逻辑关系得到本层次结果事件；在下层次中，将这些结果事件作为原因事件，再根据这些逻辑关系得到结果事件；依此类推，最终得到边缘事件与最终事件的演化过程分析式和演化过程计算式。

　　将柔性逻辑关系转化为事件概率逻辑关系，便于 SFN 演化过程的定量计算。这 20 种逻辑关系包括了目前已知的事件演化逻辑关系，为更全面地描述 SFEP 逻辑关系、SFN 定性分析和定量计算奠定了坚实基础，也为 SFN 结构化表示方法在计算机中进行智能处理奠定了逻辑关系基础。

3.4　本　章　小　结

　　本章主要研究了空间故障网络的结构化表示方法。结构化表示方法有利于统一表示空间故障网络形式，便于进一步运算和分析。

　　(1) 基于因果结构矩阵的 SFN 结构化表示分析方法。该方法不同于以往 SFN 研究方法。SFN 不用转化为 SFT，而是借助矩阵形式表示 SFN。因果结构矩阵表示 SFN 中所有原因事件和所有结果事件的关系。若两个事件不存在因果关系，则矩阵对应位置为 0；若两个事件存在因果关系，则矩阵对应位置为传递概率。基于建立的因果结构矩阵，以某一个边缘事件为起点，寻找该边缘事件可能导致的结果事件和最终事件。本章给出了以不同网络结构(一般网络、多向环网络、单向环网络)和诱发方式(边缘事件、全事件)得到的不同最终事件结构表达式。通过简单实例说明了算法的计算过程和有效性。

　　(2) 结构化表示方法 II：①论述了 SFN 结构化表示方法 I 的缺点。SFN 结构化表示方法 I 没有考虑多个原因事件以不同逻辑关系导致结果事件的情况，因此只能表示单纯的事件发生传递过程。然而，一般 SFEP 都是多原因引起的，因此需要进行事件间逻辑关系表示。②在结构化表示方法 I 基础上提出了结构化表示方法 II 并建立了 CEREII 矩阵，主要是在 CEREI 矩阵中添加了关系事件。关系事件并不是真正的事件，而是根据原因事件导致结果事件的逻辑关系将原因事件分类。关系事件的存在扩展了 CEREI，形成了 CEREII，增加了原因事件及结果事件与关系事件的对应关系，从而能描述多事件以不同逻辑关系导致结果事件的情况。本章给出了 CEREII 的计算模型及最终事件演化过程分析式，包括一般结构、多向环网络结构和单向环结构，边缘事件和全事件诱发，以及最终事件是否在循环中的多种情况。③通过实例分析得到了最终事件在循环中时的边缘事件诱发最终事件的过程分析式。由于最终事件在循环中，得到的分析式为递归式。

　　(3) 结构化表示和分析。结构化分析中需要处理原因事件以不同逻辑形式导致结果事件的情况。重点解决原因事件与结果事件的全部逻辑关系，以及使用事件故障概率分布表示这些逻辑关系的等效方法。主要工作是将柔性逻辑处理模式与事件发生逻辑关系进行等效转化。考虑故障树经典"与""或"逻辑关系，设柔性逻辑处理模式中"与""或"关系与 SFEP 中"与""或"关系对应，从而推导出 20 种逻辑关系在 SFEP 中的表达方式。通过实例说明了逻辑关系的使用和计算方法，为得到边缘事件与最终事件的演化过程分析式和演化过程计算式奠定了逻辑基础，也为故障演化过程逻辑描述和 SFN 结构化方法的计算机智能处理奠定了基础。

<h1 style="text-align:center">参 考 文 献</h1>

[1] 谭晓栋, 罗建禄, 李庆, 等. 机械系统的故障演化测试性建模及预计[J]. 浙江大学学报(工学版), 2016, 50(3): 442-448, 459.

[2] 郝泽龙. 基于复杂网络理论的电网连锁故障模型研究[D]. 厦门: 厦门理工学院, 2015.

[3] 王文彬, 赵斐, 彭锐. 基于三阶段故障过程的多重点检策略优化模型[J]. 系统工程理论与实践, 2014, 34(1): 223-232.

[4] 沈安慰, 郭基联, 王卓健. 竞争性故障模型可靠性评估的非参数估计方法[J]. 航空动力学报, 2016, 31(1): 49-56.

[5] 王建. 具有混合故障模型系统的可靠性分析[D]. 沈阳: 沈阳师范大学, 2011.

[6] 李艳. 网络上的多策略演化动力学研究[D]. 南京: 南京航空航天大学, 2015.

[7] 刘新民, 孙峥, 孙秋霞. 基于 Logistic 模型的城市交通系统演化研究[J]. 重庆交通大学学报(自然科学版), 2016, 35(1): 156-161, 166.

[8] Zylbersztajn D. Agribusiness systems analysis: Origin, evolution and research perspectives[J]. Revista de Administração, 2017, 52(1): 114-117.

[9] Fuxjager M J, Schuppe E R. Androgenic signaling systems and their role in behavioral evolution[J]. The Journal of Steroid Biochemistry and Molecular Biology, 2018, 184: 47-56.

[10] Polzer N, Gewald H. A structured analysis of smartphone applications to early diagnose alzheimer's disease or dementia[J]. Procedia Computer Science, 2017, 113: 448-453.

[11] Pollack J, Biesenthal C, Sankaran S, et al. Classics in megaproject management: A structured analysis of three major works[J]. International Journal of Project Management, 2018, 36(2): 372-384.

[12] Aaktsu S, Fujita Y, Kato T, et al. Structured analysis of the evaluation process for adopting open-source software[J]. Procedia Computer Science, 2018, 126: 1578-1586.

[13] Hu M A, MacDermid J C, Killip S, et al. Health information on firefighter websites: Structured analysis[J]. Interactive Journal of Medical Research, 2018, 7(2): e12.

[14] Zhu Y H,Liu X M,Chen B,et al.Identification method of cascading failure in high-proportion renewable energy systems based on deep learning[J]. Energy Reports, 2022, 8(S2): 117-122.

[15] 何华灿. 重新找回人工智能的可解释性[J].智能系统学报, 2019, 14(3): 393-412.

[16] 何华灿. 泛逻辑学理论——机制主义人工智能理论的逻辑基础[J]. 智能系统学报, 2018, 13(1): 19-36.

[17] 聂银燕, 林晓焕. 基于 SDG 的压缩机故障诊断方法研究[J]. 微电子学与计算机, 2013, 30(3): 140-142.

[18] 崔铁军, 李莎莎, 王来贵, 等. 煤(岩)体埋深及倾角对压应力型冲击地压的影响研究[J]. 计算力学学报, 2018, 35(6): 719-724.

[19] Cui T J, Li S S. Research on disaster evolution process in open-pit mining area based on space fault network[J]. Neural Computing and Applications, 2020, 32(21): 16737-16754.

[20] Li S S, Cui T J, Alam M. Reliability analysis of the internet of things using space fault network[J]. Alexandria Engineering Journal, 2021, 60(1): 1259-1270.

[21] 崔铁军, 李莎莎. SFN 结构化表示中事件的柔性逻辑处理模式转化研究[J]. 应用科技, 2020, 47(6): 36-41.

[22] 崔铁军, 马云东. 多维空间故障树构建及应用研究[J]. 中国安全科学学报, 2013, 23(4): 32-37.

[23] Cui T J, Li S S. Deep learning of system reliability under multi-factor influence based on space fault tree[J]. Neural Computing and Applications, 2019, 31(9): 4761-4776.

第4章 空间故障网络的事件重要性分析

SFEP[1-5]是一些事件组成的具有逻辑关系的有机整体。这些事件之间存在相关联系,即因果关系。一个事件可能导致其他事件发生,也有可能被其他事件导致,也可以同时兼顾两种状态。对于整个 SFEP,存在多个原因事件,这些事件导致后继事件发生,确定它们中哪些对 SFEP 的发展最为重要,是预防 SFEP 的重点。同时,SFEP 中也存在多个结果事件,这些结果事件的重要性分析对 SFEP 的结果预测有重要作用。当然,很多事件既作为原因事件又作为结果事件,在 SFEP 中的作用也是需要研究的。

网络中对事件重要度的研究方法有很多,这些研究一般都是将实际网络根据学科背景抽象为网络结构,并应用于具体技术背景,难以通用。特别是对系统层面的 SFEP 中事件重要性研究更为困难,这给 SFEP 的预测和防治带来困难,特别是针对资源有限情况下抑制 SFEP 发展的事件选择。

针对 SFEP 也可使用系统动力学、符号有向图、基于系统论的事故模型与过程分析 (systems-theoretic accident model and process, STAMP)和 SFT 理论进行研究。系统动力学[6]方法关注时间因素维度的累积结果;符号有向图[7]关注故障因果定性关系;由著名学者 Leveson 等提出的 STAMP[8,9]涉及范围较广,应用于安全约束、分层安全控制和过程模型。这些研究涌现于不同技术领域,都有较强的针对性,但缺乏通用的、在系统层面的抽象研究。这使得研究成果难以具有广泛通用性和应用价值。作者提出的 SFT 理论[10,11]只能解决树形结构故障演化过程分析,对复杂网络结构不适用。SFN 继承了 SFT 多因素分析能力,发展了基本概念和方法,可用于描述众多事件之间的网络因果关系,可实现演化过程与因素、事件等的定性定量分析。本章主要研究 SFN 中边缘事件结构重要度和基于场论的 SFEP 中事件重要性。

4.1 边缘事件结构重要度

本节研究 SFEP 中各事件的结构重要度,在 SFN 框架内提出边缘事件结构重要度概念。利用经典故障树基本事件结构重要度思想,考虑边缘事件状态转化,提出二元结构重要度和概率结构重要度;考虑研究对象网络系统和最终事件的不同,进一步将结构重要度划分为边缘事件网络结构重要度(edge event to network structure importance, EEN)和边缘事件最终事件结构重要度。给出这些定义的含义及计算过程。分析目前主要的网络结构分析方法不适应用于 SFEP 研究的原因。最终通过实例故障演化过程计算上述四种边缘事件结构重要度。

4.1.1　空间故障网络及结构重要度

SFN 是在系统层面上，将 SFEP 抽象为宏观众多事件有序发生且微观事件相互作用的一种方法，最终形成具有拓扑结构的网络表示形式。

SFN 是 SFT 理论体系中的重要组成部分。SFT 认为系统工作于环境中，由于组成系统的事件和物理材料在不同条件下实现功能的能力不同，由这些事件或元件组成的系统在变化条件下的可靠性更为复杂，因而本节提出 SFT 进行研究。随着研究的深入，发现任何故障过程都是一个演化过程，是由众多事件按照一定逻辑关系交织而成的网络结构。显然，研究该网络结构使用 SFT 是不适合的，因为 SFT 只能处理树状结构，但研究网络结构更具有普遍适用价值。因此，在 SFT 基础上提出了 SFN 以解决 SFEP 研究问题。

SFT 中有很多与重要度相关的定义和方法，包括元件概率重要度分布、元件关键重要度分布、因素重要度、区域重要度等，但都不涉及结构重要度。为补充 SFT 中结构重要度概念及研究方法，在 SFN 中提出结构重要度概念。SFN 继承了 SFT，因此这些结构重要度概念也适用于 SFT。

经典故障树中结构重要度的表述为：从故障树结构上分析各基本事件的重要程度，即在不考虑各基本事件发生概率或假设发生概率相同时，分析各基本事件发生对顶事件发生产生的影响。从描述可知，该结构重要度实际上是一种事件为二态且进行排列组合后，事件状态变化与系统状态变化的关系，更直接地可表述为当某一事件状态改变造成系统状态改变的可能性。从这种本质意义出发，在 SFN 中提出两种重要度：二元结构重要度和概率结构重要度。它们又可分为边缘事件网络结构重要度和边缘事件最终事件重要度。

1) 二元结构重要度

定义 4.1　二元结构重要度(binary structure importance，BSI)：在 SFN 的网络结构中，各事件不考虑发生概率或假设发生概率相同，且事件状态为两种，即 0 或 1，这两种状态转化概率相同，即 1/2 时边缘事件在网络中的重要度。

对一个网络而言，特别是 SFN 描述的 SFEP，最终系统发生的故障事件可能有多个，这与 SFT 描述的树形结构系统截然不同。那么，就边缘事件的结构重要度而言，对各个最终事件的结构重要度与其对系统的结构重要度是不同的。因此，将结构重要度细分为边缘事件网络结构重要度和边缘事件最终事件结构重要度。

定义 4.2　边缘事件网络结构重要度：在二元结构重要度中，边缘事件状态改变带来的网络系统状态改变的程度。网络系统状态改变指网络中任意最终事件的状态改变。

二元结构中的边缘事件网络结构重要度(edge event to network structure importance with binary, EENB)的计算公式为

$$\text{EENB}_{\text{EE}_i} = \sum_{\text{TE}_j \in T} \frac{\left(\sum_+ \frac{1}{2} + \prod_\bullet \frac{1}{2}\right)_{\text{EE}_i}}{\downarrow\left(\sum_+ \frac{1}{2} + \prod_\bullet \frac{1}{2}\right)_{\text{TE}_j}} \tag{4.1}$$

式中，$\text{EENB}_{\text{EE}_i}$ 表示边缘事件 EE_i 的二元结构中边缘事件网络结构重要度；$\sum_+ \frac{1}{2}$ 表示 "或" 关系同级边缘事件数量的 $1/2$ 相加；$\prod_\bullet \frac{1}{2}$ 表示 "与" 关系同级边缘事件数量的 $1/2$ 相乘；TE_j 表示网络中的某个最终事件；"↓" 表示从 TE_j 逐级向下按照 $\left(\sum_+ \frac{1}{2} + \prod_\bullet \frac{1}{2}\right)$ 进行计算；$\sum_{\text{TE}_j \in T}$ 表示网络中边缘事件 EE_i 对所有最终事件 TE_j 的二元结构边缘事件网络结构重要度。

定义 4.3　边缘事件最终事件结构重要度(edge event to target event importance，EET)：在二元结构重要度中，边缘事件状态改变带来的网络中某个最终事件状态改变的程度。

二元结构中的边缘事件最终事件结构重要度(edge event to target event importance with binary, EETB)的计算公式为

$$\text{EETB}_{\text{EE}_i \to \text{TE}_j} = \frac{\left(\sum_+ \frac{1}{2} + \prod_\bullet \frac{1}{2}\right)_{\text{EE}_i}}{\downarrow\left(\sum_+ \frac{1}{2} + \prod_\bullet \frac{1}{2}\right)_{\text{TE}_j}} \tag{4.2}$$

2) 概率结构重要度

一般情况下，事件发生的概率与众多因素有关，并不是 $1/2$。实际上，由 SFT 理论可知，事件发生概率是变化的，因此提出概率结构重要度来衡量这种变化，即将 $1/2$ 改换为各事件发生概率。多因素影响下的事件发生概率可根据文献[11]给出的元件故障概率分布确定，即

$$P_i(x_1, x_2, \cdots, x_n) = 1 - \prod_{k=1}^{n}[1 - P_i^d(x_k)] \tag{4.3}$$

式中，$P_i^d(x_k)$ 表示第 i 个事件针对因素 x_k 变化的特征函数；$x_1, x_2, \cdots, x_n$ 表示 n 个因素数值；i 表示第 i 个事件；$d \in \{x_1, x_2, \cdots, x_n\}$ 表示影响因素；n 表示影响因素个数。

定义 4.4　概率结构重要度(probability structure importance，PSI)：在 SFN 的网络结构中，各事件考虑发生的概率重要度分布为 $P_i(x_1, x_2, \cdots, x_n)$ 时，边缘事件在网络中的重要度。

类比二元结构重要度中的 EENB 和 EENB，建立概率结构重要度中边缘事件网络结构重要度与边缘事件最终事件结构重要度计算方法，定义略。

在概率结构中的边缘事件网络结构重要度可缩写为 EENP，因此 EENP 的计算公式为

$$\text{EENP}_{\text{EE}_i} = \sum_{\text{TE}_j \in T} \frac{\left[\sum\limits_{+} P_i(x_1, x_2, \cdots, x_n) + \prod\limits_{\bullet} P_i(x_1, x_2, \cdots, x_n) \right]_{\text{EE}_i}}{\left[\sum\limits_{+} P_{jj}(x_1, x_2, \cdots, x_n) + \prod\limits_{\bullet} P_{jj}(x_1, x_2, \cdots, x_n) \right]_{\text{TE}_j}} \tag{4.4}$$

式中，jj 表示从 TE_j 逐级向下展开的所有边缘事件，这些边缘事件之间存在"与""或"关系。

在概率结构中的边缘事件最终事件结构重要度可缩写为 EETP，因此 EETP 的计算公式

$$\text{EETP}_{\text{EE}_i \to \text{TE}_j} = \sum_{\text{TE}_j \in T} \frac{\left[\sum\limits_{+} P_i(x_1, x_2, \cdots, x_n) + \prod\limits_{\bullet} P_i(x_1, x_2, \cdots, x_n) \right]_{\text{EE}_i}}{\left[\sum\limits_{+} P_{jj}(x_1, x_2, \cdots, x_n) + \prod\limits_{\bullet} P_{jj}(x_1, x_2, \cdots, x_n) \right]_{\text{TE}_j}} \tag{4.5}$$

4.1.2　现有分析方法的问题

1) 形式概念分析方法

形式概念分析(formal concept analysis，FCA)[12]是 Wille 提出的一种从形式背景进行数据分析和规则提取的方法。在数学基础上，形式分析可对概念、属性及其关系进行形式化描述，形成概念格表示本体含义。概念格可使用 Hasse 图简洁地体现概念之间的泛化和例化。概念格结构模型是形式概念分析理论的核心数据结构。

下面分析形式概念分析方法是否可用于 SFEP 描述。形式概念分析方法对象、属性及关系，主要通过 Hasse 矩阵运算实现。Hasse 矩阵将去掉判断矩阵中的对角线元素以及通过保留最大路径原则删去一些关系。因此，在进行这两项操作后形成的 Hasse 矩阵不能表示 SFEP 中各事件、属性及它们之间的关系，因为 SFEP 并不符合事件间保留最大关系路径的假设。在 SFEP 中，即使原因事件和结果事件相同，也会由于经历的故障演化不同而得到不同路径，因此路径不能根据最大路径原则化简。另外，多个原因事件导致结果事件也可能存在逻辑关系，如多个原因事件必须同时发生，或只需要其中之一导致结果事件。这些逻辑关系难以用 Hasse 矩阵表示，因此难以使用形式概念分析方法描述系统故障演化过程。

2) 解释结构模型法

解释结构模型法(interpretative structural modeling method，ISM)[13]是系统工程领域广泛应用的一种分析方法，是结构化模型分析技术。解释结构模型法通过对有向图相邻矩阵的逻辑运算，得到可达性矩阵，并对其进行分解，最终得到层次分明的多层递阶的复杂系统表示形式。解释结构模型法可用于各行业计划或规划的制定，尤其是多目标、多事件的复杂结构研究效果明显。

解释结构方法构建的网络递阶有向图中，各个事件必须有确定的层级。这种层级在 SFEP 中表示原因事件与结果事件的距离，距离越远演化越复杂。对于同一个原因事件，可能参与不同的导致结果事件的演化过程，因此该原因事件可能存在于不同层级中。另外，也存在多个原因事件以不同的逻辑关系导致结果事件的情况。因此，解释结构方法也不适合描述 SFEP。

3) 系统动力学方法

系统动力学(system dynamics，SD)[14]由美国麻省理工学院的 Forrester 于 1956 年创立。系统动力学是基于系统行为与内在机制间的相互紧密依赖关系，通过数学模型建立与操作的过程获得，其逐步发掘出变化形态的因果关系，称为结构。

使用系统动力学研究系统变化，首先要确定演化周期或累积周期。SFEP 有自身特点，影响因素众多，影响因素及其变化的不同导致 SFEP 多样。同一个事件引起多条故障演化路径，多个原因事件可能以不同的逻辑关系导致结果事件发生。目前，系统动力学相关理论仍难以满足这些特征的研究，因此系统动力学方法不适用 SFEP 分析。

4) 符号有向图

符号有向图(signed directed graph, SDG)[15]是一种定性技术，符号有向图模型用来描述系统在正常或非正常状态下的系统因果行为，根据所建立的因果关系图，捕捉到有用信息，实现系统故障分析。

符号有向图是一种定性分析方法，难以定量分析 SFEP 中的各事件发生概率，难以分析多因素影响下的 SFEP 多变性，难以确定多事件在不同逻辑关系下导致结果事件的情况，因此符号有向图也不适用于 SFEP 的分析。

综上所述，研究 SFEP 需要有区别于以往的研究体系。作者提出的 SFN 虽然正在发展，尚不完善，但基本可以完成演化过程分析。这里主要研究 SFN 中边缘事件的结构重要度，以补充理论体系。

4.1.3　结构重要度实例分析

为使用 SFN 理论研究 SFEP 中各边缘事件重要度，这里使用图 2.4(a)故障过程进行研究，略有修改，如图 4.1 所示。

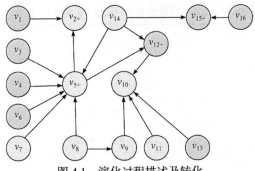

图 4.1　演化过程描述及转化

图 4.1 与原图 2.4(a)略有差别，这是为了显现出 SFEP 中原因事件与关系导致结果事件的情况，如 $v_{10\cdot}$，原图中没有"与"关系。将图 4.1 按照边缘事件、过程事件、最终事件和系统层次分为 5 个层次，如图 4.2 所示。具体方法参见文献[5]和[16]中 SFN 与 SFT 的转化方法。

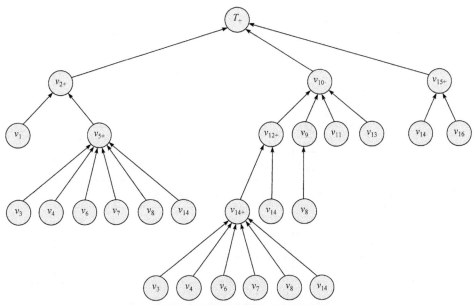

图 4.2　系统故障演化过程层次图

文献[5]和[16]给出了原因事件、结果事件、边缘事件、过程事件、最终事件等定义和概念，这里不再赘述。图 4.2 中 T 表示整个系统，在 SFEP 中 v_2、v_{10} 或 v_{15} 之一发生故障则系统故障，因此它们与系统的关系是"或"。节点中事件下角标的"+""·"分别表示下级事件与本级事件的逻辑"或"关系和"与"关系。

根据定义 4.1～定义 4.3 计算 EENB 和 EETB。根据式(4.1)和式(4.2)可得不同事件的 EENB 和 EETB，见表 4.1。

表 4.1　不同边缘事件的 EENB 和 EETB

参数	边缘事件									
	v_1	v_3	v_4	v_6	v_7	v_8	v_{11}	v_{13}	v_{14}	v_{16}
$EETB_{v_i \to v_2}$	1/7	1/7	1/7	1/7	1/7	1/7	0	0	1/7	0
$EETB_{v_i \to v_{10}}$	0	1/7	1/7	1/7	1/7	8/7	1	1	2/7	0
$EETB_{v_i \to v_{15}}$	0	0	0	0	0	0	0	0	1/2	1/2
$EENB_{v_i} = EETB_{v_i \to v_2} + EETB_{v_i \to v_{10}} + EETB_{v_i \to v_{15}}$	1/7	2/7	2/7	2/7	2/7	9/7	1	1	13/14	1/4

　　从表 4.1 中可得，在该 SFEP 中，各边缘事件对于 SFN 的结构重要度排序为：$v_8 > v_{11} = v_{13} > v_{14} > v_3 = v_4 = v_6 = v_7 > v_{16} > v_1$。

　　根据定义 4.4 和式(4.3)～式(4.5)，计算概率结构中的 EENP 和 EETP，见表 4.2。

表 4.2　概率结构中的 EENP 和 EETP

边缘事件	$EETB_{v_i \to v_2}$	$EETB_{v_i \to v_{10}}$	$EETB_{v_i \to v_{15}}$	$EENB_{v_i}$
v_1	$p_1/(p_1 + p_3 + p_4 + p_6 + p_7 + p_8 + p_{14})$	0	0	
v_3	$p_1/(p_1 + p_3 + p_4 + p_6 + p_7 + p_8 + p_{14})$	$p_3/(p_1 + p_3 + p_4 + p_6 + p_7 + p_8 + 2p_{14})$	0	
v_4	$p_1/(p_1 + p_3 + p_4 + p_6 + p_7 + p_8 + p_{14})$	$p_4/(p_1 + p_3 + p_4 + p_6 + p_7 + p_8 + 2p_{14})$	0	$EENB_{v_i}$ $= EETB_{v_i \to v_2}$ $+ EETB_{v_i \to v_{10}}$ $+ EETB_{v_i \to v_{15}}$
v_6	$p_1/(p_1 + p_3 + p_4 + p_6 + p_7 + p_8 + p_{14})$	$p_6/(p_1 + p_3 + p_4 + p_6 + p_7 + p_8 + 2p_{14})$	0	
v_7	$p_1/(p_1 + p_3 + p_4 + p_6 + p_7 + p_8 + p_{14})$	$p_7/(p_1 + p_3 + p_4 + p_6 + p_7 + p_8 + 2p_{14})$	0	
v_8	$p_1/(p_1 + p_3 + p_4 + p_6 + p_7 + p_8 + p_{14})$	$(2p_8)/(p_1 + p_3 + p_4 + p_6 + p_7 + p_8 + 2p_{14})$	0	
v_{11}	0	1	0	
v_{13}	0	1	0	
v_{14}	$p_1/(p_1 + p_3 + p_4 + p_6 + p_7 + p_8 + p_{14})$	$(2p_{14})/(p_1 + p_3 + p_4 + p_6 + p_7 + p_8 + 2p_{14})$	$p_{14}/(p_{14} + p_{16})$	$EENB_{v_i}$ $= EETB_{v_i \to v_2}$ $+ EETB_{v_i \to v_{10}}$ $+ EETB_{v_i \to v_{15}}$
v_{16}	0	0	$p_{16}/(p_{14} + p_{16})$	

　　图 4.2 是事件的二态表示，即 0,1 状态，每个状态出现的概率为 50%，但实际情况下事件发生使用概率形式表示。在 SFN 中事件的发生概率使用故障概率空间分布表示，即式(4.3)。每个事件都有对应的故障概率分布，故障概率分布可根

据文献[11]确定,那么将对应事件的故障概率分布代入表 4.2 可得每个边缘事件的结构重要度。当然,结构重要度也是一种分布,分布的维度取决于影响因素数量。

借助上述方法可以得到二态情况下的边缘事件结构重要度,以及概率情况下的边缘事件结构重要度。经典故障树的基本事件结构重要度分析方法很多,但都是定性分析方法。这里提出的边缘事件结构重要度分析方法可用于 SFN 及 SFT 的定性定量分析,具备了分析多事件具有逻辑关系时导致结果事件发生的能力;同时也可将多因素影响故障概率的边缘事件故障概率分布引入其中,进行多因素影响下的边缘事件结构重要度确定,最终得到不同因素影响时边缘事件结构重要度分布。该研究是 SFN 理论体系的重要组成部分。

4.2　基于场论的事件重要性

为了解 SFEP 中不同事件以不同角色对演化过程的影响,本节提出一种基于场论的事件重要性分析方法用于描述 SFEP。将场论分析需要的参数替换为 SFN 参数来分析各事件相互作用,场论中距离等效为传递概率的倒数,质量等效为事件的入度和出度,并提出一系列概念和方法实现事件重要性确定。

4.2.1　空间故障网络与场论

生产生活中任何事件都可抽象为系统,这些事件的发生发展是一种连续过程,而非突然出现。因此,什么导致了该事件,或者该事件将导致什么发生,则是一连串事件的有序集合。宏观上是众多事件按照一定逻辑关系构成的偏序序列,微观上是事件之间的因果关系,描述这些事件演化发生过程的理论为 SFEP。

可使用两种方法对 SFN 本身性质进行研究。一种是将 SFN 转化为 SFT,即将网络结构转化为树形结构。优点是将 SFT 已取得的成果应用于 SFN 研究,缩短研究进程;缺点是 SFT 方法缺乏对网络结构的分析能力,将 SFN 转化为 SFT 后会有所变化;难点在于 SFN 与 SFT 的等效转化机制。该机制是该方法研究的重点,需要解决的问题很多,如环状结构、事件间的逻辑关系等。另一种是全新的独立研究方法,将 SFN 表示为矩阵形式,利用计算机对矩阵的处理能力分析 SFEP 并进行智能处理(第 3 章)。这里使用后者将 SFN 表示为因果关系矩阵,以存储事件、关系和关系事件。

SFEP 是事件间的相互作用,每个事件在过程中发挥的作用都存在差异,因此研究 SFEP 中各事件的作用性,即事件的重要性至关重要。可用于 SFEP 中事件重要性分析的方法很多。作者在 SFT 和 SFN 中提出了因素重要度、元件重要度和事件重要度三大类。因素重要度指在 SFEP 中,因素变化导致 SFEP 变化的程度。元件重要度指事件的主体本身变化导致 SFEP 变化的程度。事件重要度指 SFEP 中事件变化对其过程的影响程度。

就事件重要度而言，可从多个角度分析它的重要性。例如，在网络研究中，事件可理解为网络的节点，可使用节点的入度和出度[17]、介数[18]、近似度[19]等进行研究。从 SFEP 中事件的相互作用可知，事件一般可导致其他事件，也可被其他事件所导致。微观上，一个事件只与两种事件相关，导致该事件的事件称为原因事件；被该事件导致的事件称为结果事件；也可能同时成为原因事件和结果事件。在微观上，一个事件的重要性与它的原因事件和结果事件有关，另外也与一个事件导致另一个事件发生的可能性有关，可进一步理解为两个事件的相互作用。如果一个事件对周边事件的影响越大，那么它的重要性越大；反之则越小。

可以使用场论描述事件与周边事件的相关性。场论是经典物理学中的重要组成部分，描述一个实体对其他实体产生的作用力。即该实体在其周围产生特定作用场，其他实体都受到该实体的作用。最典型的场为宇宙中存在的万有引力场，任意两质点间的引力如式(4.6)所示，这也是场的基本形式和结构。

$$F = G\frac{M_1 M_2}{r^2} \tag{4.6}$$

式中，F 为万有引力；G 为常量；r 为两个质点之间的距离；M_1 和 M_2 为两个质点的质量。

借助式(4.6)研究 SFEP 中事件之间的相互作用情况，首先需要解决的是公式中参数与 SFEP 中事件参数的对应关系。G 这里不考虑。r 可转化为 SFN 中两个事件之间的可达性，即一个事件引起其他事件或被其他事件引起的可能性。在 SFN 中事件是通过连接相连的，连接蕴含的传递概率(tp)表示一个事件导致另一个事件的可能性。传递概率越大表示可能性越大，两事件关系越紧密；传递概率越小表示可能性越小，两事件关系越疏远。可用传递概率的倒数 r 代表距离概念，即 $r = 1/\text{tp}$。M 用来衡量质点规模，在 SFN 中质点规模可体现为事件对周边影响的连接数量。连接数越多表示该事件对周边事件影响的量越多。根据传递概率的方向不同，连接数可分为入度和出度。入度表示指向事件的传递概率的连接数；出度表示由事件出发的传递概率的连接数。因此，可用事件的入度和出度衡量事件的规模，与 M 等效。

具有入度的事件表示其为其他事件的结果事件；具有出度的事件表示其为其他事件的原因事件；同时具有入度和出度的事件表示同时作为原因事件和结果事件。因此，可根据事件的不同角色利用入度和出度分析事件的重要性。衡量 SFN 中事件重要性可借鉴场论的基本思想予以解决。

4.2.2　事件重要性分析方法

在 SFN 框架下，使用场论思想研究 SFEP 中各事件的重要度。首次以事件不同角色进行分析，分别研究相同事件作为原因事件、结果事件和两者兼备情况下的重要性。在 SFEP 中，事件之间依靠连接保持联系。连接蕴含着传递概率，表示事件之间的相互作用。传递概率具有方向性，从原因事件指向结果事件。对于一个事件，作为原因事件则表示有相应数量的出度；作为结果事件则有相应数量的入度。因此，可使用出度和入度衡量同一事件作为原因事件和结果事件的重要性。为实现该目的，这里给出相应的概念和计算方法[20]。

定义 4.5　入度集合：$I = \{i(e_1), i(e_2), \cdots, i(e_N)\}$，表示所有事件入度 $i(e_k)$ 的集合，$i(e_k)$ 表示第 k 个事件的入度（$k = 1, 2, \cdots, N$）。

定义 4.6　出度集合：$O = \{o(e_1), o(e_2), \cdots, o(e_N)\}$，表示所有事件的出度 $o(e_k)$ 的集合，$o(e_k)$ 表示第 k 个事件的出度。

定义 4.7　入出度集合：$\mathrm{IO} = \{io(e_1), io(e_2), \cdots, io(e_N)\}$，表示所有事件的入出度 $io(e_k)$ 的集合，$io(e_k)$ 表示第 k 个事件的入出度，$io(e_k) = i(e_k) + o(e_k)$。

入出度代表了与该事件有联系的所有连接，是衡量一个事件重要性的综合指标。

定义 4.8　传递概率集合：$\mathrm{TP} = \{\mathrm{tp}_1, \mathrm{tp}_2, \cdots, \mathrm{tp}_J\}$，表示原因事件导致结果事件的可能性，$j = 1, 2, \cdots, J$，$\mathrm{tp}_j \to e_k$ 表示 tp_j 是 e_k 的入度连接的传递概率；$e_k \to \mathrm{tp}_j$ 表示 tp_j 是 e_k 的出度连接的传递概率。

将传递概率集合表示为 SFN 的因果结构矩阵，矩阵第一列表示原因事件，矩阵第一行表示结果事件。

定义 4.9　入度势集合：$\mathrm{PI} = \{\mathrm{pi}(\mathrm{tp}_1), \mathrm{pi}(\mathrm{tp}_2), \cdots, \mathrm{pi}(\mathrm{tp}_J)\}$，表示所有传递概率 $\mathrm{pi}(\mathrm{tp}_j)$ 的入度势集合，如式(4.7)所示。

$$\mathrm{pi}(\mathrm{tp}_j) = \frac{i(e_c)i(e_r)}{(1/\mathrm{tp}_j)^2} \tag{4.7}$$

式中，e_c 和 e_r 分别代表传递概率 tp_j 的原因事件和结果事件，即 $e_c \to e_r$。

式(4.7)基于式(4.6)描述一个连接及连接的两个事件入度之间的相互影响，对应于场论中两个质点的相互作用力。入度势只代表两个事件入度之间的作用关系，与出度无关，可通过因果结构矩阵查询两个事件是否存在关系，或者已知传递概率确定原因事件和结果事件。

定义 4.10　出度势集合：$\mathrm{PO} = \{\mathrm{po}(\mathrm{tp}_1), \mathrm{po}(\mathrm{tp}_2), \cdots, \mathrm{po}(\mathrm{tp}_J)\}$，表示所有传递概率出度势 $\mathrm{po}(\mathrm{tp}_j)$ 的集合，如式(4.8)所示。

$$po(tp_j) = \frac{o(e_c)o(e_r)}{(1/tp_j)^2} \tag{4.8}$$

式(4.8)基于式(4.6)描述一个连接及连接的两个事件出度之间的相互影响。出度势只代表两个事件出度之间的作用关系，与入度无关。可通过因果结构矩阵确定事件和传递概率。

定义 4.11　入出度势集合：$PIO = \{pio(tp_1), pio(tp_2), \cdots, pio(tp_J)\}$，表示所有传递概率的入出度势 $pio(tp_j)$ 的集合，如式(4.9)所示。

$$pio(tp_j) = \frac{io(e_c)io(e_r)}{(1/tp_j)^2} \tag{4.9}$$

式(4.9)基于式(4.6)描述一个连接及连接的两个事件的入出度之间的相互影响。入出度势代表两个事件入出度之间的作用关系，是综合度量，可通过因果结构矩阵确定事件和传递概率。

定义 4.12　综合入度势集合：$ZPI = \{zpi(e_1), zpi(e_2), \cdots, zpi(e_N)\}$，表示所有传递概率的综合入度势 $zpi(e_k)$ 的集合，如式(4.10)所示。

$$zpi(e_k) = \begin{cases} \sum pi(tp_j) \mid tp_j \to e_k, & \text{"或"关系} \\ \prod pi(tp_j) \mid tp_j \to e_k, & \text{"与"关系} \end{cases} \tag{4.10}$$

综合入度势代表事件间的逻辑关系，如多个入度代表的传递概率以"与""或"关系导致结果事件发生。在式(4.10)中，"或"表示每个入度都可引起结果事件发生，是"或"关系；"与"表示所有入度必须同时存在才能引起结果事件发生，是"与"关系。根据定义 4.9 计算得到各传递概率指向结果事件 e_k 的入度势，再针对 e_k 求所有入度势的和或积，即为 e_k 的综合入度势。

定义 4.13　综合出度势集合：$ZPO = \{zpo(e_1), zpo(e_2), \cdots, zpo(e_N)\}$，表示所有传递概率综合出度势 $zpo(e_k)$ 的集合，如式(4.11)所示。

$$zpo(e_k) = \begin{cases} \sum po(tp_j) \mid tp_j \to e_k, & \text{"或"关系} \\ \prod po(tp_j) \mid tp_j \to e_k, & \text{"与"关系} \end{cases} \tag{4.11}$$

根据定义 4.10 计算得到各传递概率出发的原因事件 e_k 的出度势，再针对 e_k 求所有出度势的和或积，即为 e_k 的综合出度势。

定义 4.14　综合入出度势集合：$ZPIO = \{zpio(e_1), zpio(e_2), \cdots, zpio(e_N)\}$，表示所有传递概率综合入出度势 $zpio(e_k)$ 的集合，如式(4.12)所示。

$$zpio(e_k) = \begin{cases} \sum pio(tp_j) \mid (e_k \to tp_j \text{ or } tp_j \to e_k), & \text{"或"关系} \\ \prod pio(tp_j) \mid (e_k \to tp_j \text{ or } tp_j \to e_k), & \text{"与"关系} \end{cases} \tag{4.12}$$

根据定义 4.11 计算得到各传递概率出发和指向 e_k 的入出度势，再针对 e_k 求所有入出度势的和或积，即为 e_k 的综合入出度势。

4.2.3　实例分析

为说明不同角色事件重要度算法流程，这里给出一个简单的 SFEP，如图 4.3 所示。

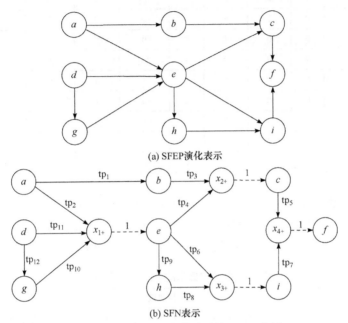

(a) SFEP演化表示

(b) SFN表示

图 4.3　基于场论的事件重要性 SFEP 实例

图 4.3(a)所示是 SFEP，可见该过程中事件包括 a、b、c、d、e、f、g、h 和 i。对 SFEP 进行详细描述，事件和事件间逻辑关系可表示为图 4.3(b)。关系事件为 x_1、x_2、x_3 和 x_4，"+"表示原因事件"或"关系导致结果事件；"·"表示原因事件"与"关系导致结果事件。"—→"表示连接；"---►"表示同位连接，其 tp $=1$；传递概率集合具体为 TP $=\{tp_1 = 0.1, tp_2 = 0.2, tp_3 = 0.1, tp_4 = 0.15,$ $tp_5 = 0.11$, $tp_6 = 0.09$, $tp_7 = 0.11$, $tp_8 = 0.12$, $tp_9 = 0.04$, $tp_{10} = 0.05$, $tp_{11} = 0.08$, $tp_{12} = 0.12\}$。根据定义 4.5～定义 4.7 得到各事件的 I、O 和 IO，见表 4.3。

表 4.3　各事件的 I、O 和 IO

参数	事件								
	a	b	c	d	e	f	g	h	i
I	0	1	2	0	3	2	1	1	2
O	2	1	1	2	2	0	1	1	1
IO	2	2	3	2	5	2	2	2	3

根据图 4.3(b)中 SFN 的传递概率，建立事件因果结构矩阵，见表 4.4。

表 4.4　根据图 4.3(b)中 SFN 的传递概率建立的事件因果结构矩阵

原因事件	结果事件								
	a	b	c	d	e	f	g	h	i
a	1	tp_1	0	0	tp_2	0	0	0	0
b	0	1	tp_3	0	0	0	0	0	0
c	0	0	1	0	0	tp_5	0	0	0
d	0	0	0	1	tp_{11}	0	tp_{12}	0	0
e	0	0	tp_4	0	1	0	0	tp_9	tp_6
f	0	0	0	0	0	1	0	0	0
g	0	0	0	0	tp_{10}	0	1	0	0
h	0	0	0	0	0	0	0	0	tp_8
i	0	0	0	0	tp_7	0	0	0	1

表 4.4 矩阵中的第一列表示原因事件 e_c，第一行表示结果事件 e_r，可表示所有事件的关系，即 $e_c \rightarrow e_r$。表中事件自身的 $tp=1$，但不参与事件重要度分析。根据定义 4.9～定义 4.11 计算得到各 tp 的 PI、PO 和 PIO，见表 4.5。

表 4.5　各传递概率的 PI、PO 和 PIO

参数	传递概率											
	tp_1	tp_2	tp_3	tp_4	tp_5	tp_6	tp_7	tp_8	tp_9	tp_{10}	tp_{11}	tp_{12}
PI	0	0	0.0200	0.1350	0.0484	0.0486	0.0484	0.0288	0.0048	0.0075	0	0
PO	0.0200	0.1600	0.0100	0.0450	0	0.0162	0	0.0144	0.0032	0.0050	0.0256	0.0288
PIO	0.0400	0.4000	0.0600	0.3375	0.0726	0.1215	0.0726	0.0864	0.0160	0.0250	0.0640	0.0576

这里针对表 4.5 举例说明具体计算过程。例如 $PI(tp_3)$，表 4.4 中 tp_3 的原因事件是 b，结果事件是 c；表 4.3 中 b 和 c 的入度分别是 1 和 2；表 4.5 中 $tp_3=0.1$，因此 $PI(tp_3) = (1\times2)/(1/0.1)^2 = 0.02$。又如 $PIO(tp_5)$，表 4.4 中 tp_5 的原因事件是 c，结果事件是 f；表 4.3 中 c 和 f 的入出度分别是 3 和 2；表 4.5 中 $tp_5=0.11$，因此 $PI(tp_5) = (3\times2)/(1/0.11)^2 = 0.0726$。其余可通过类似方法查表计算获得。

根据定义 4.12～定义 4.14 和表 4.3～表 4.5 计算得到各事件的 ZPI、ZPO 和 ZPIO，见表 4.6。

表 4.6　各事件的 ZPI、ZPO 和 ZPIO

参数	事件								
	a	b	c	d	e	f	g	h	i
ZPI	0	0	0.1550	0	0.0075	0.0968	0	0.0048	0.0774
ZPO	0.1800	0.0100	0	0.0288	0.0644	0	0.0050	0.0144	0
ZPIO	0.4400	0.1000	0.4701	0.0576	0.9640	0.1452	0.0826	0.1024	0.2805

下面针对表 4.6 举例说明其计算过程。例如 $\mathrm{ZPI}(c)$，由图 4.3(b)可知 c 的入度传递概率是 tp_3 和 tp_4，再根据表 4.5 得到 $\mathrm{PI}(\mathrm{tp}_3)$ 和 $\mathrm{PI}(\mathrm{tp}_4)$ 分别为 0.0200 和 0.1350；根据定义 4.12，有

$$\mathrm{ZPI}(c) = \mathrm{PI}(\mathrm{tp}_3) + \mathrm{PI}(\mathrm{tp}_4) = 0.155$$

又如 $\mathrm{ZPI} = \mathrm{PIO}(\mathrm{tp}_2) + \mathrm{PIO}(\mathrm{tp}_4) + \mathrm{PIO}(\mathrm{tp}_6) + \mathrm{PIO}(\mathrm{tp}_9) + \mathrm{PIO}(\mathrm{tp}_{10}) + \mathrm{PIO}(\mathrm{tp}_{11})$，再根据表 4.5 中各 tp 的 PIO 值，可得 $\mathrm{ZPIO}(e) = 0.4 + 0.3375 + 0.1215 + 0.0160 + 0.0250 + 0.0640 = 0.9640$。

综上使用场论思想，考虑 SFEP 中各事件因果关系，得到各事件在不同角色时的重要度排序。ZPI 为 $c > f > i > e > h > a = b = d = g$，ZPO 为 $a > e > d > h > b > g > c = f = i$，ZPIO 为 $e > c > a > i > f > h > b > g > d$，可见三者排序不同。如果只考虑入度 ZPI，即将作为其他事件的结果事件，那么 c 最重要，a、b、d 和 g 没有重要性。如果只考虑出度 ZPO，即将作为其他事件的原因事件，那么 a 最重要，c、f 和 i 没有重要性。如果综合考虑 SFEP，那么 ZPIO 中的事件既作为结果事件又作为原因事件，e 最重要，d 最不重要。注意，分析过程中同位连接不参加分析，$\mathrm{tp} = 1$。因此，关系事件等同于同位连接指向的结果事件，如关系事件 x_2 与事件 c 等效。

这里研究了各事件以不同角色分别作为原因事件、结果事件和两者兼顾时在 SFEP 中的重要性。这也是第一次从事件角色方面研究事件的重要性，为 SFEP 中选择适合的原因事件加以预防和适合的结果事件进行预测提供了有效方法。

4.3　本 章 小 结

(1) 边缘事件结构重要度：①根据经典故障树基本事件结构重要度含义，建立了 SFN 中边缘事件的结构重要度概念和方法。根据边缘事件状态，其可分为二态结构重要度和概率结构重要度。根据网络系统和各最终事件的研究对象不同，可将边缘事件结构重要度进一步划分为边缘事件网络结构重要度和边缘事件最终

事件结构重要度。②二态结构重要度认为边缘事件状态只有两个，即 0,1，且出现的概率相同，为 1/2。进而通过一个边缘事件在 SFN 转化为 SFT 的层次图中分析结构重要度，并给出计算方法。概率结构重要度认为边缘事件概率的变化由多种因素影响，且状态转换概率也是变化的。因此，引入事件故障概率分布计算边缘事件结构重要度，得到结果也是由多因素构成的在多维度上的分布。③通过实例研究了 SFEP。将该过程表示为 SFN，进而转化为 SFT 分析边缘事件结构重要度。得到了各边缘事件的 EENB、EETB、EENP 和 EETP。④论述了目前几种主要的网络结构分析方法、它们的优缺点及其不适合表示和分析 SFEP 的原因。

(2) 基于场论的事件重要性。①论述了场论中各参数与 SFN 参数的等效关系。两质点间距离 r 可等效为传递概率 tp 的倒数，传递概率越大说明距离越短。M 用来衡量质点规模，根据事件角色不同，可用事件的入度和出度来衡量。②提出了基于角色的事件重要度相关概念和方法。为了从事件角色研究事件重要性，本章给出了一系列定义和方法，包括事件的入度、出度、入出度、传递概率、入度势、出度势、入出度势、综合入度势、综合出度势、综合入出度势及其对应的集合。综合入度势、综合出度势和综合入出度势是最终结果，其中也考虑了连接的不同逻辑关系。③通过实例验证了算法的有效性。对简单的 SFEP 得到的 SFN 进行分析，得到了所有事件分别作为原因事件、结果事件和两者兼备时的事件重要度排序。这些排序差别较大，可用来确定不同角色下各事件重要性，为 SFEP 的原因预防和结果预测提供了基本方法。

参 考 文 献

[1] 崔铁军, 李莎莎. 空间故障树与空间故障网络理论综述[J]. 安全与环境学报, 2019, 19(2): 399-405.

[2] Li S S, Cui T J, Liu J. Research on the clustering analysis and similarity in factor space[J]. International Journal of Computer Systems Science and Engineering, 2018, 33(5): 397-404.

[3] Cui T J, Li S S. Research on basic theory of space fault network and system fault evolution process[J]. Neural Computing and Applications, 2020, 32(6): 1725-1744.

[4] 崔铁军, 马云东. 考虑点和线的有向无环网络连通可靠性研究[J]. 计算机应用研究, 2015, 32(11): 3315-3318.

[5] 崔铁军, 李莎莎, 朱宝岩. 含有单向环的多向环网络结构及其故障概率计算[J]. 中国安全科学学报, 2018, 28(7): 19-24.

[6] 揭丽琳, 刘卫东. 基于使用可靠性的产品区域保修差别定价策略系统动力学模型[J]. 系统工程理论与实践, 2019, 39(1): 236-250.

[7] Smaili R, El Harabi R, Abdelkrim M N. Design of fault monitoring framework for multi-energy systems using signed directed graph[J]. IFAC-PapersOnLine, 2017, 50(5): 15734-15739.

[8] Düzgün H S, Leveson N. Analysis of soma mine disaster using causal analysis based on systems theory (CAST)[J]. Safety Science, 2018, 110: 37-57.

[9] Nancy Leveson. A systems approach to risk management through leading safety indicators [J]. Reliability Engineering and System Safety, 2015, 136: 17-34.

[10] Cui T J, Li S S. Deep learning of system reliability under multi-factor influence based on space fault tree[J]. Neural Computing and Applications, 2019, 31(9): 4761-4776.

[11] 崔铁军. 空间故障树理论研究[D]. 阜新: 辽宁工程技术大学, 2015.

[12] 渠寒花, 张国斌, 何险峰. 气象灾害形式概念分析模型[J]. 计算机工程与设计, 2019, 40(2): 516-522.

[13] 胡钢, 徐翔, 过秀成. 基于解释结构模型的复杂网络节点重要性计算[J]. 浙江大学学报(工学版), 2018, 52(10): 1989-1997, 2022.

[14] 张英, 李江涛. 基于系统动力学的数据化作战指挥模式分析[J]. 指挥控制与仿真, 2019, 41(2): 31-36.

[15] 聂银燕, 林晓焕. 基于 SDG 的压缩机故障诊断方法研究[J]. 微电子学与计算机, 2013, 30(3): 140-142, 147.

[16] 崔铁军, 李莎莎, 朱宝岩. 空间故障网络及其与空间故障树的转换[J]. 计算机应用研究, 2019, 36(8): 2400-2403.

[17] 张雪飞, 郑素文, 夏静, 等. 度条件下的二部图的定向图[J]. 高校应用数学学报 A 辑, 2019, 34(2): 239-252.

[18] 张俊, 李义华, 罗大庸. 考虑位置信息的物流配送网络节点重要性评估[J]. 计算机工程与应用, 2020, 56(11): 259-264.

[19] 马健, 刘峰, 李红辉, 等. 采用 PageRank 和节点聚类系数的标签传播重叠社区发现算法[J]. 国防科技大学学报, 2019, 41(1): 183-190.

[20] Li S S, Cui T J. Research on analysis method of event importance and fault model in space fault network[J]. Computer Communications, 2020, 159: 289-298.

第5章　空间故障网络的故障模式分析

SFEP 无论在自然系统还是人工系统中都普遍存在。这些在各领域看似无关的故障和灾害过程实则在系统层面上是相似的,具有统一的发生机理和逻辑关系。然而,一般分析方法受限于领域技术,难以获得通用分析方法,进而导致难以在系统层面研究故障演化过程和故障模式,最终导致无法分析故障和灾害过程中各事件的作用和重要性。在资源有限的情况下,必须了解故障演化过程中的故障模式,才能有效地通过抑制少数事件达到抑制最终故障发生的目的。

系统安全性随着各种条件变化而变化。对安全性而言,系统必须达到预定功能。若系统完成预定功能,则可认为系统是安全的;反之亦然。人们建立的系统是将杂乱无序的各种元件组成有序的整体。自然界中各种因素的变化则相反地导致系统丧失这种有序性,即人们竭尽全力维持系统功能,而自然则使系统瓦解。

自然环境或人为因素导致系统产生故障不是一蹴而就的,而是一个演化过程。这些事件包括自然的、人为的和社会的等。这些事件和事件间的相互作用组成了一种网络结构。网络结构中节点代表事件,边代表事件间的关系,这种结构就称为 SFN,SFN 分析方法目前有两种。SFN 对 SFEP 的研究有很多用途,SFN 可表示 SFEP 中各类事件、事件之间关系、故障演化顺序和过程中的多因素影响。由于故障演化过程中事件间逻辑关系的不同,存在结果事件和原因事件相同但演化过程不同的情况。SFEP 的描述是基于现有的知识体系,因此 SFN 对 SFEP 的表示也存在局限性。即使存在局限性,对于相同的原因事件和结果事件,在 SFN 中也可找到多条演化路径使它们联通,即原因事件到结果事件的可达性。这种可达性只需要必要的事件及其关系即可达到,即单元故障演化过程。从故障发生的特征和顺序出发,故障演化过程称为故障模式。可将故障模式理解成偏序集,从边缘事件到最终事件,最终事件的发生是边缘事件按照演化过程与各事件传递概率的乘积决定的。

故障演化模式或故障模式在研究 SFEP 中有重要作用。故障模式体现了故障发生的完整过程,也是导致最终事件多种可能性的其中之一。因为有多个故障模式导致该最终事件发生,所以研究 SFEP 的故障模式对故障的预测、防治和治理有重要意义。

本章研究内容主要包括:系统故障演化过程中各故障模式发生可能性的确定;基于故障模式的 SFN 中事件重要性研究;基于 SFN 故障模式的最终事件故障概

率分布确定；基于空间故障网络的故障发生潜在可能性研究。

5.1　各故障模式可能性确定

为研究 SFEP 中相同故障结果不同模式发生的可能性，本节提出基于 SFN 结构化表示方法和随机网络的故障模式发生可能性确定方法。该方法使用结构化表示，得到 SFEP 中各事件因果关系和多个故障模式，同时确定传递概率。利用随机网络思想，按照各传递概率建立一定数量的随机网络。不同传递概率设定下各故障模式发生可能性各不相同，可在确定的传递概率情况下得到所有故障模式发生的可能性。本书给出故障模式相关概念及分析步骤和说明，该方法也适合计算机智能处理。

5.1.1　系统故障演化过程与故障模式

故障发生过程中可能涉及很多相关事件，这些事件之间存在某种联系，这些联系和事件组成了网络结构。该网络结构显示了整个故障发生的 SFEP[1-4]。SFEP 中一个事件可能引起另一个事件，也可能存在多种方式完成这样的演化。那么，在 SFEP 中对于一个事件能引起哪些事件发生，一个事件能由哪些事件导致；更具体的，导致同一结果事件有多少种模式，这些模式发生的可能性如何，这些问题非常值得研究。

人们在不同领域对故障模式分析进行了较多研究。故障模式分析在机械、船舶、电气、电力、航空等众多领域得到了研究和应用。这些故障模式研究具有明显的专业背景，所得研究结果难以满足不同类型系统使用的通用性。

SFEP 用于表示系统发生故障过程中各事件之间、事件与传递之间、原因与结果之间及数据因素之间的关系，宏观上描述系统故障演化顺序，微观上描述各事件之间的逻辑关系。SFEP 通过 SFN 进行描述和形式化表示。SFN 使用事件作为节点，连接作为边建立网络结构。节点代表演化过程中各种事件，而边则代表事件之间的逻辑关系和关联情况。根据 SFEP 得到的 SFN 是一种网络结构，这种网络结构与一般的网络结构和现有 SFEP 表示方法的最大区别在于逻辑关系的表示。例如，多个原因事件根据不同逻辑关系导致结果事件。SFN 也继承了 SFT 对多因素的分析能力，主要体现在事件故障概率分布上[5]。

定义 5.1　故障模式：由于在表示 SFEP 的 SFN 中众多事件具有不同的逻辑关系，可形成不同的故障演化流程。具体而言，将 SFN 的一个节点设置为起始原因事件，将另一个节点设置为最终事件，那么是否存在若干连接使原因事件发生导致最终事件发生是值得研究的问题。这些事件或连接组成的偏序集称为故障演化模式或故障模式。

定义 5.2　故障模式集合(fault mode set，FMS)：在 SFN 中原因事件到最终事件可能经过很多连接，这些连接可能存在分支，那么将所有具有可达性的分支进行遍历得到的偏序集就是 FMS。

在 SFEP 中一个模式对应一个单元故障演化过程。这些模式的组合就形成 SFN 的网络结构。每一种故障模式代表一种故障发生过程和可能性。那么，分析 SFEP 中存在何种故障模式、故障模式的数量和故障模式发生可能性具有积极的研究意义。

5.1.2　故障模式发生可能性确定

这里的故障模式发生可能性确定以 SFN 的结构化表示方法 II(见第 3 章)和随机网络为基础。

由于将 SFEP 看作节点和边的连接，使用随机网络思想，可按照一定的概率生成边，即事件之间的连接。如果只考虑节点和边形成全局耦合网络[6]，即所有节点与除自身之外的节点全部相连，那么就形成了 SFEP 的最复杂。一般情况下，事件间的连接都有传递概率。全局耦合网络中存在不合理的连接，传递概率为 0，去掉这些连接形成 SFN；其余连接(边)存在于 SFN 中，那么这些连接都具有非零传递概率，可使用 SFN 结构化表示方法 II 和 CEREII 表示。在 CEREII 中的传递概率就可作为随机网络边是否存在的最高随机概率。若某次随机值小于某个连接的传递概率，则生成连接，表示原因事件可导致结果事件；否则不导致结果事件。如果该原因事件和结果事件之间的连接全部生成，那么就得到了一种故障模式。连接不同代表故障模式不同，所有的故障模式组成故障模式集合。如果根据 CEREII 中所有传递概率建立若干次随机网络，那么最终形成某种故障模式的数量与随机次数的比值就是该故障模式的发生概率。下面给出故障模式发生概率确定方法的分析步骤和必要说明[7]，图 5.1 是实例 SFEP 的 SFN。

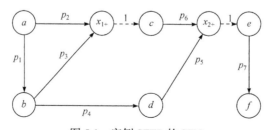

图 5.1　实例 SFEP 的 SFN

(1) 根据 SFEP 特征，得到 SFEP 中可能存在的各种事件(原因事件和结果事件)及可能的传递概率。

(2) 绘制 SFEP 的 SFN 示意图。图中圆形符号表示事件，包括原因事件、结果事件和关系事件。一个事件既可作为原因事件也可作为结果事件。关系事件与一般事件的区别在于：关系事件只表示其原因事件之间的逻辑关系；关系事件不是实体事件而只是事件间的关系，下角标包含逻辑关系；关系事件到其结果事件的传递概率为 1，用同位连接表示，即虚线箭头。实线箭头表示事件之间的连接，其传递概率在 0 和 1 之间。

(3) 绘制 CEREII。根据 SFEP 的 SFN 特征绘制 CEREII。

(4) 根据 SFEP 的 SFN 示意图和 CEREII 推导故障演化过程，得到故障模式。从边缘事件开始，作为原因事件，找到其结果事件；再将该结果事件作为原因事件继续寻找结果事件；循环该过程，直至找到最终事件。该寻找过程中原因事件和结果事件的关系，以及它们与关系事件的关系都存于因果关系组 Γ 中。最终形成的一连串事件有序发生的过程组成了一个故障模式，$EE \times TP = \{p_j$ 或 $p_{c \to r}\} = TE$，$TE = EE \prod p_j$ (故障演化过程分析式)。SFEP 一般可得到多个故障模式，或称为单元故障演化过程。

(5) 确定故障模式发生的可能性。根据随机网络原理，故障模式中各事件靠传递概率联系，而传递概率则是网络拓扑中边的存在性。因此，可通过随机网络思想进行故障模式发生可能性分析。根据 CEREII 中的传递概率，确定传递及结果事件是否发生。设传递概率为 0 和 1 之间的随机数，若在某次随机生成时 $p < p_j$ (CEREII 中第 j 个传递概率)，则认为传递确定发生，$p_j = 1$。若 $p < p_j$，则认为 $p \in [0,1]$，传递不发生，$p < p_j$。使用该方法确定某故障模式中所有传递概率的值，若 $\prod p_j = 1$ 则发生，若 $\prod p_j = 0$ 则不发生。随机执行 R 次，将各故障模式发生次数分别累加，得到各故障模式的总发生次数 M，并用 M / R 得到该故障模式发生的可能性。

5.1.3　实例分析

图 5.1 给出了 SFEP 的 SFN 示意图。a、b、c、d、e、x_1 和 x_2 表示事件，既可作为原因事件也可作为结果事件。x_{1+} 表示关系事件，即 a 和 b 之一发生可导致发生 c。x_{2+} 表示关系事件，即 c 和 d 之一发生可导致 e 发生。虚线箭头表示同位连接，其传递概率为 1。去除同位连接，关系事件集合 $TP = \{p_1, p_2, p_3, p_4, p_5, p_6, p_7\}$。将 a 作为边缘事件，f 作为最终事件。原因事件集合 $CE = \{a,b,c,d,e\}$，结果事件集合 $RE = \{b,d,c,e,f\}$。根据图 5.1 绘制 CEREII，见表 5.1。

表 5.1　CEREII

原因事件	结果事件						关系事件	
	a	b	c	d	e	f	x_1	x_2
a	0	p_1	0	0	0	0	p_2	0
b	0	0	0	p_4	0	0	p_3	0
c	0	0	0	0	0	0	0	p_6
d	0	0	0	0	0	0	0	p_5
e	0	0	0	0	0	p_7	0	0
f	0	0	0	0	0	0	0	0
x_1	0	0	1	0	0	0	0	0
x_2	0	0	0	0	1	0	0	0

　　由表 5.1 得到因果关系组 II，$\Gamma = \{b = p_1 a, c = x_1, x_1 = p_2 a + p_3 b, d = p_4 b, x_2 = p_6 c + p_5 d, e = x_2, f = p_7 e\}$。以 a 为边缘事件，f 为最终事件，得到故障演化过程分析式 $T = p_6 p_2 p_7 a + p_6 p_3 p_2 p_7 a + p_5 p_4 p_1 p_7 a$ 和三种故障模式，即 $FM_1 = p_6 p_2 p_7$，$FM_2 = p_6 p_3 p_2 p_7$，$FM_3 = p_5 p_4 p_1 p_7$，进而组成 $FMS = \{p_6 p_2 p_7, p_6 p_3 p_2 p_7, p_5 p_4 p_1 p_7\}$。

　　分析这三种故障模式的发生可能性。设对传递概率进行模拟的随机次数 $R = 100000$，$TP = \{p_1, p_2, p_3, p_4, p_5, p_6, p_7\}$ 的传递概率均分别设为 0.1、0.2、0.3、0.4、0.5、0.6、0.7、0.8 和 0.9。根据故障模式发生次数统计方法，得到 FM_1、FM_2 和 FM_3 中各传递概率都分别为 0.1、0.2、0.3、0.4、0.5、0.6、0.7、0.8 和 0.9 的发生次数 M_1、M_2 和 M_3，见表 5.2。将数据绘制成直观曲线，如图 5.2 所示。

表 5.2　各故障模式的发生次数统计

故障模式	发生概率								
	$p_{1\sim7}=0.1$	$p_{1\sim7}=0.2$	$p_{1\sim7}=0.3$	$p_{1\sim7}=0.4$	$p_{1\sim7}=0.5$	$p_{1\sim7}=0.6$	$p_{1\sim7}=0.7$	$p_{1\sim7}=0.8$	$p_{1\sim7}=0.9$
M_1	83	833	2708	6181	12527	21595	34179	50949	73005
M_2	8	186	823	2464	6273	13010	23939	40715	65781
M_3	10	156	818	2497	6299	12915	23991	40986	65511

　　由表 5.2 和图 5.2 可知，FM_2 和 FM_3 的发生概率在不同传递概率设定下基本一致。这两个故障模式经历的连接数量相同，虽然具有随机性，但在 $R = 1000000$ 次随机模拟中发生的次数基本相同。FM_1 较 FM_2 和 FM_3 少经历一次传递，因此其发生次数更多。当 $p_{1\sim7} = 0.1$ 时，FM_1 发生的可能性是 0.0083%，FM_2 发生的可

能性是 0.0008%，FM_3 发生可能性是 0.0010%。

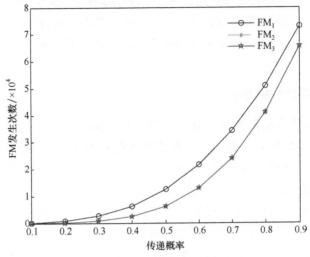

图 5.2　各故障模式的发生次数变化

当然，$p_{1\sim7}$ 可以设置不同的数值，例如 $TP=\left\{p_1,p_2,p_3,p_4,p_5,p_6,p_7\right\}=$ $\left\{0.1,\ 0.2,\ 0.3,\ 0.1,\ 0.2,\ 0.3,\ 0.4\right\}$ 时，FM_1 的发生次数 $M_1=2359$，可能性为 0.2359%；FM_2 的发生次数 $M_2=689$，可能性为 0.0689%；FM_3 的发生次数 $M_3=78$，可能性为 0.0078%。因此，只要确定各事件间传递概率就可确定不同故障模式的发生次数和发生可能性。

进一步，可得到在确定传递概率情况下，一个最终事件的多次发生中，各故障模式占有的发生比例。例如，$TP=\left\{p_1,p_2,p_3,p_4,p_5,p_6,p_7\right\}=\{0.1,\ 0.2,\ 0.3,$ $0.1,\ 0.2,\ 0.3,\ 0.4\}$ 时，FM_1 占 75.5%，FM_2 占 22%，FM_3 占 2.5%。也可根据实际数据，分析多次事件过程中，不同故障模式的发生次数，进而反推各事件之间的传递概率。当然，这种做法需增加足够数量的约束方程才能实现。

本节提出方法基于 SFN 结构化表示和随机网络思想，可相对简单地确定在整个 SFEP 中导致同一故障的多种故障模式发生的可能性。这为下一步研究控制故障模式发生的可能性进行各传递概率的确定，并根据实际情况为寻找最可能故障模式等问题提供了基础方法。同时，基于结构化表示方法和随机网络的一系列方法也易于使用计算机进行智能处理，但这些必须在 SFN 结构化表示中完成。

5.2　故障模式中事件重要性

为研究 SFEP 中各事件的重要性，了解各事件对故障模式的影响，本节提出事件重要性分析方法。该方法基于系统科学复杂网络节点重要性分析思想,在 SFN 框架内, 对 SFEP 中事件重要性进行分析。通过抑制事件发生(去掉节点)来分析原始故障模式和抑制后故障模式的变化,从而衡量被抑制事件的重要性。衡量指标包括致障率、复杂率、重要度和综合重要度,下面从不同角度对事件重要性进行分析[8]。

5.2.1　事件重要性分析方法

SFEP 中事件的重要性即为 SFN 中节点的重要性。可借鉴社会网络、系统网络和互联网络相关研究进行确定。系统网络在其中是更为高级的抽象。系统科学利用网络的连通性来反映系统某种功能的完整性,对应地,节点的重要性等同于网络破坏性[9]。

结合 SFEP, 实际上是通过阻止一个或几个事件发生来达到预防最终事件发生的目的。利用系统科学思想,研究抑制某个事件后,根据 SFEP 变化得到故障模式,并与原始 SFEP 得到的故障模式进行对比。研究差别即可判断抑制该事件对防止该故障模式的作用。使用系统思想研究 SFEP 中事件重要性可解决以下问题:①从破坏故障演化角度研究事件重要性;②对于同一最终事件,分析不同故障模式导致最终事件发生的难易程度;③抑制某个事件后,对于同一最终事件,分析不同故障模式存在的可能性;④抑制某个事件后,对于同一最终事件,故障模式数量的变化情况;⑤抑制某个事件后,对于同一最终事件,故障模式演化过程的变化情况。当然,随着进一步研究,可解决的问题更加广泛。实现事件重要性研究需要在 SFN 的结构化表示中完成。

这里使用四个衡量指标分析 SFEP 中的事件重要性,这四个衡量指标定义如下。

定义 5.3　致障率:SFEP 中,去掉某事件后,分析得到的故障模式数量与未去掉该事件得到的故障模式数量的比值,并用 1 与其作差。如式(5.1)所示。

$$F(e_i) = 1 - \frac{N(e_i)}{N} \tag{5.1}$$

式中, $F(e_i)$ 表示事件 e_i 导致最终事件发生的可能性(致障率); N 表示 SFEP 蕴含的所有故障模式数量; $N(e_i)$ 表示去掉 e_i 后 SFEP 蕴含的故障模式数量。

$F(e_i)$ 越大证明去掉该事件后, SFEP 导致最终事件发生的渠道减少得越多,对减少故障发生模式越重要。

定义 5.4　复杂率:SFEP 中,去掉某事件后,分析得到的故障模式中传递概率数量的平均值与未去掉该事件得到的故障模式传递概率数量平均值的比值,如式(5.2)所示。

$$C(e_i) = \frac{L(e_i)}{L} \tag{5.2}$$

式中，$C(e_i)$ 表示事件 e_i 导致最终事件发生的复杂率；L 表示未去掉该事件得到的故障模式传递概率数量平均值；$L(e_i)$ 表示去掉 e_i 后得到的故障模式传递概率数量平均值。

$C(e_i)$ 变大代表去掉该事件没有阻断 SFEP，同时增加了 SFEP 经历的事件，即需要更多传递概率，这将导致最终事件发生更加困难，有利于最终事件的防治。

定义 5.5　事件重要性：以不同事件的致障率与所有事件致障率和的比值衡量该事件的存在对 SFEP 的影响，如式(5.3)所示。

$$K(e_i) = \frac{F(e_i)}{\sum F(e_i)} \tag{5.3}$$

式中，$K(e_i)$ 表示事件 e_i 的重要性，其值越大对最终事件影响程度越大。

定义 5.6　综合重要性：在重要性基础上考虑复杂率，衡量该事件的存在对 SFEP 的影响，如式(5.4)所示。

$$K_c(e_i) = \frac{K(e_i)\dfrac{1}{C(e_i)}}{\sum\left(K(e_i)\dfrac{1}{C(e_i)}\right)} = \frac{\dfrac{F(e_i)}{\sum F(e_i)}\dfrac{1}{C(e_i)}}{\sum\left(\dfrac{F(e_i)}{\sum F(e_i)}\dfrac{1}{C(e_i)}\right)} = \frac{\dfrac{F(e_i)}{C(e_i)\sum F(e_i)}}{\sum\left(\dfrac{F(e_i)}{C(e_i)\sum F(e_i)}\right)} \tag{5.4}$$

式中，$K_c(e_i)$ 表示事件 e_i 的综合重要性，其值越大对最终事件影响程度越大。

5.2.2　实例分析

为了说明算法流程，图 5.3 给出一个简单的 SFEP。

图 5.3(a)代表原始的 SFEP 表示形式。图 5.3(b)代表 SFN 的描述形式。a、b、c、d、e、f、g、h 和 i 表示事件，除 a、d 外，这些事件既可作为原因事件也可作为结果事件。x_{1+} 表示关系事件，即 a、d 和 g 之一发生可导致 e 发生。x_{2+} 表示关系事件，即 b 和 e 之一发生可导致 c 发生。x_{3+} 表示关系事件，即 e 和 h 之一发生可导致 i 发生。x_{4+} 表示关系事件，即 c 和 i 之一发生可导致 f 发生。虚线箭头表示同位连接，传递概率为 1。略去同位连接，则传递概率集合 $\text{TP} = \{p_1, p_2, p_3, p_4, p_5, p_6, p_7, p_8, p_9, p_{10}, p_{11}\}$。将 a、d 作为边缘事件，f 作为最终事件。原因事件集合 $\text{CE} = \{a, b, c, d, e, g, h, i\}$，结果事件集合 $\text{RE} = \{d, c, e, f, g, h, i\}$。这里直接进行推导，不必绘制因果结构矩阵。

建立因果关系组：

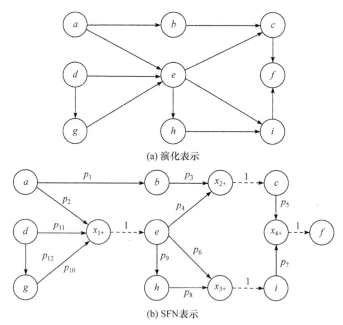

(a) 演化表示

(b) SFN表示

图 5.3　故障模式中事件重要性 SFEP 实例

与图 4.3 结构相同，但符号表示略有不同

$$\Gamma = \{b = p_1 a, g = p_{12}d, e = p_2 a + p_{11}d + p_{10}g, h = p_9 e, c = p_3 b + p_4 e,$$
$$i = p_6 e + p_8 h, f = p_7 i + p_5 c\}$$

它们代表各个事件之间的微观因果关系，所有故障模式推理基于 Γ。边缘事件 a 和 d，以及最终事件 f 不能去掉，因此研究时去掉的事件包括 c、b、e、g、h、i。表 5.3 给出了分别去掉它们得到的故障模式。

对致障率进行分析，$e > i > c > g = h > b$。说明对于该 SFEP，去掉事件 e 可使故障模式减少到最少(1 个)，去掉事件 b 可使故障模式保留最多(8 个)。如果这些事件抑制难度相当，那么应该抑制 e、i 等事件，提高故障抑制效率。

对复杂率进行分析，$c > b > 1 > g = h = c > e$。说明对于该 SFEP，去掉事件 c 使各故障模式更为复杂。去掉 c 使故障演化过程变得更长，经历更多传递概率。传递概率小于 1，使故障模式更难发生，有利于故障抑制。因此，事件 c 和 b 的抑制有利于最终事件抑制。同时，事件 g、h、c 和 e 的复杂率小于 1，因此它们受到抑制后，使 SFEP 缩短，经历的传递概率减少，使故障模式更易发生，不利于故障抑制。

对重要性进行分析，$e > i > c > g = h > b$。这与致障率的排序相同，表示这些事件重要性的百分比，是归一化量。

表 5.3　故障模式分析表

故障模式	T	去掉 g	T(g)	去掉 b	T(b)	去掉 e	T(e)	去掉 h	T(h)	去掉 i	T(i)	去掉 c	T(c)
$P_5P_3P_1$	3	$P_5P_3P_1$	3	$P_5P_4P_2$	3	$P_5P_3P_1$	3	$P_5P_3P_1$	3	$P_5P_3P_1$	3	$P_7P_6P_2$	3
$P_5P_4P_2$	3	$P_5P_4P_2$	3	$P_5P_4P_{11}$	3			$P_5P_4P_2$	3	$P_5P_4P_2$	3	$P_7P_6P_{11}$	3
$P_5P_4P_{11}$	3	$P_5P_4P_{11}$	3	$P_5P_4P_{10}P_{12}$	4			$P_5P_4P_{11}$	3	$P_5P_4P_{11}$	3	$P_7P_6P_{10}P_{12}$	4
$P_5P_4P_{10}P_{12}$	4	$P_7P_6P_2$	3	$P_7P_6P_2$	3			$P_5P_4P_{10}P_{12}$	4	$P_5P_4P_{10}P_{12}$	4	$P_7P_9P_2$	4
$P_7P_6P_2$	3	$P_7P_6P_{11}$	3	$P_7P_6P_{11}$	3			$P_7P_6P_2$	3			$P_7P_8P_9P_{11}$	4
$P_7P_6P_{11}$	3	$P_7P_8P_9P_2$	4	$P_7P_6P_{10}P_{12}$	4			$P_7P_6P_{11}$	3			$P_7P_8P_9P_{10}P_{12}$	5
$P_7P_6P_{10}P_{12}$	4	$P_7P_8P_9P_{11}$	4	$P_7P_8P_9P_2$	4			$P_7P_6P_{10}P_{12}$	4				
$P_7P_8P_9P_2$	4			$P_7P_8P_9P_{10}P_{12}$	5								
$P_7P_8P_9P_{11}$	4												
$P_7P_8P_9P_{10}P_{12}$	5												
N	10	$N(g)$	7	$N(b)$	9	$N(e)$	1	$N(h)$	7	$N(i)$	4	$N(c)$	6
$N(e_i)$		$F(g)$	0.3	$F(b)$	0.1	$F(e)$	0.9	$F(h)$	0.3	$F(i)$	0.6	$F(c)$	0.4
$F(e_i)$													
L	3.6												

续表

故障模式	T	去掉 g	T(g)	去掉 b	T(b)	去掉 e	T(e)	去掉 h	T(h)	去掉 i	T(i)	去掉 c	T(c)
$L(e_i)$		$L(g)$	3.3	$L(b)$	3.7	$L(e)$	3	$L(h)$	3.3	$L(i)$	3.3	$L(c)$	3.8
$C(e_i)$		$C(g)$	0.92	$C(b)$	1.02	$C(e)$	0.83	$C(h)$	0.92	$C(i)$	0.92	$C(c)$	1.05
$\sum F(e_i)$	2.6												
$K(e_i)$		$K(g)$	0.12	$K(b)$	0.04	$K(e)$	0.35	$K(h)$	0.12	$K(i)$	0.23	$K(c)$	0.15
$K(e_i)/C(e_i)$		$K(g)/C(g)$	0.13	$K(b)/C(b)$	0.039	$K(e)/C(e)$	0.42	$K(h)/C(h)$	0.13	$K(i)/C(i)$	0.25	$K(c)/C(c)$	0.14
$\sum K(e_i)/C(e_i)$	1.109												
$K_c(e_i)$		$K_c(g)$	0.117	$K_c(b)$	0.035	$K_c(e)$	0.387	$K_c(h)$	0.117	$K_c(i)$	0.225	$K_c(c)$	0.126

注：T 表示原始演化过程中故障模式的传递概率；$T(e_i)$ 表示去掉事件后演化过程中故障模式的传递概率。

对综合重要性进行分析，$e>i>c>h=g>b$。综合考虑重要性和复杂率，并进行归一化得到各事件重要性。例中的复杂率变化不大，导致其排序与重要性相同，但实际数值与重要性有所区别。复杂率大于 1 表示使故障更难发生，有利于控制。因此，复杂率大于 1 的事件的综合重要度减小；相反，复杂率小于 1 的事件的综合重要度增加。

使用系统科学思想配合 SFN 结构化表示方法，研究 SFEP 中各事件特征(包括重要性)是可行的。

5.3　系统故障发生潜在可能性

为了在 SFEP 中基于系统故障事件累积数据信息，获得当一些事件发生后对系统最终故障发生的影响，本节提出一种基于 SFN 的系统故障发生潜在可能性分析方法。该方法的特点是基于系统运行期间发生各类事件及事件间关系，建立事件关系数据库并绘制 SFN。当某种工况下已发生一些事件后，根据这些事件的因果逻辑关系和传递概率，得到这些事件能否引起系统故障、故障模式及发生的可能性。

5.3.1　故障发生潜在可能性分析方法

在 SFEP 中，同一个结果可能由众多原因导致，即使完全不同的两个演化过程也可能导致同一个结果。基于前期研究，可以使用 SFN 分析得到 SFEP 中目标故障事件(与最终事件区别在于目标故障事件可以是 SFN 中任意关心的故障事件)的全部演化过程，这些演化过程使用故障模式的概念表示。这些故障模式都能导致目标故障事件发生，只是这些故障模式经历的过程、复杂程度和发生可能性不同。下面给出基于 SFN 故障模式的故障发生潜在可能性分析方法。

(1) 确定存在的事件 e、逻辑关系 r 和传递概率 tp，形成事件集合 $E=\{e_i\,|\,i=1,2,\cdots,I\}$、关系 $R=\{r_j\,|\,j=1,2,\cdots,J\}$ 和传递概率 $TP=\{tp_k\,|\,k=1,2,\cdots,K\}$，其中 I 为事件总数，J 为关系总数，K 为传递概率总数。

在 SFEP 中，根据实际情况寻找故障演化过程中重要的节点事件。确定事件后寻找这些事件之间的逻辑关系。例如，两个事件同时发生导致下一事件发生，则是"与"关系；两个事件之一发生导致下一事件发生，则是"或"关系。在 SFEP 中这样的逻辑关系有很多，可参考何华灿提出的 20 种柔性逻辑关系[10,11]和第 3 章内容。另外，还有逻辑关系是最简单的传递关系，即原因事件导致结果事件。这里仅以传递、"与""或"关系为例，分别将其表示为"→""·""+"表示，$R=\{\rightarrow,\cdot,+\}$。

传递概率的确定方法有很多，它表示原因事件导致结果事件的可能性和存在性。通常情况下，"不导致"为0%，"完全导致"为100%。具体可通过实际故障发生次数与两事件同时出现的次数的比值来确定；也可通过系统工程方法分析确定，视实际情况加以选择。

(2) 根据 E、R 和 TP 建立事件关系库(event relational database，ERD)。事件关系库的每一条记录代表一个完整的事件关系，其形式为 $erd = r(ces, tp, re) \in ERD$，$ces \in E$，$re \in E$，$tp \in TP$，$r \in R$。ce 代表关系中的原因事件(可以是多个原因事件 ces)；re 代表关系中的结果事件；tp 代表传递概率；r 代表逻辑关系。关系库形式如表 5.4 所示。

表5.4 事件关系库形式

编号	原因事件	结果事件	关系	关系式
1	e_6，e_7	e_{10}	或(+)	$e_{10} = e_6 p_9 + e_7 p_{10}$

(3) 根据实际某工况确定已存在的事件 e_n，组成存在事件集合 $AE = \{e_n \mid n = 1, 2, \cdots, N\}$。

已存在事件是根据实际情况确定的，这里指建立事件关系库之后，某一次场景中已存在事件的集合。根据已有事件，分析 SFEP 的目标故障事件发生的可能性。

(4) 确定系统运行过程中目标故障事件，第 m 个目标故障事件表示为 tfe_m，组成目标故障事件集合 $TFE = \{tfe_m \mid m = 1, 2, \cdots, M\}$，$tfe_m \in E$，$TF \subset E$。

目标故障事件是在 SFEP 中必须关注的、引起直接损失的事件，也是该系统需要分析的故障事件。它们是 SFEP 的重点控制对象，是必须控制的事件。目标故障事件并非专指 SFEP 中最后出现的故障事件(最终事件)，而是指演化过程中作为分析目标的事件，类似故障树的顶事件。这里目标故障事件也可以是过程事件，只要它足够重要。

(5) 使用事件关系库获得目标故障事件的整体发生故障模式。

可使用事件关系库中的关系式，以目标故障事件为核心进行因式分解和化简。所得结果就是关于该目标故障事件的发生模式。同时，可以根据传递概率和边缘事件确定发生该目标故障事件的可能性。该过程可使用 MATLAB 实现。

(6) 根据存在事件集合和目标故障事件确定被激活的关系式，计算目标故障事件的故障发生模式。

将存在事件集合中所有事件在事件关系库中作为结果事件时对应的关系式激活。目标故障事件作为结果事件的关系式总是被激活的。同样，使用 MATLAB，分解化简这些激活的关系式，根据传递概率和边缘事件得到目标故障事件发生模式。

(7) 根据故障模式判断目标故障事件发生的可能性。

故障发生模式是由边缘事件出发经过若干传递概率到达目标故障事件的。如果故障模式中边缘事件 ee 或过程事件 pe 是已经存在的事件，即 ee∈AE 或 pe∈AE，那么目标故障事件存在发生可能。具体发生可能性取决于边缘事件的故障概率分布和所有传递概率的乘积。可能性的计算如式(5.5)所示。方法流程图如图 5.4 所示。

$$
\begin{aligned}
&P(E,R,\text{TP},\text{AE},\text{TFE})\\
&=\begin{cases} r\big((P_{\text{ee}}或P_{\text{pe}})\prod \text{tp}\big), & \text{ee}\in\text{AE},\text{pe}\in\text{AE},\text{tfe}\in\text{TFE},r\in R,\text{ee}\in E,\text{pe}\in E,\text{tp}\in\text{TP}\\ 0, & \text{其他} \end{cases}
\end{aligned}
$$

(5.5)

式中，P_{ee} 和 P_{pe} 分别表示边缘事件和过程事件的发生概率。

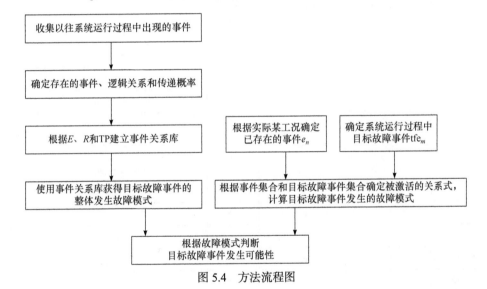

图 5.4 方法流程图

5.3.2 实例分析

设某系统运转过程的历史数据中，共有 17 个事件发生，$E=\{e_1,e_2,e_3,e_4,e_5,e_6,e_7,e_8,e_9,e_{10},e_{11},e_{12},e_{13},e_{14},e_{15},e_{16},e_{17}\}$。事件之间的关系有"与""或"、传递关系三种，$R=\{\cdot,+,\rightarrow\}$。根据事件之间的演化关系，共有 19 个传递概率，$\text{TP}=\{p_1,p_2,p_3,p_4,p_5,p_6,p_7,p_8,p_9,p_{10},p_{11},p_{12},p_{13},p_{14},p_{15},p_{16},p_{17},p_{18},p_{19}\}$。$\text{TFE}=\{e_{15},e_{16},e_{17}\}$。该 SFEP 如图 5.5 所示。根据图 5.5 建立事件关系库，见表 5.5。

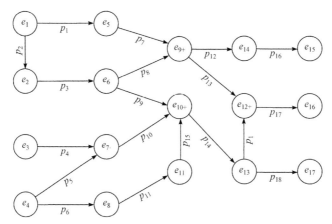

图 5.5　SFEP 图

表 5.5　实例事件关系库

编号	原因事件	结果事件	关系	关系式
1	e_1	e_2	→	$e_2 = e_1 p_2$
2	e_4	e_8	→	$e_8 = e_4 p_6$
3	e_3, e_4	e_7	·	$e_7 = e_3 p_4 e_4 p_5$
4	e_2	e_6	→	$e_6 = e_2 p_3$
5	e_1	e_5	→	$e_5 = p_1 e_1$
6	e_8	e_{11}	→	$e_{11} = p_{11} e_8$
7	e_6, e_7, e_{11}	e_{10}	+	$e_{10} = e_6 p_9 + e_7 p_{10} + e_{11} p_{15}$
8	e_5, e_6	e_9	+	$e_9 = e_5 p_7 + e_6 p_8$
9	e_{10}	e_{13}	→	$e_{13} = e_{10} p_{14}$
10	e_9, e_{13}	e_{12}	+	$e_{12} = e_9 p_{13} + p_{18} e_{13}$
11	e_9	e_{14}	→	$e_{14} = p_{12} e_9$
12	e_{14}	e_{15}	→	$e_{15} = p_{16} e_{14}$
13	e_{12}	e_{16}	→	$e_{16} = p_{17} e_{12}$
14	e_{13}	e_{17}	→	$e_{17} = p_{19} e_{13}$

注:"→"表示传递关系;"·"表示"与"关系;"+"表示"或"关系。

　　根据表 5.5 确定的 SFEP,以 e_{15}、e_{16}、e_{17} 作为目标故障事件,进行故障模式分析。e_{15} 的故障模式为 $p_{16}p_{12}e_1p_1p_7 + p_{16}p_{12}e_1p_2p_3p_8$, $\mathrm{FM}_{e15} = \{ p_{16}p_{12}p_1p_7e_1,$
$p_{16}p_{12}p_2p_3p_8e_1 \}$。$e_{16}$ 的故障模式为 $p_{17}p_{13}p_1e_1p_7 + p_{17}p_{13}e_1p_2p_3p_8 + p_{17}p_{18}p_{14}e_1p_2$
$p_3p_9 + p_{17}p_{18}p_{14}e_3p_4e_4p_5p_{10} + p_{17}p_{18}p_{14}p_{11}e_4p_6p_{15}$, $\mathrm{FM}_{e16} = \{ p_{17}p_{13}p_1p_7e_1, p_{17}p_{13}p_2$

$p_3 p_8 e_1, p_{17} p_{18} p_{14} p_2 p_3 p_9 e_1, p_{17} p_{18} p_{14} e_3 p_4 p_5 p_{10} e_4, p_{17} p_{18} p_{14} p_{11} p_6 p_{15} e_4\}$。$e_{17}$ 的故障模式为 $p_{19} p_{14} e_1 p_2 p_3 p_9 + p_{19} p_{14} e_3 p_4 e_4 p_5 p_{10} + p_{19} p_{14} p_{11} e_4 p_6 p_{15}$，$\mathrm{FM}_{e17} = \{p_{19} p_{14} p_2 p_3 p_9$ $e_1, p_{19} p_{14} p_4 e_4 p_5 p_{10} e_3, p_{19} p_{14} p_{11} p_6 p_{15} e_4\}$。由于这三个目标故障事件的各个故障模式都包含边缘事件 (e_1, e_3, e_4)，它们都是完整的故障模式。这些故障模式每个都是一种故障发生方式，是一种可能性，只是具体概率不同。

在某一次调查中，如果系统运行过程中已存在事件 e_1、e_5、e_9 和 e_{14}，即 $\mathrm{AE} = \{e_1, e_5, e_9, e_{14}\}$，那么 TFE 中各目标故障事件发生模式为 $\mathrm{FM}_{e15} = \{p_{16} p_{12} p_1$ $p_7 e_1, p_{16} p_{12} p_8 e_6\}$、$\mathrm{FM}_{e16} = \{p_{17} e_{12}\}$、$\mathrm{FM}_{e17} = \{p_{19} e_{13}\}$。其中，各故障模式中，边缘事件有 e_1，过程事件有 e_6、e_{12}、e_{13}，且 $e_6, e_{12}, e_{13} \notin \mathrm{AE}$，因此 FM_{e16} 和 FM_{e17} 都不发生，只有 FM_{e15} 中的 $p_{16} p_{12} p_1 p_7 e_1$ 可能发生。根据式(5.2)，其发生概率为 $p_{e1} p_{16} p_{12} p_1 p_7$。$p_{e1}$ 可以使用 SFT 的故障概率空间分布代替。综上所述，在 SFEP 中该工况下，已有事件 e_1、e_5、e_9 和 e_{14}，那么有可能发生故障 e_{15}，但不可能发生 e_{16} 和 e_{17}。

又如，某次 SFEP 中，$\mathrm{AE} = \{e_8, e_4, e_{10}, e_{13}\}$ 存在，那么 TFE 中各目标故障事件发生模式为 $\mathrm{FM}_{e15} = \{p_{16} e_{14}\}$、$\mathrm{FM}_{e16} = \{p_{17} e_{12}\}$、$\mathrm{FM}_{e17} = \{p_{19} p_{14} p_9 e_6, p_{19} p_{14} p_{10} e_7, p_{19} p_{14} p_{15} e_{11}\}$。这些故障模式需要 e_{14}、e_{12}、e_6、e_7、e_{11} 才能发生，但这些事件均未出现 $(e_{14}, e_{12}, e_6, e_7, e_{11} \notin \mathrm{AE})$。因此，这些故障模式均不发生，使得最终不发生 $\mathrm{TFE} = \{e_{15}, e_{16}, e_{17}\}$。

使用该方法可以了解，在 SFEP 中，某一工况下当一些事件已出现时目标故障事件发生的可能性。该方法适合大规模故障演化网络。因为各事件之间关系式可以简单地表示为在某种逻辑情况下原因事件→传递概率→结果事件组成的关系，且只经历一次传递，不需要分析更大范围传递多次的情况，适合计算机处理和智能故障模式挖掘。本书在 SFEP 具有累积信息的情况下，分析已出现事件可能导致最终故障的可能性，为故障信息分析提供有益方法，同时发展 SFN 理论。

另外，可从多因素影响故障发生潜在可能性角度进行分析。利用各因素对各事件发生的可能性进行研究，形成特征函数，进一步叠加形成事件的故障概率分布，从而得到目标故障事件在不同因素情况下的潜在发生可能性。进一步，可使用 SFT 相关方法分析潜在可能性的发生趋势、各因素对可能性的影响程度，以及各因素与潜在可能性的逻辑关系等诸多研究方向。这部分研究在 SFT 理论中已有成熟算法和说明，这里不再论述，请参见文献[5]、[12]～[25]。

5.4　最终事件故障概率分布

为研究 SFN 中故障模式的最终事件故障概率分布(fault probability distribution

of target event，TEFPD)，在不同情况下确定分布特征，本节提出不同情况下的最终事件故障概率分布确定方法。研究对象为单元故障演化过程和全事件诱发+最终事件过程两种。根据原因事件和结果事件的关系，分析方法分为比较形式方法和继承形式方法。根据故障模式中事件存在性，故障概率分布处理方式分为最大值方法和平均值方法。考虑多因素影响，将事件故障概率分布引入分析中，得到各种情况下的最终事件故障概率分布。通过一个简单故障模式得到最终事件故障概率分布，最终总结各种方式得到的最终事件故障概率分布的特征显著程度[26]。

5.4.1　单元故障演化与全事件诱发故障演化

SFN 中几种故障演化过程的定义见第 2 章。

单元故障演化过程是 SFEP 的基础。由定义可知，事件之间"与"关系，即为所有事件发生，与经典故障树的割集意义相同。当单元故障演化过程的事件都发生时最终结果事件发生，这与故障模式的定义相同。可以说 SFEP 是众多单元故障演化过程的交织，在 SFN 中是众多故障模式的交织。在一个故障模式中，由于演化开始事件不同，每个开始事件(边缘事件和过程事件)到最终事件都是一个单元故障演化过程。

全事件诱发的故障演化过程可看作单元故障演化过程的叠加。条件为故障演化过程中的所有边缘事件和过程事件均作为发起故障过程的边缘事件，是所有故障演化过程最终事件的最大发生概率计算方法。其故障过程除最终事件外都作为故障的发起事件，同时考虑边缘事件及过程事件导致最终事件发生情况。将所有边缘和过程事件都作为边缘事件，计算演化过程的最终事件故障概率，并将其求和得到全事件诱发的故障演化过程的最终事件故障概率分布。

考虑多因素影响，研究故障模式的最终事件故障概率分布。对于一个故障模式，单元故障演化过程从边缘事件到最终事件，由于经历的事件和传递概率最多，得到的最终事件故障概率分布数值最小。另外一种情况，全事件诱发是将边缘事件和过程事件都作为边缘事件，得到多个最终事件故障概率分布后累加，因此这种情况分布数值最大。这里将最终事件发生也加入其中，将全事件诱发改为全事件诱发+最终事件模式，研究最终事件故障概率分布。

图 5.6(a)是一个简单的 SFEP。图 5.6(b)～(e)是单元故障演化过程。从图 5.6(a)考虑，v_5 和 v_6 是边缘事件。将 v_1 作为最终事件，那么其中一个单元故障演化过程是图 5.6(b)。v_4、v_1 和 v_2 是过程事件。边缘事件 v_5～v_1 最终事件及过程事件组成了一个故障模式。v_5 通过过程事件 v_4、v_3 和 v_2 导致最终事件 v_1 发生。v_4、v_3 和 v_2 也可作为边缘事件导致最终事件发生，如图 5.6(c)、(d)和(e)所示。最终事件 v_1 发生概率的贡献来源于 v_5、v_4、v_3、v_2 和 v_1 自身。各事件都有自身的故障概率(使用故障概率分布表示)，是事件固有特征；而故障的发生来源于其原因事

件诱发(传递的，非自身特征)。综合所有边缘事件和过程事件导致最终事件的可能性，构成全事件诱发的最终事件演化过程。考虑最终事件发生概率，全事件诱发 + 最终事件情况下最终事件故障概率分布为 $v_5 \rightarrow v_{4\cdot} \rightarrow v_3 \rightarrow v_{2+} \rightarrow v_{1+} + v_{4\cdot} \rightarrow v_3 \rightarrow v_{2+} \rightarrow v_{1+} + v_3 \rightarrow v_{2+} \rightarrow v_{1+} + v_{2+} \rightarrow v_{1+} + v_{1+}$ 的叠加。

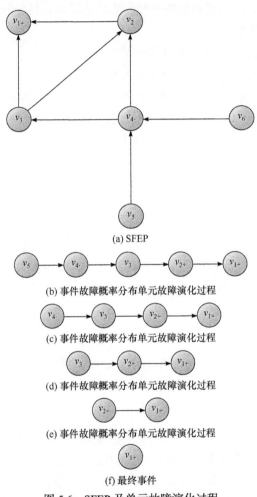

(a) SFEP

(b) 事件故障概率分布单元故障演化过程

(c) 事件故障概率分布单元故障演化过程

(d) 事件故障概率分布单元故障演化过程

(e) 事件故障概率分布单元故障演化过程

(f) 最终事件

图 5.6　SFEP 及单元故障演化过程

5.4.2　两种最终事件故障概率分布

为简化方法流程，将上述单元故障演化过程中的逻辑关系去掉，即 $v_5 \rightarrow v_4 \rightarrow v_3 \rightarrow v_2 \rightarrow v_1$，相应的全事件诱发 + 最终事件故障概率分布为 $v_5 \rightarrow v_4 \rightarrow v_3 \rightarrow v_2 \rightarrow v_1$、$v_4 \rightarrow v_3 \rightarrow v_2 \rightarrow v_1$、$v_3 \rightarrow v_2 \rightarrow v_1$、$v_2 \rightarrow v_1$、$v_1$。这五个过程可理解为五种导致 v_1 的故障模式。研究单元故障演化过程和全事件诱发+最终事件两种情况

下的故障模式中最终事件故障概率分布。

定义 5.7 比较形式方法：考虑原因事件故障概率分布 q_{ce} 和原因事件导致结果事件的传递概率 p，若在某一环境条件下 q_{ce} 和 p 的积大于结果事件故障概率分布 q_{re}，则保留 q_{re}，否则保留 $q_{ce}p$。进一步，将结果事件作为原因事件，继续寻找它的结果事件，直至找到最终事件。单元故障演化过程的最终事件故障概率分布计算如式(5.6)所示。

$$\begin{cases} TP = \{p_1, p_2, \cdots, p_i, \cdots, p_I\}, \quad i = 1, 2, \cdots, I \\ FM = \{v_1, v_2, \cdots, v_m, \cdots, v_M\}, \quad m = 1, 2, \cdots, M \\ q_m(x_1, x_2, \cdots, x_n) = q_{m-1}(x_1, x_2, \cdots, x_n), \quad q_{m-1}(x_1, x_2, \cdots, x_n)p_i > q_m(x_1, x_2, \cdots, x_n) \\ q_m(x_1, x_2, \cdots, x_n) = q_{m-1}(x_1, x_2, \cdots, x_n)p_i, \quad q_{m-1}(x_1, x_2, \cdots, x_n)p_i < q_m(x_1, x_2, \cdots, x_n) \\ q_{m \to M}(x_1, x_2, \cdots, x_n) = q_{M=m}(x_1, x_2, \cdots, x_n) \end{cases}$$

$$(5.6)$$

式中，TP 表示传递概率集合；p_i 表示传递概率，共 I 个；FM 表示故障模式，是事件的偏序集；v_m 表示故障模式中一个事件，共 M 个；$x_1, x_2, \cdots, x_n$ 表示 n 个影响因素；q_{m-1} 表示原因事件故障概率分布 q_{ce}；q_m 表示结果事件故障概率分布 q_{re}；$q_{M=m}$ 表示 TEFPD；$q_{m \to M}$ 表示从 m 到 M 的故障模式发生概率分布。

将故障模式中各单元故障演化过程的最终事件故障概率分布和最终事件自身的故障概率分布相加，得到全事件诱发+最终事件的最终事件故障概率分布，如式(5.7)所示。

$$all - q_M(x_1, x_2, \cdots, x_n)$$

$$= \begin{cases} \sum_m^M q_{m \to M}(x_1, x_2, \cdots, x_n), \text{ if } \forall q_M(x_1, x_2, \cdots, x_n) > 1 \text{ then } \forall q_M(x_1, x_2, \cdots, x_n) = 1 \\ \left(\sum_m^M q_{m \to M}(x_1, x_2, \cdots, x_n) \right) / (M - m + 1) \end{cases}$$

$$(5.7)$$

式中，$all - q_M(x_1, x_2, \cdots, x_n)$ 表示全事件诱发+最终事件的最终事件故障概率分布。

由于最终事件故障概率分布数值在[0,1]区间，式(5.7)有可能大于 1，这种情况可使用两种方式进行处理。①最大值方法：将全事件诱发+最终事件的故障演化过程看作整体，叠加后在最终事件故障概率分布中大于 1 的部分设置为 1。该方法主要用于故障模式中所有事件同时存在的情况。②平均值方法：将全事件诱发+最终事件的故障演化过程的所有故障模式分离开来，求所有模式发生可能性的平均值。该方法主要用于故障模式所有事件中只有其中之一存在的情况。两种方式分别对应式(5.7)的上下两式。

定义 5.8 继承形式方法：考虑结果事件故障概率分布 q_{re}，其是在原因事件发生且经过传递概率条件下发生的。因此，在原因事件和传递概率作用下确定结果事件发生概率分布；同时，考虑原因事件故障概率分布 q_{re}、传递概率 p 和结果事件自身故障概率分布特点，即 $q_{ce}pq_{re}$。进一步，将结果事件作为原因事件，继续寻找他的结果事件，直至找到最终事件。单元故障演化过程的最终事件故障概率分布计算如式(5.8)所示。

$$q_{m \to M}(x_1, x_2, \cdots, x_n) = \prod_m^M q_m(x_1, x_2, \cdots, x_n) \prod_i^I p_i \tag{5.8}$$

将各单元故障演化过程的最终事件故障概率分布和最终事件自身故障概率分布相加，得到全事件诱发+最终事件的最终事件故障概率分布，如式(5.9)所示。

$$
\begin{aligned}
\text{all} - q_m(x_1, x_2, \cdots, x_n) &= \sum_m^M q_{m \to M}(x_1, x_2, \cdots, x_n) \\
&= \begin{cases}
\sum_m^M \left(\prod_m^M q_m(x_1, x_2, \cdots, x_n) \prod_i^I p_i \right), \\
\text{if } \text{all} - q_M(x_1, x_2, \cdots, x_n) > 1 \text{ then } \text{all} - q_M(x_1, x_2, \cdots, x_n) = 1 \\
\left(\sum_m^M \left[\prod_m^M q_m(x_1, x_2, \cdots, x_n) \prod_i^I p_i \right] \right) / (M - m + 1)
\end{cases}
\end{aligned}
$$

$$\tag{5.9}$$

与式(5.7)相同，式(5.9)也有两种处理方法使最终事件故障概率分布数值在[0,1]且含义相同。

5.4.3　实例分析

以图 5.6(b)单元故障演化过程为例，为了简化方法，同时突出方法本身，将该过程中各事件逻辑关系去掉，即将 v_5 ⟶^{P_1} v_4 ⟶^{P_2} v_3 ⟶^{P_3} v_2 ⟶^{P_4} v_1 作为研究对象。在单元故障演化过程中传递概率由左至右，传递概率集合 $P = 0.9$，故障模式集合 $FM = \{v_5, v_4, v_3, v_2, v_1\}$。在文献[17]提供的电气系统中，选择五个元件组成该单元故障演化过程，它们关于使用时间和使用温度的故障概率分布如图 5.7 所示。

图 5.7 给出各元件发生故障事件的概率分布情况。使用时间是[0 天,100 天]，使用温度是[0℃,50℃]。这些图代表不同元件在不同使用时间和使用温度下的故障发生概率。图中对周期变化代表元件进行了更换，使故障率显著降低。

这里使用比较形式方法，研究该单元故障演化过程，设 $TP = \{p_1, p_2, p_3, p_4\} = 0.9$，得到 v_5 的最终事件故障概率分布变化过程，如图 5.8 所示。同样，设 $TP = \{p_1, p_2, p_3, p_4\} = 0.5$，得到 v_5 的最终事件故障概率分布变化过程，如图 5.9 所示。

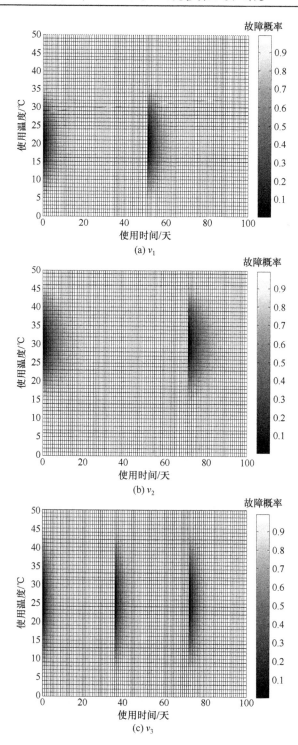

(a) v_1

(b) v_2

(c) v_3

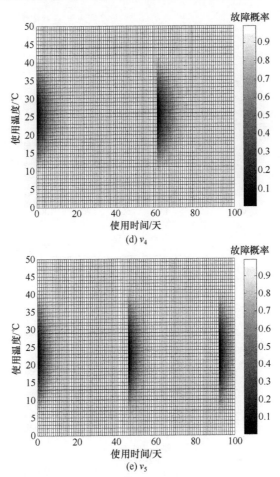

(d) v_4

(e) v_5

图 5.7 五个元件的故障概率分布

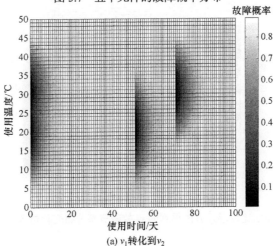

(a) v_1 转化到 v_2

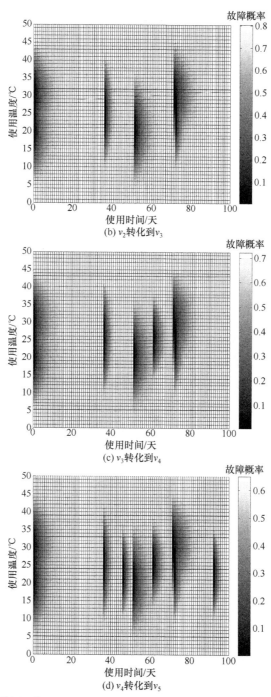

图 5.8　使用比较形式方法得到的 v_5 故障概率分布变化过程，TP = 0.9

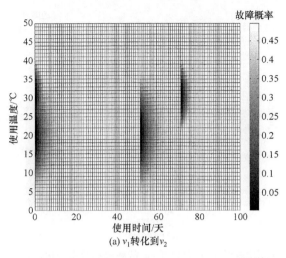

(a) v_1转化到v_2

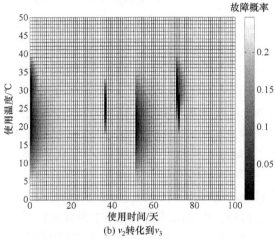

(b) v_2转化到v_3

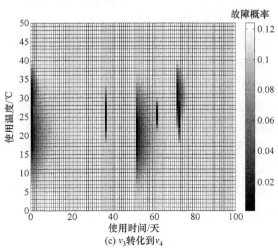

(c) v_3转化到v_4

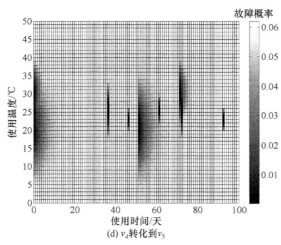

图 5.9　使用比较形式方法得到的 v_5 故障概率分布变化过程，TP = 0.5

比较图 5.8 和图 5.9，由于涉及的元件和事件故障概率分布相同，其变化来源于传递概率。图 5.8 和图 5.9 中对应的(a)图和(b)图在分布上区别不大；对应的(c)图和(d)图分布上变化较大。然而，图 5.8 和图 5.9 对应子图中的分布数值变化较大。图 5.8(a)、(b)、(c)和(d)的故障概率最大值分别约为 0.9、0.8、0.72、0.65。图 5.9(a)、(b)、(c)和(d)的故障概率最大值分别约为 0.49、0.24、0.123、0.063。可见，使用比较法得到的最终事件故障概率分布受传递概率影响较大。这符合实际情况，而且实际元件故障概率一般在 10^{-5} 数量级，因此发生故障的可能性非常小。

图 5.10 给出了全事件诱发+最终事件的最终事件故障概率分布。使用最大值方法得到的最终事件故障概率分布特征较差，利用平均方法得到的最终事件故障概率分布特征较好。另外，当故障模式中有多个事件存在时，最终事件发生可能性迅速提高，可能达到必然发生的程度。当故障模式中有多个事件之一存在时，最终事件发生可能性的分布更具特征性。

使用继承形式方法，研究该单元故障演化过程，设 $\text{TP} = \{p_1, p_2, p_3, p_4\} = 0.9$，得到 v_5 的最终事件故障概率分布变化过程，如图 5.11 所示。

将图 5.10 与图 5.8 做比较，$\text{TP} = 0.9$。图 5.8 中，随着传递的继续，故障概率较低部分逐渐增多；图 5.10 中，随着传递的继续，故障概率较低部分逐渐减少。两图中对应的子图故障概率最大值基本相同。

图 5.12 给出了继承形式的全事件诱发+最终事件的最终事件故障概率分布，$\text{TP} = 0.9$。图 5.12(a)是最大值法得到的最终事件故障概率分布，可体现一部分故障概率变化特征；图 5.12(b)是平均值法得到的最终事件故障概率分布，体现了完整的故障概率变化特征。

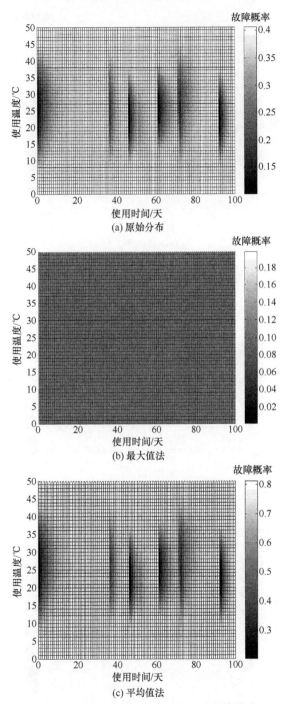

图 5.10　比较形式的全事件诱发+最终事件故障概率分布，TP = 0.9

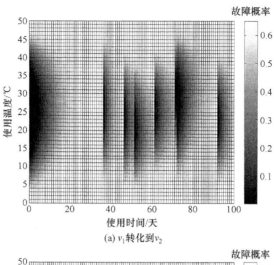

(a) v_1转化到v_2

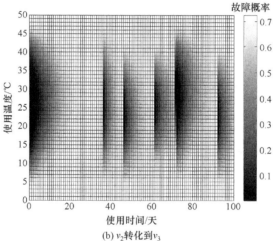

(b) v_2转化到v_3

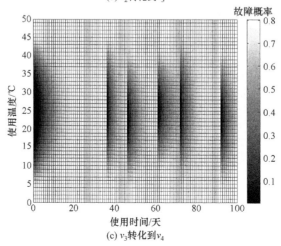

(c) v_3转化到v_4

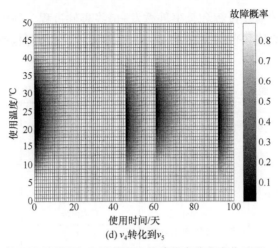

(d) v_4转化到v_5

图 5.11　使用继承形式方法得到的v_5故障概率分布变化过程，TP = 0.9

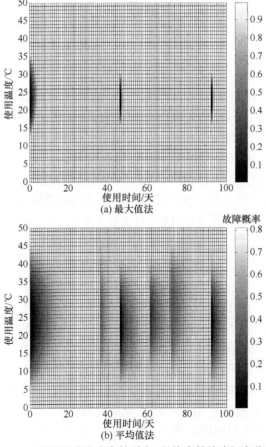

(a) 最大值法

(b) 平均值法

图 5.12　继承形式的全事件诱发+最终事件故障概率分布

　　针对单元故障演化过程和全事件诱发+最终事件过程、利用比较法和继承法分析、利用最大值法和平均值法处理，得到的最终事件故障概率分布特征显著程度如表 5.6 所示。

表 5.6　利用各种方法得到的 TEFPD 特征显著程度

演化形式	分析方法	处理方法	分布特征显著程度
单元故障演化过程 最终事件故障概率最小	比较法 考虑结果事件的限制	最大值法 多个事件同时存在	6
		平均值法 多个事件其中之一存在	5
	继承法 考虑原因事件的条件	最大值法	8(最差)
		平均值法	7
全事件诱发+最终事件过程 最终事件故障概率最大	比较法	最大值法	2
		平均值法	1(最优)
	继承法	最大值法	4
		平均值法	3

　　表 5.6 总结了各种情况下得到的最终事件故障概率分布特征显著程度。这只是通常情况下的分析结果。针对具体情况应该具体分析，如故障模式中有多个事件同时发生，因此只能用最大值法。如果使用平均值法得到的最终事件故障概率分布特征显著程度小得多，则不符合实际情况。

　　另外，当故障模式中事件考虑"与""或"逻辑关系时，可添加关系事件。关系事件等同于普通事件，但只表示其原因事件之间的逻辑关系，与普通事件的处理方法相同，具体方法详见文献[1]～[4]或第 3 章。

5.5　本 章 小 结

　　(1) 基于 SFN 的结构化表示方法和随机网络思想，研究了 SFEP 中各种故障模式发生的次数和可能性。论述了 SFEP 的意义，给出了故障模式的作用。基于 SFN 结构化表示方法和随机网络思想提出了确定故障模式发生可能性的方法及其分析步骤。研究过程表明，将 SFN 表示为 CEREII，并确定传递概率的情况下，可得到 SFEP 中各故障模式的发生可能性。这是一种相对简便的方法，为后继研究奠定了基础，同时发展了 SFN 的结构化研究理论。

　　(2) 根据系统科学对网络中节点重要性分析思想，配合 SFN 及其结构表示方法，提出了 SFEP 中事件重要性分析方法。该方法可用四个指标衡量事件的重要性，包括致障率、复杂率、重要性和综合重要性。分别从故障模式数量变化、故障模式复杂性变化、故障模式数量占比和综合角度研究了抑制某事件对 SFEP 和故障模式的影响程度。通过实例进行研究，结果表明，各事件致障率和复杂率排序变化较大。重要性与致障率排序相同，但意义和数值不同。综合重要性由于复杂率变化较小，与重要性排序相同。这些衡量指标可从不同侧面衡量 SFEP 中各事件对演化过程的影响，丰富了 SFN 事件重要性分析方法，也为后期基于系统思想进行进一步研究奠定了基础。

(3) 提出了一种基于 SFN 研究 SFEP 中故障发生潜在可能性的分析方法。方法数据基础为系统运行过程中发生的事件及其逻辑关系建立背景信息库。在此基础上使用 SFN 相关方法，分析在某种工况中已发生一些事件的情况下，获得系统目标故障事件潜在的发生可能性。建立了分析方法，给出了方法的步骤和基本概念。实例说明，在收集了一定的事件发生实例后，可确定一些事件发生后系统发生各类故障的故障模式和这些模式发生的潜在可能性。该方法使用关系数据库形式存储故障数据，适合计算机智能处理，可为故障数据的智能分析提供一种有效方法。

(4) 研究了最终事件故障概率分布。①研究对象分为单元故障演化过程和全事件诱发+最终事件过程两种。单元故障演化过程是从边缘事件出发到最终事件的过程，是最终事件故障概率分布的最小值。全事件诱发+最终事件过程将边缘事件、过程事件和最终事件自身都作为最终事件发生的原因，因此得到的最终事件故障概率分布是最大值。②分析方法分为比较形式方法和继承形式方法。比较形式方法同时考虑原因事件和传递概率与结果事件概率的比较关系，确定最终事件故障概率分布。继承形式方法将原因事件和传递概率作为条件，确定结果事件概率，进而确定最终事件故障概率分布。③故障概率分布处理方式分为最大值方法和平均值方法。最大值法适合故障模式中多个事件同时存在的情况；平均值法适合多个事件之一存在的情况。④总结了单元故障演化过程和全事件诱发+最终事件过程、比较法和继承法、最大值法和平均值法的使用特征，并得到各种最终事件故障概率分布特征显著程度。

参 考 文 献

[1] 崔铁军, 李莎莎. 空间故障树与空间故障网络理论综述[J]. 安全与环境学报, 2019, 19(2): 399-405.

[2] 崔铁军, 汪培庄. 空间故障树与因素空间融合的智能可靠性分析方法[J]. 智能系统学报, 2019, 14(5): 853-864.

[3] Cui T J, Li S S. Research on basic theory of space fault network and system fault evolution process [J]. Neural Computing and Applications, 2020, 32(6): 1725-1744.

[4] 崔铁军, 李莎莎, 朱宝岩. 含有单向环的多向环网络结构及其故障概率计算[J]. 中国安全科学学报, 2018, 28(7): 19-24.

[5] 崔铁军, 马云东. 多维空间故障树构建及应用研究[J]. 中国安全科学学报, 2013, 23(4): 32-37.

[6] 姚静. 复杂社会网络节点的重要性分析[D]. 武汉: 武汉工程大学, 2015.

[7] Li S S, Cui T J. Research on analysis method of event importance and fault model in space fault network[J]. Computer Communication, 2020, 159: 289-298.

[8] 李莎莎, 崔铁军. 基于故障模式的 SFN 中事件重要性研究[J]. 计算机应用研究, 2021, 38(2): 444-446, 451.

[9] 何建军. 复杂网络节点重要性评价研究[D]. 长沙: 湖南大学, 2010.

[10] 何华灿. 重新找回人工智能的可解释性[J]. 智能系统学报, 2019, 14(3): 393-412.

[11] 何华灿. 泛逻辑学理论——机制主义人工智能理论的逻辑基础[J]. 智能系统学报, 2018, 13(1): 19-36.

[12] 崔铁军, 马云东. DSFT 的建立及故障概率空间分布的确定[J]. 系统工程理论与实践, 2016, 36(4): 1081-1088.

[13] 崔铁军, 马云东. 离散型空间故障树构建及其性质研究[J]. 系统科学与数学, 2016, 36(10): 1753-1761.

[14] 崔铁军, 马云东. DSFT 中因素投影拟合法的不精确原因分析[J]. 系统工程理论与实践, 2016, 36(5): 1340-1345.

[15] Cui T J, Li S S. Study on the construction and application of discrete space fault tree modified by fuzzy structured element[J]. Cluster Computing, 2019, 22(3): 6563-6577.

[16] 崔铁军, 马云东. DSFT 下模糊结构元特征函数构建及结构元化的意义[J]. 模糊系统与数学, 2016, 30(2): 144-151.

[17] 崔铁军, 马云东. 因素空间的属性圆定义及其在对象分类中的应用[J]. 计算机工程与科学, 2015, 37(11): 2170-2174.

[18] 崔铁军, 马云东. 基于因素空间中属性圆对象分类的相似度研究及应用[J]. 模糊系统与数学, 2015, 29(6): 56-64.

[19] Li S S, Cui T J, Liu J. Study on the construction and application of cloudization space fault tree[J]. Cluster Computing, 2019, 22 (3): 5613-5633.

[20] 崔铁军, 李莎莎, 马云东, 等. SFT 下云化因素重要度和因素联合重要度的实现与认识[J]. 安全与环境学报, 2017, 17(6): 2109-2113.

[21] Cui T J, Wang P Z, Li S S. The function structure analysis theory based on the factor space and space fault tree[J]. Cluster Computing, 2017, 20(2): 1387-1399.

[22] 崔铁军, 李莎莎, 王来贵. 完备与不完备背景关系中蕴含的系统功能结构分析[J]. 计算机科学, 2017, 44(3): 268-273, 306.

[23] 崔铁军, 李莎莎, 王来贵. 基于属性圆的多属性决策云模型构建与可靠性分析应用[J]. 计算机科学, 2017, 44(5): 111-115.

[24] 崔铁军, 李莎莎, 马云东, 等. 不同元件构成系统中元件维修率分布确定[J]. 系统科学与数学, 2017, 37(5): 1309-1318.

[25] 崔铁军, 汪培庄, 马云东. 01SFT 中的系统因素结构反分析方法研究[J]. 系统工程理论与实践, 2016, 36(8): 2152-2160.

[26] 李莎莎, 崔铁军. 基于 SFN 故障模式的最终事件故障概率分布确定方法[J]. 广东工业大学学报, 2020, 37(6): 9-16.

第 6 章　故障文本因果关系提取与转化

SFEP 表示故障产生过程中从原因到结果之间各事件及其逻辑关系。宏观上 SFEP 是众多事件按照一定顺序依次发生形成的；微观上 SFEP 则是事件与事件之间的逻辑关系导致的，这里的逻辑关系主要是因果逻辑关系。

SFN 的主要作用是描述 SFEP 中各事件及其之间的逻辑关系。难度最大的是将 SFEP 转化为 SFN。通常情况下，SFEP 是通过事故调查、现场人员叙述或者专家推断得到的。这些 SFEP 数据是一种非结构的、文本形式的信息。将 SFEP 的文本描述转化为规则化的、具有符号表示特征的模式，以便进一步处理成为关键问题。这涉及信息收集、知识提取、知识表示、知识规则化，进一步涉及安全科学和 SFN 理论等。

已有典型研究包括：张文辉等[1]基于数据挖掘对药物不良反应因果关系进行了研究；舒晓灵等[2]对因果关系-知识发现图谱中的数据挖掘进行了研究；李冰等[3]利用知识地图研究了文本分类方法；潘洋彬[4]基于知识图谱对文本分类算法进行了研究；方欢等[5]提出了一种基于结构因果关系和日志变化挖掘的故障诊断方法；何绯娟等[6]对行为数据中的因果关系进行了挖掘；Qiu 等[7]使用条件随机场演绎了因果关系；佘青山等[8]研究了因果关系的脑电特征提取算法；Hung 等[9]研究了因果关系验证中信息变量的提取；刘现营[10]面向医疗知识进行了提取研究；黄新平[11]对政府网站信息资源多维语义知识融合进行了研究；唐静华[12]基于特征项权重与句子相似度研究了知识元智能提取技术；李悦群等[13]面向领域开源文本研究了因果知识提取方法。

一般情况下，这些文本知识提取方法都具有专业领域特征，难以应用于安全及系统故障分析领域，难以在 SFEP 文本中有效提取因果知识，更难以形成 SFN 所需要的知识规则化形式。针对该问题，本章借鉴文本知识提取的一般方法，专门研究了适合 SFN 的因果关系提取方法，用于研究描述 SFEP 文本的表示和分析。研究可将 SFEP 文本语言描述转化为完整的 SFN 结构，从而为 SFN 的有效构建提供一种方法，同时该方法也适合计算机对符号序列的智能处理。

6.1　SFEP 的六种典型因果关系

SFEP 中主要蕴含事件间的六种因果关系。

(1) 单层传递结构：$A \rightarrow B$，事件 A 导致事件 B。A 代表原因事件，B 代表结果事件，下同。

(2) 多层传递结构：$A \rightarrow B \rightarrow C$，事件 A 导致事件 B，事件 B 导致事件 C。

(3) 归一"与"结构：$A_1 \wedge A_2 \wedge \cdots \rightarrow B$，多个原因事件 A 同时发生，导致结果事件 B。

(4) 归一"或"结构：$A_1 \vee A_2 \vee \cdots \rightarrow B$，多个原因事件 A，至少有一个发生导致结果事件 B。

(5) 分支"与"结构：$A \rightarrow B_1 \wedge B_2 \wedge \cdots$，原因事件 A 发生，同时产生多个结果事件。

(6) 分支"或"结构：$A \rightarrow B_1 \vee B_2 \vee \cdots$，原因事件 A 发生，产生多个结果事件中的一个或多个。

上述关系在 SFN 中的表示如图 6.1 所示。

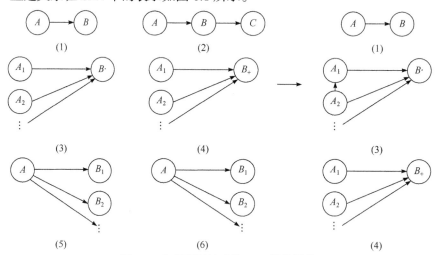

图 6.1　六种逻辑关系的 SFN 转化结构

由图 6.1 左侧可知六种因果关系与 SFN 基本结构的转化情况。

定义 6.1　SFN 基本结构：指由一个或多个原因事件，一跨连接和一个或多个结果事件组成的基本单元，即原因事件到结果事件经过一次连接的结构。

SFN 用于描述 SFEP，对最终事件的分析是按照 SFEP 的逆序关系描述的，即从最终事件开始，按照连接的反方向找到各过程事件，最终找到边缘事件。从该角度出发，图 6.1(1)和(2)两种形式的因果关系对 SFN 的分析是等效的，可归结为图 6.1(1)形式。图 6.1(3)和(4)两种形式对 SFN 分析很重要，由于分析过程是结果事件到原因事件的逆序分析，事件 B 与其原因事件 A 之间的因果关系很重要，因此在事件 B 后标注了事件 A 通过何种逻辑关系导致 B。图 6.1(5)和(6)两种形式对 SFN 分析没有实际意义。因为从事件 B 寻找事件 A 时，对 B 来说 A 总是确定的，不存在多个事件 A 导致事件 B 的情况。综上所述，将 SFEP 表示为 SFN 时，这六种因果关系形式都有可能出现，重要度相同。但是在分析 SFN 时，只有图 6.1(1)、(3) 和 (4) 因果结构发挥作用。图 6.1(2)、(5) 和 (6) 三种因果结构都可归结为图 6.1(1) 因果结构进行研究。因此，SFN 表示 SFEP 时使用图 6.1 左侧六种结构，而分析 i 时只需使用图 6.1 右侧三种结构。当然，这里不考虑单向环结构。

6.2　因果关系与基本结构转化流程

一般情况下 SFEP 使用语言描述的文本，如何将这些描述文本转化成可用于 SFEP 分析的 SFN 是关键问题。SFN 中包括事件和连接及其逻辑关系。事件主要包括原因事件和结果事件，或分为边缘事件、过程事件和最终事件，所涉及的原因事件和结果事件逻辑关系主要是 "与" "或" 关系(实际上存在 20 种这样的关系[14,15])。那么在 SFEP 中提取这些信息，首先要对 SFEP 语言论述进行因果关系组划分；其次是确定关键词；最后是确定常用的因果关系组模式。

定义 6.2　因果关系组：划分 SFEP 的描述文本后，每一个因果关系划分表达一个完整的因果关系描述，称为因果关系组(文本中以 "。" 号分解最为简单)，因果关系组也是因果关系分析的最基本单元。

定义 6.3　因果关系组模式：利用关键字将一个因果关系组中的词汇符号化，形成可表示原因关系组中因果关系的符号序列。因果关系组模式是一类因果关系的抽象，是因果关系组表示为符号序列的模板。来源于实际 SFEP 的多个因果关系组可能对应一个因果关系组模式。

使用知识提取方法，将 SFEP 的描述文本转化为 SFN 基本结构可分为三个阶段，如图 6.2 所示，包括模型研究、模型学习和实例分析。

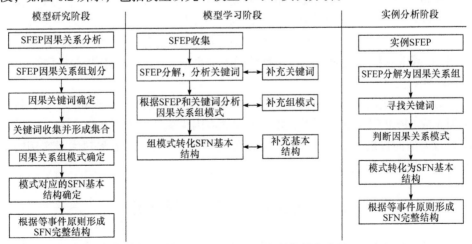

图 6.2　因果关系与 SFN 基本结构转化流程

　　模型研究阶段主要是建立模型，通过 SFEP 因果关系分析，将 SFEP 的描述文本进行因果关系分解，从而对文本进行划分。划分后每一个因果关系划分表达一个完整的因果关系描述，即因果关系组，因果关系组也是因果关系分析的最基本单元。在各个因果关系组转化为 SFN 基本结构后，可根据因果关系组之间的相同事件叠加形成完整的 SFN 网络，最终完成 SFEP 到 SFN 的转化。

　　确定因果关系组后，对组内各部分进行分析，主要包括原因事件、结果事件及逻辑关系。可将文本抽象为连接词、原因词、结果词、原因部分、结果部分、标点符号、其他类型短语等，称为关键词。在 SFEP 描述中这些词都有具体的词汇，可在模型学习过程中累积，逐渐形成这些关键词对应的词汇集合，以便丰富文本因果关系分析能力。

　　根据因果关系组和得到的关键词集合，研究因果关系组的基本模式。由于已事先获得关键字，将因果关系组中的文本描述进行替换，可得到为数不多的因果关系组模式。每种模式都代表一类因果关系描述类型的语句。该过程在模型学习阶段得到补充。

　　在 6.1 节已提到 SFN 表示 SFEP 使用六种结构，而分析过程只需其中三种结构，根据组模式转化为 SFN 的对应结构。

　　关键词中的原因词和结果词引导的原因部分和结果部分将成为 SFN 的节点对应事件。连接词代表原因部分或结果部分之间的逻辑"与""或"关系，将成为 SFN 的连接和逻辑关系。其他类型短语一般成为原因和结果事件的一部分。最后得到的所有 SFN 基本结构都只传递了一次，那么其中必定有事件既作为原因又作为结果，因此根据事件是否相同将所有 SFN 基本结构叠加，形成 SFEP 文本描述转化的完整 SFN 结构。

　　模型学习阶段主要是关键词和因果关系模式的补充。在已分析的 SFEP 文本中，可以获得一些关键词对应的词汇，也可确定因果关系模式。然而，关键词在语言中千变万化，一个关键词可以有很多词汇表示，需要在实践中学习和丰富。同理，因果关系模式代表了一句完整的因果关系描述，这些描述的结构千变万化，也需不断补充。

　　对于一个实例 SFEP 分析，如果其关键词和关系模式都是已知的，那么将会顺利完成 SFEP 到 SFN 的转化。如果关键词或因果关系模式不在集合中，非已知，那么对模型而言是个学习过程，以丰富关键词和关系模式。在经过大量实例的学习后，方法将达到成熟。

6.3　关键词提取及规则确定

　　为便于形成形式化表示结构，结合文献[1]~[13]和 SFEP 的特点，制定如下定义[16]。

定义 6.4　关键词(key words，KW)：用于代表 SFEP 文本描述中，可进行形式化抽取和同类词汇表示，关键词是由表示相同含义的词汇组成的集合，由关键词组成的集合称为关键词组(key words set，KWS)。

关键词是一类文本词汇的统一标识，用于在 SFEP 中因果关系组的抽象和形式化。将因果关系组代表的文本转化为因果关系组模式的符号序列。关键词包括连接词 1、连接词 2、原因词、结果词、原因部分、结果部分、其他关键词和符号部分。

定义 6.5　连接词 1(link word 1，LW1)：用于表示 SFEP 中，归一和分支结构的"与"关系，即多个原因事件同时发生导致结果事件，一个原因事件同时导致多个结果事件。LW1 = {并且,且,而且,切,以及,加之,···}，这些词汇表示两事件并列及同时的"与"关系。

定义 6.6　连接词 2(link word 2，LW2)：用于表示 SFEP 中，归一和分支结构的"或"关系，即多个原因事件之一发生导致结果事件，一个原因事件导致一个或多个结果事件。LW2 = {或者,或,要不,之一,都,···}，这些词汇表示两事件之一发生导致结果发生的关系，"或"导致可能的两个结果事件之一。

定义 6.7　原因词(cause words，CW)：用于表示 SFEP 中引导原因事件的词汇。CW = {由于,因为,当,···}，这些词汇用于引导原因事件，也是原因事件确定的标志。

定义 6.8　结果词(result words，RW)：用于表示 SFEP 中引导结果事件的词汇。RW = {所以,因此,因而,于是,···}，这些词汇用于引导结果事件，也是结果事件确定的标志。

定义 6.9　原因部分(cause part，CP)：用于表示 SFEP 中原因事件的描述。原因部分用于表示原因事件，可以是复杂的句式或短语等。

定义 6.10　结果部分(Result part，RP)：用于表示 SFEP 中结果事件的描述。结果部分用于表示结果事件，可以是复杂的句式或短语等。

其他关键词(other KW)包括动词性短语(verb phrase，VP)、名词性偏正短语(nominal partial phrases，NPP)、主语词(subject word，SW)。也可能存在其他类型的关键词，但这些关键词在因果关系组模式分析时不是必要的，或者出现概率很小，因此均归于其他关键词。这些词即可作为原因部分也可作为结果部分。

定义 6.11　标点符号(punctuation，Pun)：表示在 SFEP 中文本间的标点符号。标点符号可以判断事件间的因果关系，也用于因果关系组的划分，Pun = {,,;,、,···}。

因此，KWS = {LW1, LW2, CW, RW, CP, RP, other KW, Pun}，这些词汇是在模型学习和实例分析过程中不断补充和丰富的。

根据文献[1]～[13]给出的因果知识提取规则，结合 SFEP 特点，给出六种常

见因果关系组模式的表达形式。由于组模式是个符号序列，为澄清关键词之间的关系，这里引入三种符号："$"为分割符号，表示关键词的分割；"|"为并列符号，表示并列的两种形式，可选择之一；"{}"为跟随符号，表示对之前关键词的补充或形式说明，多用于原因部分和结果部分，是可选项。使用这三种符号之一即可进行划分，具体符号序列形式如下：

(1) CW\$CP{Pun|Pun\$LW1|Pun\$LW2\$CW\$CP}Pnn\$RW\$RP{Pun\$RP}。

(2) CW\$VP{Pun|Pun\$LW1|Pun\$LW2\$CW\$VP|NPP}Pnn\$SW\$RP{Pun\$RP}。

(3) CW\$NPP{Pun|Pun\$LW1|Pun\$LW2\$CW\$NPP}Pnn\$RP{Pun\$RP}。

(4) CW\$CP{Pun\$LW1|Pun\$LW2\$CW\$CP}Pnn\$RP{Pun\$RP}。

(5) CW\$CP{Pun\$CP}Pun\$RP。

(6) CP{Pun\$CP\$Pun|Pun\$NPP}Pun\$LW1\$LW2\$RP。

这些符号序列可用于计算机对 SFEP 文本描述的智能处理，但过程需要借助关键词。SFEP 中因果关系组模式并不限于这些形式，与关键字补充相同，也需要在模型学习过程中不断增加组模式。

6.4　因果关系组模式与基本结构转换

上述过程完成了因果关系组模式的获取,得到的六种组模式具有一定代表性,是大部分因果关系组的基本模式,可表示 SFEP 中的大部分因果关系。完成转化的最后一步是确定这六种模式与 SFN 基本结构的对应关系。根据 6.1 节给出的 SFN 基本结构,结合六种组模式,给出它们对应的 SFN 基本结构,如图 6.3 所示。

这种转化是在 SFN 建立过程中使用的,而不用于 SFN 分析,进一步分析 SFN 并不涉及这些转化。SFN 的分析方法有两种:一是将 SFN 转化为 SFT 进行研究,二是 SFN 独立研究, 即 SFN 结构化表示和分析。

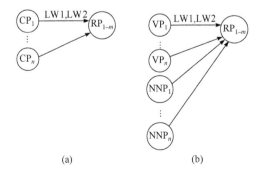

(a)　　　　　　　　　　(b)

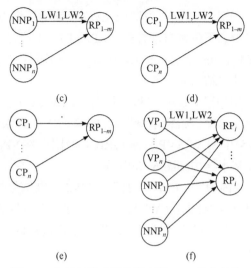

图 6.3　六种组模式转化得到的 SFN 基本结构

6.5　实 例 分 析

核心研究内容是将 SFEP 的文本表述转换为 SFN 的网络表示，以便进一步研究。前面完成了 SFEP 文本因果关系提取及因果关系组模式与 SFN 基本结构的转化。下面给出经典飞机起落架故障发生过程文本描述，以说明该方法的使用过程。

实例：由于机场地面温度过高，载荷过大且输入油有问题，作动筒自发收起。当锁键压簧力过大或电信号故障时，导致下位锁自动打开。下位锁自动打开和作动筒自发收起同时发生导致机构本身失效，最终因为电信号故障、液压系统自发收起、机构本身失效引起了前起落架的自发收起。

首先，对该描述进行分解，得到如下四个因果关系组。

(1) 由于机场地面温度过高，载荷过大且输入油有问题，作动筒自发收起。

(2) 当锁键压簧力过大、电信号故障时，都能导致下位锁自动打开。

(3) 由于下位锁自动打开和作动筒自发收起同时发生，机构本身失效。

(4) 最终因为电信号故障、液压系统自发收起、机构本身失效，都出现了前起落架自发收起。

对(1)进行分析，"由于" $\in$ CW；"且" $\in$ LW1；机场地面温度过高(CP_1)，载荷过大(CP_2)，输入油有问题，$CP_3 \in CP$；作动筒自发收起，$RP_1 \in RP$。因果关系组(1)表示为组模式字符序列为 CW\$$CP_1$\$Pun\$$CP_2$\$LW1\$$CP_3$\$Pun\$$RP_1$。相当于三个原因事件 CP_1、CP_2 和 CP_3 同时发生时导致 RP_1 发生，与图 6.3(a)和图 6.1(b)相同，转化的 SFN 基本结构如图 6.4(a)所示。

对(2)进行分析，"当"∈CW；"都"∈LW2；锁键压簧力过大，$CP_4 \in CP$；电信号故障，$VP_1 \in VP$；下位锁自动打开，$RP_2 \in RP$。因果关系组(2)表示为组模式字符序列为 CW\$CP_4\$Pun|VP_1\$Pun\$LW1\$RP_2。原因事件 CP_4 和 VP_1 同时发生时导致 RP_2 发生，SFN 基本结构如图 6.4(b)所示。

对(3)进行分析，"由于"∈CW；"和""同时"∈LW1；下位锁自动打开(VP_2)，作动筒自发收起(VP_3)∈VP；机构本身失效(RP_3)∈RP。因果关系组(3)表示为组模式字符序列为 CW\$VP_2\$LW1\$VP_3\$LW1\$RP_3。原因事件 VP_2 和 VP_3 同时发生时导致 RP_3 发生，SFN 基本结构如图 6.4(c)所示。

对(4)进行分析，"因为"∈CW；"都"∈LW2；电信号故障(VP_1)、液压系统自发收起(VP_4)、机构本身失效(VP_5)∈VP；前起落架自发收起(RP_4)∈RP。因果关系组(4)表示为组模式字符序列为 CW\$VP_1\$Pun|VP_4\$Pun|VP_5\$LW2\$RP_4。SFN 基本结构如图 6.4(d)所示。

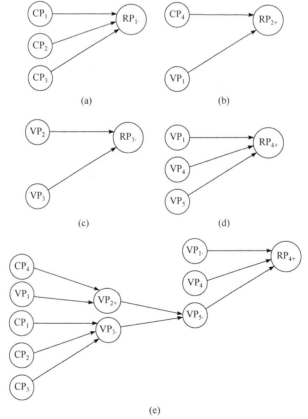

图 6.4　转化的 SFN 基本结构及完整网络

图 6.4(a)～(e)给出了转化的 SFN 基本结构，又由于 $RP_3=VP_5$，$RP_2=VP_2$，

$RP_1=VP_3$，将 SFN 基本结构进行叠加，得到图 6.4(e)的 SFEP 完整 SFN 结构。可见,该方法能将上述前起落架自发收起的 SFEP 文本描述转化成为完整的 SFN 结构。

本节主要解决 SFEP 描述文本转化为 SFN 的问题，但只建立了方法的基本框架。该方法是依靠关键词和因果关系组模式进行文本到组模式字符序列的转化，以及字符序列到 SFN 基本结构的转化。因此，先期的关键字和组模式积累和学习非常重要。只有当关键字和组模式达到一定完备程度时，该方法才能用于计算机对 SFEP 的智能分析处理及 SFN 的完整结构建立，且其学习过程需要人的协助。

6.6　结　　论

(1) 研究了 SFEP 中因果关系的六种基本形式，包括单层传递、多层传递、归一"与"、归一"或"、分支"与"和分支"或"结构。这六种关系均可转化为 SFN 的对应结构用以表示 SFEP。但是，只有单层传递、归一"与"和归一"或"结构在 SFN 分析中使用。

(2) 研究了 SFEP 文本表述中的因果关系转化为对应 SFN 基本结构的流程，具体分为模型研究、模型学习和实例分析阶段。模型研究阶段主要是因果关系组划分、确定关键词种类、确定因果关系组模式、模式与 SFN 基本结构的转化。模型学习阶段用于补充和丰富关键词种类及组模式种类。

(3) 确定了主要关键词种类和组模式种类。关键词包括连接词、原因词、结果词、原因部分、结果部分、其他关键词和标点符号。这些种类关键词是对应词汇的集合，可随着模型学习不断增加。给出了六种因果关系组模式的符号序列，同样随着模型学习不断增加。将 SFEP 的因果关系组模式用符号序列表示有利于计算机智能处理。完成了因果关系组模式与 SFN 基本结构转换，六种组模式对应六种 SFN 基本结构，但这些转化只用于 SFN 表示 SFEP，不用于 SFN 分析。

(4) 以飞机起落架故障发生过程文本为例进行分析。表明该方法可以有效地分析 SFEP，划分因果关系组。按照关键词和组模式对划分的因果关系组进行转化，最终得到四个因果关系组模式的符号序列，并转化为 SFN 基本结构，最终叠加形成表示 SFEP 的完整 SFN。

参 考 文 献

[1] 张文辉, 赵文光. 基于数据挖掘的药物不良反应因果关系研究[J]. 中国数字医学, 2019, 14(5): 43-45.

[2] 舒晓灵, 陈晶晶. 重新认识"数据驱动"及因果关系——知识发现图谱中的数据挖掘研究[J]. 中国社会科学评价, 2017, (3): 28-38, 125.

[3] 李冰, 陈骁, 张永伟. 基于知识地图的文本分类方法[J]. 指挥信息系统与技术, 2018, 9(1):

92-95.

[4] 潘洋彬. 基于知识图谱的文本分类算法研究[D]. 厦门: 厦门大学, 2018.

[5] 方欢, 张源, 吴其林. 一种基于结构因果关系和日志变化挖掘的 BPMSs 故障诊断方法(英文)[J]. 控制理论与应用, 2018, 35(8): 1167-1176.

[6] 何绯娟, 石磊, 缪相林. MOOC 学习行为数据中因果关系的挖掘方法[J]. 信息与电脑(理论版), 2018, (21): 129-131.

[7] Qiu J N, Xu L W, Zhai J, et al. Extracting causal relations from emergency cases based on conditional random fields[J]. Procedia Computer Science, 2017, 112: 1623-1632.

[8] 佘青山, 陈希豪, 高发荣, 等. 基于感兴趣脑区 LASSO-Granger 因果关系的脑电特征提取算法[J]. 电子与信息学报, 2016, 38(5): 1266-1270.

[9] Hung Y C, Tseng N F. Extracting informative variables in the validation of two-group causal relationship[J]. Computational Statistics, 2013, 28(3): 1151-1167.

[10] 刘现营. 面向医疗知识的 PDF 文本内容提取系统设计与实现[D]. 哈尔滨: 哈尔滨工业大学, 2018.

[11] 黄新平. 政府网站信息资源多维语义知识融合研究[D]. 长春: 吉林大学, 2017.

[12] 唐静华. 基于特征项权重与句子相似度的知识元智能提取技术研究[D]. 成都: 西南交通大学, 2017.

[13] 李悦群, 毛文吉, 王飞跃. 面向领域开源文本的因果知识提取[J]. 计算机工程与科学, 2010, 32(5): 100-104.

[14] 何华灿. 重新找回人工智能的可解释性[J]. 智能系统学报, 2019, 14(3): 393-412.

[15] 何华灿. 泛逻辑学理论——机制主义人工智能理论的逻辑基础[J]. 智能系统学报, 2018, 13(1): 19-36.

[16] 崔铁军, 李莎莎. SFEP 文本因果关系提取及其与 SFN 转化研究[J]. 智能系统学报, 2020, 15(5): 998-1005.

第7章 基于空间故障网络的露天矿灾害演化过程研究

与矿业生产相关的灾害很多。这些灾害由生产活动引发，在不同的地质、水文和周边环境下发展过程各异，变化多样。即使是经过多年开采闭坑或闭井，灾害演化过程也未停止，而是继续影响周围环境。特别是在以资源为核心的资源型城市中尤为明显。这些城市以资源发迹，兴于不可再生资源，集中了大量人力、财力和物力形成规模城市，但资源枯竭后无法再为城市发展提供动力。更为致命的是矿业生产及灾害防治需要消耗大量社会资源，特别是闭坑或闭井之后，昂贵的维护费用难以持续。失效的矿区维护系统将难以限制开采过程中造成的岩体缺失、岩层扰动、地下水系变迁等一系列自然环境改变。随着闭坑或闭井，开采导致的自然灾害过程不但没有停止，还很可能加快其演化进程。这些演化过程不但影响矿区内部，也会在更大范围内造成严重灾害，尤其是在矿区上部及周边已形成规模城市的情况下更为严重。因此，如何应对矿区区域风险和灾害成为资源城市或类似城市必须解决的问题。

研究露天矿区区域风险问题，需要有适合的理论，但仍面临较多问题：①基础数据难以得到。露天矿矿区区域地质、水文及周边环境数据难以获取，特别是这些条件是伴随着不同因素影响而发生改变的，不可能进行实时的勘探和地质扫描。②模拟分析方法难以确定。对露天矿区区域内地质条件和水系条件的相互作用关系难以确定。目前，大多力学模拟理论都严格区分了固体和流体力学本构关系，难以同时耦合研究固体流体的相互作用。另外，模拟的网格划分也受到限制，需要对较大矿区区域进行三维建模和运算，导致模拟难以实现。实验室模拟也只能进行某一特征的断面或边坡模拟。③缺乏适合的故障演化过程分析理论。故障演化过程可从三方面考虑：一是演化的起始事件；二是演化过程中各事件关系和演化结构；三是影响演化过程的因素。目前，没有适当方法能同时考虑上述三点，也没有针对矿区大范围区域的风险和灾害研究方法。

针对这些问题，目前相关研究逐渐增多，并取得了有益成果。王洁等[1]研究了故障修复演化技术；孙东旭等[2]研究了离散事件演化树仿真分析方法；郭立志等[3]使用 Petri 网对大规模网络服务系统故障演化进行了分析；王宇飞等[4]对跨空间连锁故障演化进行了研究；吴会丛等[5]引入演化效率因子设计了演化算法；张文等[6]基于人工智能技术研究了热带气旋灾害评估方法；高峰等[7]对城市雾霾灾害链演化模型进行了分析；何佳等[8]研究了极端气候事件及重大灾害事件演化；

褚钰[9]对突发水灾害事件应急管理合作中的演化博弈进行了分析；陈丽满[10]利用灾害演化网络对尾矿库安全进行了分析；王翔等[11]对滑坡动力失稳进行了定量分析；姜程等[12]对水力侵蚀-滑坡-泥流灾害链进行了分析。国外也有众多学者对类似问题进行了研究[13-25]。然而，这些研究都基于某专业领域，缺乏研究的通用性，未建立系统层面的通用方法，同时也难以有效解决上述问题。SFN 理论适用于露天矿区区域风险分析，特别是区域中各种灾害演化过程的描述、分析和防治。这里重点说明针对露天矿区区域灾害演化过程的 SFN 建立、转化和分析，同时给出三种指标来衡量故障演化过程的难易程度和特征。

本章对矿区地质、水文和周围环境进行调查，并总结过去发生的自然灾害；给出研究涉及的 SFN 及相关概念；对露天矿边坡灾害演化过程进行 SFN 描述；将 SFN 转化为 SFT，研究灾害演化过程的灾害模式；给出边缘事件结构重要度、复杂度和可达度定义及计算过程；针对得到的结论进行分析。

7.1　矿区区域地质条件分析及地质灾害

某露天矿在我国采矿行业较为特殊，对研究露天矿区区域风险很有价值。该矿位于城市周边，西侧和南侧有河流经过，且该矿位置原有一条河流经过。因此，矿区地表及地下水系发育复杂，特别是河流对地下水的补给，经过市区下方渗流进入矿区。就矿区周边地质条件而言，不同区域差别较大。南帮存在广泛弱层，主要是强风化玄武岩、弱风化玄武岩及未风化玄武岩。虽然存在弱面，但未风化玄武岩层具有较高强度。因此，发生小范围塌方或变形概率不大，但能量聚集可能造成大范围的岩体运动，造成较大滑坡。北帮地质条件更为复杂，有多条断层穿过矿区延伸至市中心，达到河道。北帮出现大范围沉陷，已采取措施进行控制，但目前难以确定进一步变形的特征。西帮已进行大范围回填，使得西帮整体趋于稳定。回填体属于颗粒岩体，在受到降水等影响后极易发生滑坡和失稳。西南帮仍有企业生产，相对比较稳定。东北帮下部进行采煤作业，后期可能转为井工开采。这些开采活动可能造成市区地下岩层进一步运动，东南帮相对稳定。

不同区域地质条件、水系发育、开采工况和周围环境不同，因此对该矿区区域风险分析难以适用统一的标准和方法，各区域灾害模式和演化过程也不同。

图 7.1 将矿区划分为六个区域，包括北帮、东北帮、西帮、西南帮、南帮和东南帮。

图 7.1　矿区区域划分

西帮风险需重点考虑岩性、软弱面、降水及地下水作用、断层活化、相邻边帮的开采方式、矿震及其他工程活动等致灾因素。

东北帮和北帮涉及的环境地质问题较多，主要有崩塌、滑坡、地面沉降、地面塌陷、地裂缝、突水及水体污染、大气污染和矿震等潜在因素。

南帮受煤层底板软质凝灰岩及黑色泥质页岩层作用及岩层向北倾斜影响，易发生蠕变，尤其在入渗地表水及地下水作用下边坡的蠕变性能增大。

矿区已发生灾害对灾害演化过程提供了宝贵经验和分析资料，为描述灾害演化过程提供了依据。

7.2　露天矿各区域灾害演化过程描述

目前对灾害演化过程的描述存在一些问题，例如：①演化过程中各事件之间的关系确定；②演化过程路径复杂，缺乏简便易行的描述方法；③多个原因事件以何种关系导致结果事件；④如何确定各事件在演化过程中的重要性和作用；⑤如何将演化过程分解为能导致灾害的故障模式；⑥在解决这些问题后如何进行定量计算。

这里使用 SFN 理论对灾害演化过程进行描述和分析[26]。灾害演化分析过程为：灾害演化过程的 SFN 描述、SFN 转化为 SFT、SFT 的定性定量分析。首先确定灾害演化过程中，原因事件导致结果事件的逻辑关系，一般可表示为"与""或"关系，即原因事件同时发生导致结果事件发生，或原因事件之一发生导致结果事件发生。确定灾害演化过程中各事件发生顺序，以及各事件之间的逻辑关系，形成 SFN。

　　这里通过对露天矿地质、水文、气候和周围环境进行调查，结合已经发生的灾害类型、位置和特征，给出露天矿不同区域灾害演化过程图。北帮、东南帮、南帮、西帮和西南帮灾害演化过程的 SFN 表示分别如图 7.2～图 7.6 所示。东北帮收集获得资料较少，这里暂不研究。

　　图 7.2～图 7.6 给出了露天矿矿区各区域灾害演化过程的 SFN。实际的灾害演化过程更为复杂，这些图只表示了相对重要且目前研究材料充分的灾害过程，为下一步研究提供基础。

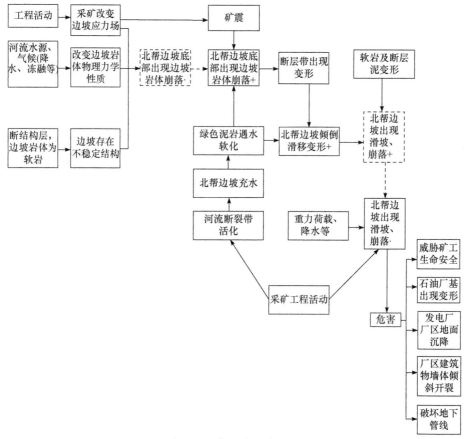

图 7.2　北帮灾害演化过程

图中矩形框表示灾害演化过程经历的事件；"——▶"表示演化方向；"– ▶"表示同位连接；虚线矩形框表示同位连接指向事件的同位事件；框中"·""+"分别表示原因事件"与""或"关系导致结果事件。图 7.3～图 7.6 同

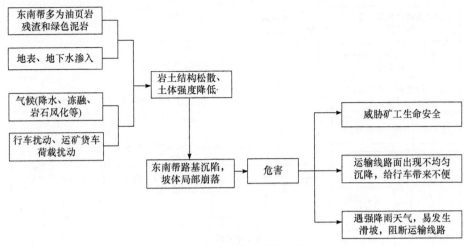

图 7.3　东南帮灾害演化过程

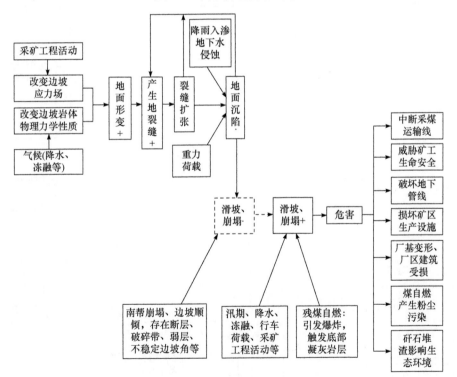

图 7.4　南帮灾害演化过程

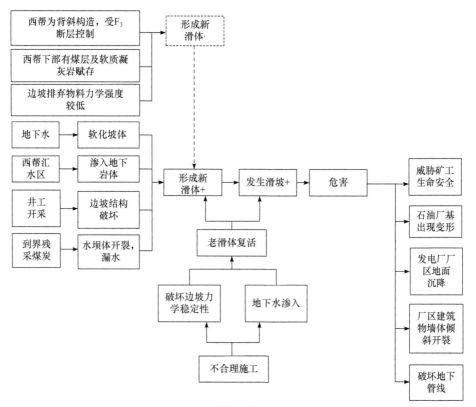

图 7.5　西帮灾害演化过程

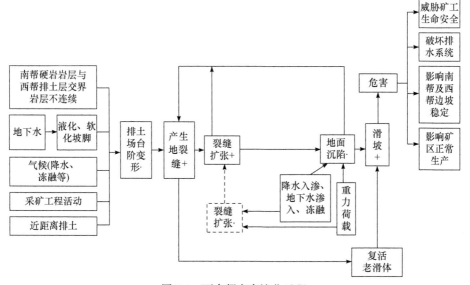

图 7.6　西南帮灾害演化过程

7.3　灾害演化过程中灾害模式确定

根据不同类型 SFN 转化为 SFT 的方法[27,28]，将图 7.2～图 7.6 转化为对应的 SFT 图，如图 7.7～图 7.11 所示。SFN 的分析方法目前分为两种：一是直接进行 SFN 研究；二是将 SFN 转化为 SFT，借助 SFT 已有成果进行研究。这里使用第二种方法，通过 SFT 化简得到露天矿不同区域灾害演化路径，即灾害模型。

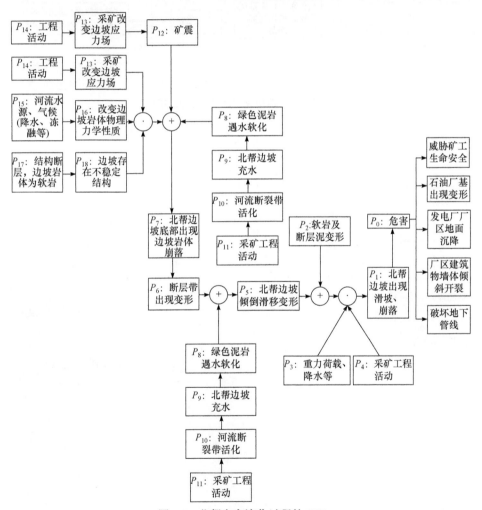

图 7.7　北帮灾害演化过程的 SFT

图中矩形框表示灾害演化过程经历的事件；"——→"表示演化方向；P 表示演化过程中事件的编号。将原因事件导致结果事件逻辑关系与结果事件分离表示，同时在转换后去掉同位连接和同位事件以减少冗余事件，降低系统复杂度，图 7.8～图 7.11 同

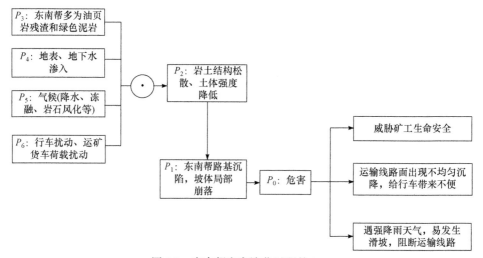

图 7.8　东南帮灾害演化过程的 SFT

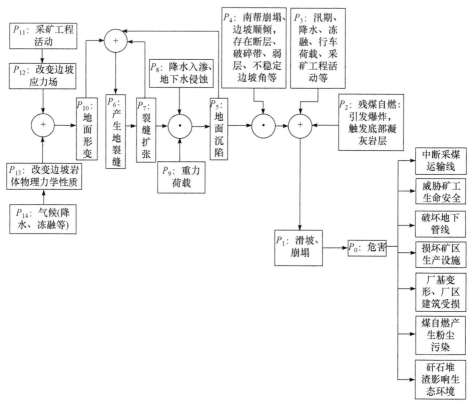

图 7.9　南帮灾害演化过程的 SFT

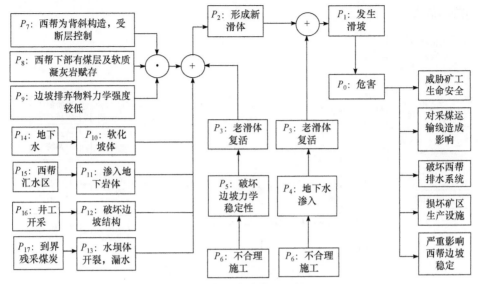

图 7.10　西帮灾害演化过程的 SFT

将图 7.7 北帮灾害演化过程以 P_0 为最终事件进行研究，根据 SFT 化简方法得到灾害演化过程：$P_3 * P_4 * P_1 * P_0 * P_5 * P_7 * P_6 * P_{13} * P_{14} * P_{15} * P_{16} * P_{17} * P_{18} + P_3 * P_4 * P_1 * P_0 * P_5 * P_7 * P_6 * P_{13} * P_{14} * P_{12} + P_3 * P_4 * P_1 * P_0 * P_5 * P_7 * P_6 * P_8 * P_9 * P_{10} * P_{11} + P_3 * P_4 * P_1 * P_0 * P_5 * P_8 * P_9 * P_{10} * P_{11} + P_3 * P_4 * P_1 * P_0 * P_2$，包括五种灾害模式，其中"*"表示原因事件"与"关系造成的结果事件；"+"表示"或"关系造成结果事件，下同。将五种灾害模式符号表达转换为灾害演化含义。其中，"⟶"表示演化方向(演化因果关系)；"|"表示左右两侧事件同时发生；"()"表示同层次演化的整体性，下同。这五种灾害演化含义如下：

(1) (结构断层，边坡岩体为软岩→边坡存在不稳定结构|河流水源、气候(降水、冻融等)→改变边坡岩体物理力学性质|工程活动→采矿改变边坡应力场)→北帮边坡底部出现边坡岩体崩落→断层带出现变形→北帮边坡倾倒滑移变形→(重力荷载、降水等|采矿工程活动)→北帮边坡出现滑坡、崩落→危害。

(2) 工程活动→ 采矿改变边坡应力场→矿震→北帮边坡底部出现边坡岩体崩落→断层带出现变形→北帮边坡倾倒滑移变形→(重力荷载、降水等|采矿工程活动)→北帮边坡出现滑坡、崩落→危害。

(3) 采矿工程活动→河流断裂带活化→北帮边坡充水→绿色泥岩遇水软化→北帮边坡底部出现边坡岩体崩落→断层带出现变形→北帮边坡倾倒滑移变形→(重力荷载、降水等|采矿工程活动) →北帮边坡出现滑坡、崩落→危害。

(4) 采矿工程活动→河流断裂带活化→北帮边坡充水→绿色泥岩遇水软化→北帮边坡倾倒滑移变形→(重力荷载、降水等|采矿工程活动)→北帮边坡出现滑坡、

崩落→危害。

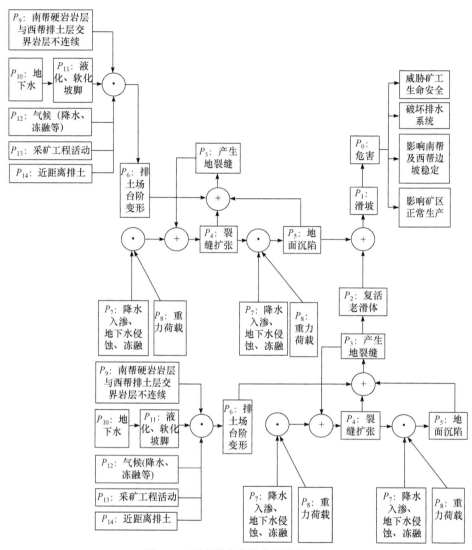

图 7.11　西南帮灾害演化过程的 SFT

(5) 软岩及断层泥变形→(重力荷载、降雨等|采矿工程活动)→北帮边坡出现滑坡、崩落→危害。

将图 7.8 东南帮灾害演化过程以 P_0 为最终事件进行研究,根据 SFT 化简方法得到灾害演化过程:(东南帮多为油页岩残渣和绿色泥岩|地表、地下水渗入|气候(降水、冻融,岩石风化等)|行车扰动,运矿货车荷载扰动)→岩土结构松散、土体强度降低→东南帮路基沉陷,坡体局部崩落→危害。

将图 7.9 南帮灾害演化过程以 P_0 为最终事件进行研究，根据 SFT 化简方法得到故障演化过程：$P_1 * P_0 * P_6 * P_7 * P_8 * P_9 * P_5 * P_4 * P_{10} * P_{11} * P_{12} + P_1 * P_0 * P_6 * P_7 * P_8 * P_9 * P_5 * P_4 * P_{10} * P_{13} * P_{14} + P_1 * P_0 * P_6 * P_7 * P_8 * P_9 * P_5 * P_4 * (P_6 * P_7 * P_8 * P_9 * P_5)^n + P_1 * P_0 * P_6 * P_7 * P_8 * P_9 * P_5 * P_4 * (P_7 * P_8)^n + P_1 * P_0 * P_3 + P_1 * P_0 * P_2$。该故障演化过程包括六种灾害模式，其中 n 代表循环结构的循环次数。将这六种灾害模式转换为灾害演化过程：

(1) ((采矿工程活动→改变边坡应力场→地面形变→产生地裂缝→裂缝扩张)→地面沉陷|南帮崩塌、边坡顺倾，存在断层、破碎带、弱层、不稳定边坡角等)→滑坡、崩塌→危害。

(2) ((气候(降水、冻融等)→改变边坡岩体物理力学性质→地面形变→产生地裂缝→裂缝扩张|降水入渗、地下水侵蚀|重力荷载) →地面沉陷|南帮崩塌、边坡顺倾，存在断层、破碎带、弱层、不稳定边坡角等) →滑坡、崩塌→危害。

(3) ((采矿工程活动→改变边坡应力场|气候(降水、冻融等)→改变边坡岩体物理力学性质)→地面形变→((产生地裂缝→裂缝扩张|降水入渗、地下水侵蚀|重力荷载)→地面沉陷)^n|南帮崩塌、边坡顺倾，存在断层、破碎带、弱层、不稳定边坡角等)→滑坡、崩塌→危害。

(4) (((采矿工程活动→改变边坡应力场|气候(降水、冻融等)→改变边坡岩体物理力学性质)→地面形变|(裂缝扩张|降水入渗、地下水侵蚀|重力荷载)→地面沉陷)→(裂缝扩张→产生地裂缝)^n|南帮崩塌、边坡顺倾，存在断层、破碎带、弱层、不稳定边坡角等)→滑坡、崩塌→危害。

(5) 汛期、降水、冻融、行车荷载、采矿工程活动等→滑坡、崩塌→危害。

(6) 残煤自燃引发爆炸，触发底部凝灰岩层→滑坡、崩塌→危害。

将图 7.10 西帮灾害演化过程以 P_0 为最终事件进行研究，根据 SFT 化简方法得到故障演化过程：$P_1 * P_0 * P_2 * P_{14} * P_{10} + P_1 * P_0 * P_2 * P_{15} * P_{11} + P_1 * P_0 * P_2 * P_{16} * P_{12} + P_1 * P_0 * P_2 * P_{17} * P_{13} + P_1 * P_0 * P_2 * P_7 * P_8 * P_9 + P_1 * P_0 * P_2 * P_3 * P_5 * P_6 + P_1 * P_0 * P_3 * P_4 * P_6$。该故障演化过程包括七种灾害演化模式。将这七种灾害模式转换为灾害演化过程：

(1) 到界残采煤炭→水坝体开裂、漏水→形成新滑体→发生滑坡→危害。

(2) 井工开采→破坏边坡结构→形成新滑体→发生滑坡→危害。

(3) 西帮汇水区→渗入地下岩体→形成新滑体→发生滑坡→危害。

(4) 地下水→软化坡体→形成新滑体→发生滑坡→危害。

(5) (西帮为背斜构造，受断层控制|西帮下部有煤层及软质凝灰岩赋存|边坡排弃物料力学强度较低)→形成新滑体→发生滑坡→危害。

(6) 不合理施工→破坏边坡力学稳定性→老滑体复活→形成新滑体→发生滑

坡→危害。

(7) 不合理施工→地下水渗入→老滑体复活→发生滑坡→危害。

将图 7.11 西南帮灾害演化过程以 P_0 为最终事件进行研究，根据 SFT 化简方法得到故障演化过程：$P_1*P_0*P_7^2*P_8^2*P_4*P_5+P_1*P_0*P_9*P_{10}*P_{11}*P_{12}*P_{13}*P_{14}*P_6*P_3*P_4*P_7*P_8*P_5+P_1*P_0*(P_4*P_3)^n*P_7*P_8*P_5+P_1*P_0*(P_4*P_3*P_7*P_8*P_5)^n+P_1*P_0*P_2*P_9*P_{10}*P_{11}*P_{12}*P_{13}*P_{14}*P_6*P_3+P_1*P_0*P_2*P_4*P_3*P_7*P_8+P_1*P_0*P_2*(P_4*P_3)^n*P_3+P_1*P_0*P_2*P_7^2*P_8^2*P_4*P_5*P_3+P_1*P_0*P_2*(P_4*P_3*P_7*P_8*P_5)^n*P_3$。该故障演化过程包括九种灾害演化模式。将这九种灾害模式转换为灾害演化过程：

(1) (降水入渗、地下水侵蚀、冻融|重力荷载)→裂缝扩张→地面沉陷→滑坡→危害。

(2) (((地下水|液化、软化坡脚|南帮硬岩岩层与西帮排土层交界岩层不连续|气候(降水、冻融等)|采矿工程活动|近距离排土)→排土场台阶变形→产生地裂缝→裂缝扩张、降雨入渗、地下水侵蚀、冻融|重力荷载)→地面沉陷→滑坡→危害。

(3) ((裂缝扩张→产生地裂缝)^n→降水入渗、地下水侵蚀、冻融|重力荷载)→地面沉陷→滑坡→危害。

(4) ((裂缝扩张、降水入渗、地下水侵蚀、冻融|重力荷载)→地面沉陷→产生地裂缝)^n→滑坡→危害。

(5) (地下水→液化、软化坡脚|南帮硬岩岩层与西帮排土层交界岩层不连续|气候(降水、冻融等)|采矿工程活动|近距离排土)→排土场台阶变形→产生地裂缝→复活→滑坡→危害。

(6) (降水入渗、地下水侵蚀、冻融|重力荷载)→裂缝扩张→产生地裂缝→复活→滑坡→危害。

(7) (裂缝扩张→产生地裂缝)^n→复活→滑坡→危害。

(8) 裂缝扩张→(降水入渗、地下水侵蚀、冻融|重力荷载)→地面沉陷→产生地裂缝→复活→滑坡→危害。

(9) ((降水入渗、地下水侵蚀、冻融|重力荷载)→地面沉陷→产生地裂缝→裂缝扩张)^n→产生地裂缝→复活→滑坡→危害。

以上完成了将 SFN 转化为 SFT 的进一步研究，得到了各种可能导致最终事件的灾害演化路径(灾害模式)。此后可进一步进行灾害演化过程的定性和定量分析，研究各灾害模式发生规律。这些研究可借助 SFN 的相关研究成果，因为各灾害演化过程中一些事件的可能性难以确定，尚不能进行定量计算。

7.4　边缘事件结构重要度、复杂度和可达度研究

衡量 SFN 的指标有很多。SFN 实质上建立了边缘事件与最终事件之间的演化关系。如果不考虑中间事件作为边缘事件的情况，即不考虑全事件导致最终事件的情况，那么可建立边缘事件对最终事件影响的分析方法和衡量指标。考虑全事件导致最终事件时也可进行重要度分析，这里只考虑相对简单的边缘事件情况。本书提出三种边缘事件对最终事件影响的衡量指标，即重要度、复杂度和可达度。这三个指标均不考虑边缘事件自身的发生概率，只描述在 SFN 网络中边缘事件的结构特征。当然，这与第 4 章中定义的边缘事件结构重要度的含义和算法是不同的，研究角度也不同。第 4 章定义强调的是概率均等，这里强调的是状态变化。

定义 7.1　边缘事件结构重要度：在一个 SFN 中，某一边缘事件变化引起的同一个最终事件的变化程度。

该指标参考了经典故障树的基本事件结构重要度。设边缘事件和最终事件状态为 0,1 二态，0 表示不发生，1 表示发生。当然，也可考虑多态。该值越大表示该边缘事件发生导致结果事件发生的可能性越大。结构重要度计算如式(7.1)所示。

$$CP_{EE_i} = \frac{number(e_{all}(TE)(1 \to 0) \mid EE_i(1 \to 0) \ and \ EE_{j \neq i}(1 \to 0))}{number(e_{all}(TE))} \quad (7.1)$$

式中，number() 表示统计符合条件的路径数；$e_{all}(TE)$ 表示所有指向最终事件 TE 的灾害演化路径；$(1 \to 0)$ 表示最终事件 TE 和边缘事件 EE 的状态由发生变为不发生；i 表示第 i 个边缘事件。

定义 7.2　边缘事件结构复杂度：在一个 SFN 中，导致同一个最终事件的同一个边缘事件总数与导致该最终事件的所有路径的所有边缘事件的可重复数量总和的比值。

该指标衡量边缘事件导致最终事件的复杂程度，值越大表示该边缘事件导致最终事件的情形越复杂，所有边缘事件的结构复杂度之和为 1。结构复杂度计算如式(7.2)所示。

$$CC_{EE_i} = \frac{number(EE_i)}{number(EE_{all} in e_{all}(TE))} \quad (7.2)$$

式中，EE_{all} 表示所有边缘事件；in 表示在某路径中的边缘事件。

定义 7.3　边缘事件结构可达度：在一个 SFN 中，导致同一个最终事件的同一个边缘事件到达这个最终事件需要经过的连接数；是所有路径上，该边缘事件到达最终事件所需连接数的平均值，将该平均值取倒数即为结构可达度。

该指标衡量边缘事件导致最终事件发生的复杂程度。当路径中有循环结构时，按照设定的循环次数统计连接数，并按照循环次数取平均值作为该循环的连接数。边缘事件结构可达度计算如式(7.3)所示。

$$\mathrm{CA}_{\mathrm{EE}_i} = \cfrac{1}{\cfrac{\displaystyle\sum_{j}^{\mathrm{all}} \mathrm{CA}_{\mathrm{EE}_i \cdot \mathrm{in}e_j}}{\mathrm{number}(e_{\mathrm{all}}(\mathrm{TE}))}} = \cfrac{1}{\cfrac{\displaystyle\sum_{j}^{\mathrm{all}} \left[N + \sum_{k=1}^{K} \cfrac{(1+n_k)n_k}{n_k} \varsigma_k \right]}{\mathrm{number}(e_{\mathrm{all}}(\mathrm{TE}))}}$$

$$= \cfrac{1}{\cfrac{\displaystyle\sum_{j}^{\mathrm{all}} \left[N + \sum_{k=1}^{K} (1+n_k)\varsigma_k \right]}{\mathrm{number}(e_{\mathrm{all}}(\mathrm{TE}))}} \tag{7.3}$$

式中，j 表示第 j 个路径；N 表示在第 j 个路径中非循环结构的连接数；k 表示在第 j 个路径中第 k 个循环；K 表示在第 j 个路径中有 K 个循环；n_k 表示在第 j 个路径中第 k 个循环中的循环次数；ς_k 表示在第 j 个路径中第 k 个循环中的连接数；all 表示所有。

以南帮灾害演化过程为例对上述三个指标进行计算，结果见表 7.1。

表 7.1　南帮灾害演化过程的三个指标

边缘事件	参数		
	结构重要度	结构复杂度	结构可达度
采矿工程活动	acd 3/6	3/18	$6/\left[a7+c(4+2n+2)+d(5+m+2)\right]$
气候(降水、冻融等)	bcd 3/6	3/18	$6/\left[a7+c(3+2n+2)+d(3+m+2)\right]$
降雨入渗、地下水侵蚀	bcd 3/6	3/18	$6/\left[b3+c(n+2)+d(1+m+2)\right]$
重力荷载	bcd 3/6	3/18	$6/\left[b3+c(n+2)+d(1+m+2)\right]$
南帮崩塌、边坡顺倾，存在断层、破碎带、弱层、不稳定边坡角等	abcd 4/6	4/18	$6/\left[a2+b2+c2+d2\right]$
汛期、降水、冻融、行车荷载、采矿工程活动等	e 1/6	1/18	$6/e2$
残煤自燃，引发爆炸，触发底部凝灰岩层	f 1/6	1/18	$6/f2$

注：表中字母代表涉及的故障模式。

根据表 7.1 得到的数据研究不同边缘事件对最终事件的影响程度。

从结构重要度分析：南帮崩塌、边坡顺倾，存在断层、破碎带、弱层、不稳定边坡角等>采矿工程活动=气候(降水、冻融等)=降水入渗、地下水侵蚀=重力荷载>汛期、降水、冻融、行车荷载、采矿工程活动等=残煤自燃，引发爆炸，触发底部凝灰岩层。说明南帮边坡地质构造在不考虑众多事件发生可能性，只关注演化结构时的重要性最大。其参与了四个可导致最终事件发生的演化过程(灾害模式)，且其变化导致了最终事件变化。采矿工程活动、气候(降水、冻融等)、降水入渗、地下水侵蚀和重力荷载的结构重要度相同，都影响了三种灾害模式。汛期、降水、冻融、行车荷载、采矿工程活动等和残煤自燃，引发爆炸，触发底部凝灰岩层都只引起了一种灾害模式。

从结构复杂度分析：南帮崩塌、边坡顺倾、存在断层、破碎带、弱层、不稳定边坡角等>采矿工程活动=气候(降水、冻融等)=降水入渗、地下水侵蚀=重力荷载>汛期、降水、冻融、行车荷载、采矿工程活动等=残煤自燃，引发爆炸，触发底部凝灰岩层。与结构重要度排序相同，但这不是必然的。结构重要度只有在边缘事件变化导致最终事件变化时才有效；结构复杂度衡量边缘事件在全部演化路径中所起的作用和引起最终事件的原因的复杂性。因此，两个指标计算公式的分子 $number(EE_i) > number(e_{all}(TE)(1 \rightarrow 0) | EE_i(1 \rightarrow 0)$ and $EE_{j \neq i}(1 \rightarrow 0))$，只有当某一边缘事件变化都导致最终事件状态变化时，两者相等。两个指标计算公式的分母也有差别，前者是演化路径数，后者是所有演化路径中的所有边缘事件数量总和。因此，结构复杂度衡量了边缘事件在整个网络中导致最终事件的程度。

从结构可达度进行边缘事件排序较为困难，取决于循环结构的循环次数。循环次数越大可达度越小，表示边缘事件越难以到达最终事件，越难以导致最终事件发生，但大体上与上述两个指标的排序相反。不带循环结构的边缘事件结构可达性大于含有循环结构的边缘事件可达度，可用于衡量边缘事件引起最终事件的过程难易性。

这三个指标是 SFN 度量事件重要性研究的开始。可衡量在灾害演化过程中边缘事件与最终事件，即基本原因对最终结果的影响程度。进一步，可结合 SFT 中的特征函数研究多影响因素下的灾害演化过程特征，但需要得到基础数据建立特征函数；也可使用 SFT 的故障数据推理方法研究边缘事件和最终事件的逻辑关系。随着研究开展，特别是对露天矿区区域风险的进一步研究，也必将出现更为复杂的 SFEP。对 SFN 的研究和应用也会随着实际问题的出现而深入。SFN 必将应用于更为广泛的人工系统故障和自然系统灾害演化过程研究，为分析、预防及治理提供理论依据和技术措施。

7.5　结　　论

本章使用 SFN 理论研究 SFEP，将其应用于露天矿区区域风险分析。对露天矿不同区域灾害演化过程进行了研究，主要结论如下：

(1) 对露天矿区区域进行了划分。露天矿灾害演化过程具有多样性，大体上可根据地质条件、水文和环境等方面将该露天矿划分为六个区域,包括北帮、东北帮、西帮、西南帮、南帮和东南帮。它们的地质条件、水文和环境差异明显,导致发生的自然灾害类型也有较大差别。论述了这些区域的灾害特点,并总结了以往发生的灾害。

(2) 使用 SFN 对露天矿不同区域的灾害演化过程进行了描述。按照 SFN 构造方法建立了不同区域灾害演化过程的 SFN,确定了可能的事件之间逻辑关系和演化顺序。

(3) 研究了不同区域灾害演化过程的不同灾害模式。将不同区域灾害演化的 SFN 根据 SFN 与 SFT 的转化方法,转化为 SFT。根据 SFT 的化简方法得到各种灾害模式(灾害演化过程)。灾害模式表达了各边缘事件、过程事件和最终事件之间的逻辑关系,得到了各灾害模式的灾害演化含义。

(4) 提出了边缘事件导致最终事件可能性的度量指标。定义了边缘事件的结构重要度、结构复杂度和结构可达度。它们分别衡量了边缘事件状态变化导致最终事件状态变化的可能性、边缘事件在全部演化路径中所起的作用和引起最终事件原因的复杂性,以及边缘事件引起最终事件的过程难易性。

参 考 文 献

[1] 王洁, 康俊杰, 周宽久. 基于 FPGA 的故障修复演化技术研究[J]. 计算机工程与科学, 2018, 40(12): 2120-2125.

[2] 孙东旭, 李键, 武健. 面向 IMA 平台的离散事件演化树仿真分析方法[J]. 电光与控制, 2019, 26(2): 97-100.

[3] 郭立志, 王苓. 基于 Petri 网的大规模网络服务系统故障预测与演化[J]. 微电子学与计算机, 2017, 34(3): 129-132.

[4] 王宇飞, 李俊娥, 邱健, 等. 计及攻击损益的跨空间连锁故障选择排序方法[J]. 电网技术, 2018, 42(12): 3926-3937.

[5] 吴会丛, 于洁. 引入演化效率因子的演化算法设计[J]. 河北科技大学学报, 2018, 39(3): 275-281.

[6] 张文, 赵珊珊, 万仕全, 等. 基于人工智能技术的热带气旋灾害评估方法研究: 以广东省为例[J]. 气候与环境研究, 2018, 23(4): 504-512.

[7] 高峰, 谭雪. 城市雾霾灾害链演化模型及其风险分析[J]. 科技导报, 2018, 36(13): 73-81.

[8] 何佳, 苏筠. 极端气候事件及重大灾害事件演化研究进展[J]. 灾害学, 2018, 33(4): 223-228.

[9] 褚钰. 突发水灾害事件应急管理合作中的演化博弈分析[J]. 工业安全与环保, 2018, 44(4): 54-56.

[10] 陈丽满, 阳富强. 基于灾害演化网络的尾矿库安全管理[J]. 有色金属(矿山部分), 2017, 69(3): 59-63, 75.

[11] 王翔, 乔春生, 马晓鹏. 滑坡动力失稳定量分析[J]. 中国铁道科学, 2019, 40(2): 9-15.

[12] 姜程, 霍艾迪, 朱兴华, 等. 黄土水力侵蚀-滑坡-泥流灾害链的研究现状[J]. 自然灾害学

报, 2019, 28(1): 38-43.

[13] Sinem G, Lars G, André V H, et al. Supporting semi-automatic co-evolution of architecture and fault tree models[J]. Journal of Systems and Software, 2018, 142: 115-135.

[14] Harkat M F, Mansouri M, Nounou M, et al. Fault detection of uncertain nonlinear process using interval-valued data-driven approach[J]. Chemical Engineering Science, 2019, 205: 36-45.

[15] Germán-Salló Z, Strnad G. Signal processing methods in fault detection in manufacturing systems[J]. Procedia Manufacturing, 2018, 22: 613-620.

[16] Delpha C, Diallo D, Al Samrout H, et al. Multiple incipient fault diagnosis in three-phase electrical systems using multivariate statistical signal processing[J]. Engineering Applications of Artificial Intelligence, 2018, 73: 68-79.

[17] Hadi S, Prashant M, John M H, et al. Modeling and fault diagnosis design for HVAC systems using recurrent neural networks[J]. Computers & Chemical Engineering, 2019, 126: 189-203.

[18] Hadi S, Prashant M. Distributed fault diagnosis for networked nonlinear uncertain systems[J]. Computers & Chemical Engineering, 2018, 115: 22-33.

[19] Wang R, Edgar T F, Baldea M, et al. A geometric method for batch data visualization[J]. Process Monitoring and Fault Detection, Journal of Process Control, 2018, 67: 197-205.

[20] Calderon-Mendoza E, Schweitzer P, Weber S. Kalman filter and a fuzzy logic processor for series arcing fault detection in a home electrical network[J]. International Journal of Electrical Power & Energy Systems, 2019, 107: 251-263.

[21] Sonoda D, Zambroni de Souza A C, da Silveira P M. Fault identification based on artificial immunological systems[J]. Electric Power Systems Research, 2018, 156: 24-34.

[22] Sánchez-Fernández A, Baldán F J, Sainz-Palmero G I, et al. Fault detection based on time series modeling and multivariate statistical process control[J]. Chemometrics and Intelligent Laboratory Systems, 2018, 182: 57-69.

[23] Sakthivel R, Joby M, Wang C, et al.Finite-time fault-tolerant control of neutral systems against actuator saturation and nonlinear actuator faults[J]. Applied Mathematics and Computation, 2018, 332: 425-436

[24] Andrew C L, Pui F S, Kevin H. The effect of weight fault on associative networks[J]. Neural Computing and Applications, 2011, 20(1): 113-121.

[25] Yari M, Bagherpour R, Jamali R, et al. Development of a novel flyrock distance prediction model using BPNN for providing blasting operation safety[J]. Neural Computing and Applications, 2016, 27(3): 699-706.

[26] Cui T J, Li S S. Research on disaster evolution process in open-pit mining area based on space fault network[J]. Neural Computing and Applications, 2020, 32(21): 16737-16754.

[27] 崔铁军, 李莎莎, 朱宝岩. 空间故障网络及其与空间故障树的转换[J]. 计算机应用研究, 2019, 36(8): 2000-2004.

[28] 崔铁军, 李莎莎, 朱宝岩. 含有单向环的多向环网络结构及其故障概率计算[J]. 中国安全科学学报, 2018, 28(7): 19-24.

第8章　基于空间故障网络的冲击地压演化过程研究

冲击地压现象在各类矿山生产活动中十分常见。目前，冲击地压研究主要集中在冲击地压发生机理和发生判据两个问题上。冲击地压发生机理是在一定的地质和开采条件下，岩体受到外力引起变形，发生突然破坏的力学过程。从稳定性理论看，岩体受外力作用变形、发生突然破坏的原因不是强度问题和刚度问题，而是失稳问题。冲击地压因其发生因素复杂、影响因素多、发生突然且破坏性极大而成为矿山安全开采的重大研究课题之一。

同时，基于力学实验和数值模拟对冲击地压灾害演化过程(rockburst evolution process，REP)的研究也存在问题。由于冲击地压的特点，在基础数据层面难以获得有效数据，冲击地压发生过程也难以得到诠释。单纯的实验室模拟实际岩体力学和环境特征很困难。数值模拟方面也需要了解岩体性质、影响因素及其相互作用关系。因此，在不清楚冲击地压灾害演化过程的卸载面变形凸出、裂隙产生发展、飞石飞出和巷道坍塌等阶段中事件、因素和逻辑关系的情况下，难以对冲击地压灾害演化过程进行描述、分析，更难以得到演化机理。这也是该研究领域学者需要共同面对的问题。

该领域对冲击地压机理研究较多，主要包括：隧道岩爆过程的实验研究[1]，应用机器学习方法评估岩爆危险性[2]，钻孔冲击地压过程研究[3]，隧道岩爆发展过程动态预警[4]，花岗岩冲击地压动态分析[5]，深埋隧道岩爆演化过程研究[6]。该领域对系统故障演化过程的研究也在逐渐增多。这些研究包括：无部件故障的均载并联系统可靠性分析[7]；基于Copula的故障相关退化系统可靠性分析[8]；过程事故中人和组织因素分析[9]；转向系统故障容错跟踪控制[10]；基于现场数据和半参数建模的系统故障估计[11]；航空电子系统故障分析[12]；转子系统故障诊断[13]；相互依赖的基础设施系统故障层次分析[14]；机械工程过程智能监控[15]；基于时频特征提取和软最大回归的智能故障诊断[16]；用于电力系统故障诊断的二进制编码脑风暴优化[17]。然而，使用复杂系统演化过程对冲击地压灾害演化过程进行的研究不多。这些研究都没形成完整的理论体系。对冲击地压灾害演化过程中各类事件、因素、条件和逻辑关系难以诠释，为冲击地压灾害演化过程的机理研究带来了困难。

作者提出的SFN用于描述SFEP[18,19]。SFN继承了SFT[20-27]理论的因素分析、逻辑推理和事件因果关系描述能力。SFN以网络拓扑描述SFEP，适合复杂系统演化过程的描述。使用SFN对冲击地压灾害演化过程进行描述和研究，为揭示冲击地压演化机理及其在不同情况下的不同演化过程提供了研究方法。

8.1　冲击地压演化过程与能量关系

地下岩体受扰动后的破坏过程是岩体系统为了保持自身能量平衡而向系统之外释放能量的过程[28-31]。岩体形成过程是环境对岩体系统做功的结果，使岩体能量增加。加之地质条件变化，岩体逐渐被新岩体覆盖，重力对这些岩体进一步做功，岩体能量增加。当岩体受到地质作用或人为作用产生破坏时，原有能量将以不同形式释放。这些不同形式经历的能量释放顺序相同，直到岩体与周边岩体能量达到同一水平，岩体系统趋于稳定，岩体破坏演化过程停止。下面描述 REP 中的能量特征和变化规律。

8.1.1　岩体系统能量释放种类

设 $U = U_d + U_e$，U 为岩体形成受外力做功的总和，U_d 为岩体形成时外力使岩体产生裂隙消耗的能量，U_e 为岩体以弹性势能储存的能量。因此，岩体受扰动后理论释放的最大能量为 U_e。U_1 为以声、光、电和机械波等形式释放的能量，以机械波 u_{25} 为主(如矿震)；U_2 为岩体变形、破碎、飞石消耗的能量，以卸载面附近岩体变形 u_{21}、岩体产生裂隙 u_{22}、岩体飞石 u_{23}、卸载侧区域坍塌 u_{24} 为主。

当假设岩体裂隙相同时，随着开采深度的变化，蓄积的能量也发生变化，冲击地压灾害演化过程的形式也是有规律的。u_{21} 表示弹性势能释放使岩体变形凸出，消耗弹性势能。u_{22} 表示有剩余能量，变形增量超过抗拉和抗剪强度产生裂隙直至分离，消耗弹性势能。u_{23} 表示有剩余能量，分离岩体以飞石形式飞出，以动能消耗弹性势能。u_{24} 表示有剩余能量，巷道形成大范围松动，卸载侧区域坍塌，直到平衡。这些过程随着弹性势能的增加循环出现，直到卸载侧区域坍塌。

8.1.2　各种能量释放形式的关系

U_0 为岩体变形到岩体分离所需能量，$U_0 = u_{21}^0 + u_{22}^0$，$u_{21}^0$ 为岩体变形消耗能量，u_{22}^0 为岩体裂隙消耗能量。$U_e = U_1 + U_2$，U_2 远大于 U_1，且 U_1 大部分以 u_{25} 形式消耗。开采深度不同，U_2 的能量释放形式不同。U_0 是产生飞石前岩体所消耗的能量，之后出现第一次飞石。冲击地压的主要过程是飞石和岩体裂隙循环发生的过程，即 $\sum_{i=1}^{I-1}(u_{21}^i + u_{22}^i + u_{23}^i) + u_{23}^I$，$I$ 为飞石次数。冲击地压灾害演化过程的完整能量如式(8.1)所示。

$$U_2 = U_0 + \sum_{i=1}^{I-1}(u_{21}^i + u_{22}^i + u_{23}^i) + u_{23}^I + u_{24} \qquad (8.1)$$

式中，$u_{23}^1 > u_{23}^i, u_{21}^1 + u_{22}^1 > u_{21}^i + u_{22}^i, u_{23}^1 > u_{21}^i + u_{22}^i$；$u_{24}$ 为卸载侧区域岩体坍塌所释放的能量。之后冲击地压过程停止，岩体达到稳定。该现象的具体原因见文献[28]。

8.1.3　不同深度能量释放过程和时间顺序

冲击地压可表述为：首先弹性势能释放导致体积变化消耗 U_e；开采深度增加，使岩体变形断裂，消耗 U_e；继续增加深度后断裂不足以消耗增加深度带来的弹性势能，进而导致卸载面表层岩体分离。继续加深，分离后且 $\Delta U = U_e - U_0 > 0$ 时，ΔU 转化为飞石动能进而消耗 U_e；进一步增加深度，岩体系统会调整飞石体积和速度消耗 U_e，以裂隙岩体分离和飞石循环的方式继续消耗 U_e，快速形成一次宏观冲击地压过程。进一步增加深度，宏观冲击地压过程会造成卸载面一侧岩体大范围破碎松散坍塌，甚至巷道整体破坏。

作者在参考文献[28]～[31]的基础上，通过模拟将该过程可分解为三种形式：①变形和裂隙生成阶段，$U_0 = u_{21}^0 + u_{22}^0$，范围为 0～-320m；②变形、裂隙和变形飞石循环阶段，$U_2 = U_0 + \sum_{i=1}^{I}(u_{21}^i + u_{22}^i + u_{23}^i) + u_{23}^I$，范围为-320～-620m；③变形、裂隙、循环和卸载侧区域坍塌阶段，见式(8.1)，范围为-620～-820m。上述随深度变化的岩体能量释放过程如图 8.1 所示。

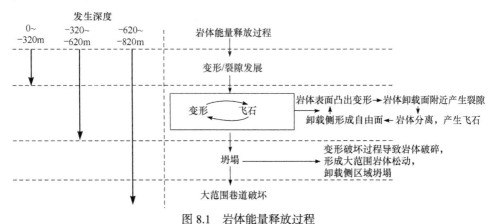

图 8.1　岩体能量释放过程

根据图 8.1 和上述过程得到岩体能量释放过程的时间特征，如图 8.2 所示。

上述过程蕴含很多有用信息，包括岩体能量释放的形式、各种形式之间的关系、不同深度能量释放过程和能量释放的时间特征。其中，最为重要的是不同深

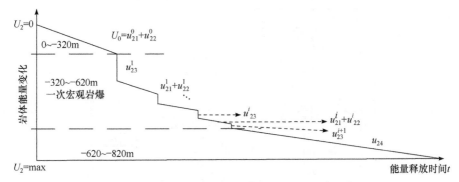

图 8.2　冲击地压灾害演化过程的岩体能量降低过程

度情况下的岩体能量释放形式的不同，即冲击地压灾害演化过程在不同深度表现出来的差异。这也明确了不同深度情况下冲击地压灾害演化过程的不同。

8.2　不同深度冲击地压演化过程的空间故障网络描述

根据 8.1 节给出的不同深度情况下，考虑能量变化的冲击地压灾害演化过程，将冲击地压灾害演化过程按照深度分为三类：$-620 \sim -820\text{m}$，如图 8.3 所示；$-320 \sim -620\text{m}$，如图 8.4 所示；$0 \sim -320\text{m}$，如图 8.5 所示。由于 $-620 \sim -820\text{m}$ 的冲击地压灾害演化过程最为完整，以该过程为例进行描述，并使用 SFN 表示，如图 8.3 所示。

首先说明图 8.3(a)中各种符号含义。矩形框表示事件，事件一般包括对象和状态，是演化过程的承载体和施加者。图中共有 19 个事件，用 $e_1 \sim e_{19}$ 表示。实线箭头表示连接，由原因事件指向结果事件。连接蕴含着传递概率，表示原因事件导致结果事件的可能性。虚线箭头表示同位连接，由关系事件指向结果事件，同位连接的传递概率是 1。图中共有 25 个连接，其传递概率用 $q_1 \sim q_{25}$ 表示。圆形表示结果事件，图中有 6 个结果事件，用 $\text{LS}_1 \sim \text{LS}_6$ 表示。结果事件不同于一般事件，没有对象和状态。多个原因事件以不同逻辑关系导致结果事件，因此使用关系事件来表达原因事件的不同逻辑关系。关系事件后标识的符号表示原因事件以何种关系导致结果事件，即同位连接指向的结果事件。最典型的逻辑关系有"与""或""传递"，其中"与""或"关系分别用符号"·""+"表示，传递关系由于原因事件和结果事件一一对应，符号省略。事件发生逻辑关系有 20 种，可使用柔性逻辑进行表示[32,33]。图中，边缘事件为 e_2、e_3、e_4、e_7、e_8、e_9。最终事件根据上述三种不同情况分别为 e_{17}、e_{14} 和 e_{11}，其余为过程事件。具体关于 SFN 理论和应用可参见文献[20]～[27]。这里对上述 SFN 中的事件和连接的含义进行说明，见表 8.1。

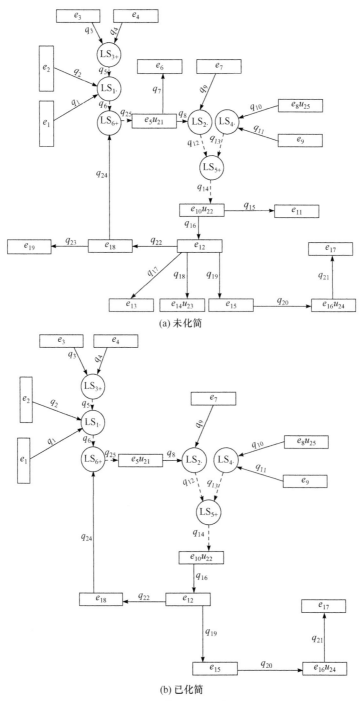

(a) 未化简

(b) 已化简

图 8.3   −620∼−820m 冲击地压灾害演化过程的 SFN

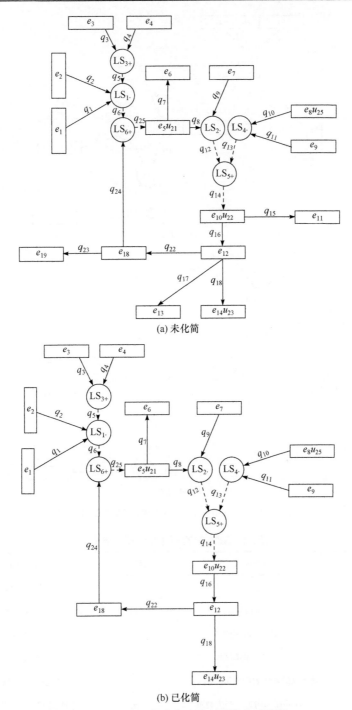

(a) 未化简

(b) 已化简

图 8.4 −320∼−620m 冲击地压灾害演化过程的 SFN

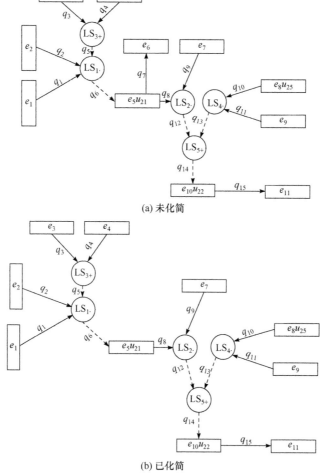

(a) 未化简

(b) 已化简

图 8.5　0~-320m 冲击地压灾害演化过程的 SFN

表 8.1　SFN 中的事件和连接的含义

事件编号	事件含义	连接编号	传递条件
e_1	开挖掘进	q_1	直接导致
e_2	深部硬岩	q_2	直接导致
e_3	高地质构造应力	q_3	直接导致
e_4	高弹性势能赋存	q_4	直接导致
e_5	新形成的岩体表面凸出变形 u_{21}	q_5	同位连接，传递概率为 1
e_6	岩体卸荷面附近不产生裂隙	q_6	同位连接，传递概率为 1
e_7	岩体非均匀，有损伤 a	q_7	弹性势能消散，未超过强度

事件编号	事件含义	连接编号	传递条件
e_8	域外岩体震动 u_{25}	q_8	超过岩体抗拉剪强度
e_9	岩体非均匀，有损伤 b	q_9	破坏并发展 a
e_{10}	岩体卸载面附近产生裂隙 u_{22}	q_{10}	传递到域内
e_{11}	表层岩体不分离	q_{11}	破坏并发展 b
e_{12}	表层岩体分离	q_{12}	同位连接，传递概率为1
e_{13}	无飞石	q_{13}	同位连接，传递概率为1
e_{14}	飞石 u_{23}	q_{14}	同位连接，传递概率为1
e_{15}	形成大范围岩体松动	q_{15}	能量耗尽
e_{16}	卸载侧区域坍塌 u_{24}	q_{16}	弹性势能消散
e_{17}	巷道破坏	q_{17}	能量耗尽
e_{18}	卸载侧形成自由面	q_{18}	以动能消散
e_{19}	新形成的岩体表面不变形	q_{19}	经过多次分离
LS_1	e_1、e_2 和 LS_3 "与"关系导致 e_5	q_{20}	围岩失去支撑力
LS_2	e_5 和 e_7 "与"关系导致 LS_5	q_{21}	应力应变沿着巷道传播
LS_3	e_3 和 e_4 "或"关系导致 LS_1	q_{22}	直接导致，传递概率为1
LS_4	e_8 和 e_9 "或"关系导致 LS_5	q_{23}	能量耗尽
LS_5	LS_2 和 LS_4 "或"关系导致 e_{10}	q_{24}	弹性势能消散
LS_6	e_{18} 和 LS_1 "或"关系导致 e_5	q_{25}	直接导致，传递概率为1

　　图 8.3 给出了完整的冲击地压灾害演化过程。研究该情况下的冲击地压灾害演化过程，该过程最终引起巷道破坏事件，因此将 e_{17} 作为最终事件进行研究。将图 8.3(a)进行简化，去掉过程事件导致的且与 e_{17} 无关的结果事件，得到图 8.3(b)。研究 $-320\sim-620$m 时的冲击地压灾害演化过程，其最终发生飞石现象，因此将 e_{14} 作为最终事件进行分析，如图 8.4 所示；研究 $0\sim-320$m 时的冲击地压灾害演化过程，其最终未发生表面岩体分离，因此将 e_{11} 作为最终事件进行分析，如图 8.5 所示。

　　以上给出了三种深度情况下的冲击地压灾害演化过程。可见，不同深度情况下冲击地压最终结果的形式不同。那么，什么事件将导致最终事件发生，逻辑关系如何，各事件重要程度如何，是接下来要研究的问题。

8.3　不同深度演化过程中最终事件发生情况

根据图 8.3～图 8.5 所示的不同深度冲击地压灾害演化过程的 SFN 表示，将 SFN 中各事件的因果关系组成因果关系组(causal relationship set, CRS)，图 8.3 和图 8.4 使用相同的 CRS，具体表达式为

$$CRS = \{LS_3 = 1-(1-q_3e_3)(1-q_4e_4), LS_1 = e_2q_2e_1q_1, LS_3q_5, LS_6 = 1-(1-LS_1q_6)(1-q_{24} \cdot$$
$$e_{18}), e_5 = q_{25}LS_6, LS_2 = e_5q_8e_7q_9, LS_4 = q_{10}e_8q_{11}e_9, LS_5 = 1-(1-q_{12}LS_2) \cdot$$
$$(1-q_{13}LS_4), e_{10} = q_{14}LS_5, e_{12} = q_{16}e_{10}, e_{18} = q_{22}e_{12}, e_{15} = q_{19}e_{12}, e_{16} = q_{20}e_{15},$$
$$e_{17} = q_{21}e_{16}\}$$

图 8.5 使用的 CRS 的表达式为

$$CRS = \{LS_3 = 1-(1-q_3e_3)(1-q_4e_4), LS_1 = e_2q_2e_1q_1LS_3q_5, LS_6 = 1-(1-LS_1q_6)(1-q_{24} \cdot$$
$$e_{18}), e_5 = q_{25}LS_6, LS_2 = e_5q_8e_7q_9, LS_4 = q_{10}e_8q_{11}e_9, LS_5 = 1-(1-q_{12}LS_2) \cdot$$
$$(1-q_{13}LS_4), e_{10} = q_{14}LS_5, e_{12} = q_{16}e_{10}, e_{18} = q_{22}e_{12}, e_{14} = q_{18}e_{12}\}$$

根据因果关系组得到最终事件概率解析式(target event probability expression, TEPE)。该过程为：先确定最终事件；将最终事件作为结果事件按照传递的反方向寻找原因事件；将该原因事件再作为结果事件寻找其原因事件，直到原因事件均为边缘事件；将上述过程按照不同逻辑关系进行合并，得到 TEPE。该过程可通过 MATLAB 实现。

不同深度情况下得到不同的 TEPE，$-620\sim-820$m 的最终事件为 e_{17}；$-320\sim$ -620m 的最终事件为 e_{14}；$0\sim-320$m 的最终事件为 e_{11}，TEPE 分别如式(8.2)～式(8.4)所示。

$$\begin{aligned}
e_{17} = &\ q_{21}q_{20}q_{19}q_{16}q_{14}q_{13}q_{10}e_8q_{11}e_9 + q_{21}q_{20}q_{19}\left(q_{16}q_{22}q_{14}q_{12}q_{25}q_8e_7q_9q_{24}e_{18}\right)^n \\
&- q_{21}q_{20}q_{19}\left(q_{16}q_{22}q_{14}q_{12}q_{25}q_8e_7q_9q_{24}e_{18}q_{13}q_{10}e_8q_{11}e_9\right)^n \\
&+ q_{21}q_{20}q_{19}\left(q_{16}q_{22}q_{14}q_{12}q_{25}q_8e_7q_9q_6e_2q_2e_1q_1q_5q_4e_4\right)^n \\
&- q_{21}q_{20}q_{19}\left(q_{16}q_{22}q_{14}q_{12}q_{25}q_8e_7q_9q_6e_2q_2e_1q_1q_5q_4e_4q_{13}q_{13}q_{10}e_8q_{11}e_9\right)^n \\
&- q_{21}q_{20}q_{19}\left(q_{16}q_{22}q_{14}q_{12}q_{25}q_8e_7q_9q_6e_2q_2e_1q_1q_5q_4e_4q_{24}e_{18}\right)^n \\
&+ q_{21}q_{20}q_{19}\left(q_{16}q_{22}q_{14}q_{12}q_{25}q_8e_7q_9q_6e_2q_2e_1q_1q_5q_4e_4q_{24}e_{18}q_{13}q_{10}e_8q_{11}e_9\right)^n \\
&+ q_{21}q_{20}q_{19}\left(q_{16}q_{22}q_{14}q_{12}q_{25}q_8e_7q_9q_6e_2q_2e_1q_1q_5q_3e_3\right)^n \\
&- q_{21}q_{20}q_{19}\left(q_{16}q_{22}q_{14}q_{12}q_{25}q_8e_7q_9q_6e_2q_2e_1q_1q_5q_3e_3q_{13}q_{10}e_8q_{11}e_9\right)^n \\
&- q_{21}q_{20}q_{19}\left(q_{16}q_{22}q_{14}q_{12}q_{25}q_8e_7q_9q_6e_2q_2e_1q_1q_5q_3e_3q_{24}e_{18}\right)^n
\end{aligned}$$

$$+ q_{21}q_{20}q_{19}(q_{16}q_{22}q_{14}q_{12}q_{25}q_8 e_7 q_9 q_6 e_2 q_2 e_1 q_1 q_5 q_3 e_3 q_{24} e_{18} q_{13} q_{10} e_8 q_{11} e_9)^n$$

$$- q_{21}q_{20}q_{19}(q_{16}q_{22}q_{14}q_{12}q_{25}q_8 e_7 q_9 q_6 e_2 q_2 e_1 q_1 q_5 q_3 e_3 q_4 e_4)^n$$

$$+ q_{21}q_{20}q_{19}(q_{16}q_{22}q_{14}q_{12}q_{25}q_8 e_7 q_9 q_6 e_2 q_2 e_1 q_1 q_5 q_3 e_3 q_4 e_4 q_{13} q_{10} e_8 q_{11} e_9)^n$$

$$+ q_{21}q_{20}q_{19}(q_{16}q_{22}q_{14}q_{12}q_{25}q_8 e_7 q_9 q_6 e_2 q_2 e_1 q_1 q_5 q_3 e_3 q_4 e_4 q_{24} e_{18})^n$$

$$- q_{21}q_{20}q_{19}(q_{16}q_{22}q_{14}q_{12}q_{25}q_8 e_7 q_9 q_6 e_2 q_2 e_1 q_1 q_5 q_3 e_3 q_4 e_4 q_{24} e_{18} q_{13} q_{10} e_8 q_{11} e_9)^n$$

$$\hfill (8.2)$$

$$e_{14} = q_{18}(q_{16}q_{22}q_{14}q_{13}q_{10}e_8 q_{11} e_9)^n + q_{18}(q_{16}q_{22}q_{14}q_{12}q_{25}q_8 e_7 q_9 q_{24} e_{18})^n$$

$$- q_{18}(q_{16}q_{22}q_{14}q_{12}q_{25}q_8 e_7 q_9 q_{24} e_{18} q_{13} q_{10} e_8 q_{11} e_9)^n$$

$$+ q_{18}(q_{16}q_{22}q_{14}q_{12}q_{25}q_8 e_7 q_9 q_6 e_2 q_2 e_1 q_1 q_5 q_4 e_4)^n$$

$$- q_{18}(q_{16}q_{22}q_{14}q_{12}q_{25}q_8 e_7 q_9 q_6 e_2 q_2 e_1 q_1 q_5 q_4 e_4 q_{13} q_{10} e_8 q_{11} e_9)^n$$

$$- q_{18}(q_{16}q_{22}q_{14}q_{12}q_{25}q_8 e_7 q_9 q_6 e_2 q_2 e_1 q_1 q_5 q_4 e_4 q_{24} e_{18})^n$$

$$+ q_{18}(q_{16}q_{22}q_{14}q_{12}q_{25}q_8 e_7 q_9 q_6 e_2 q_2 e_1 q_1 q_5 q_4 e_4 q_{24} e_{18} q_{13} q_{10} e_8 q_{11} e_9)^n$$

$$+ q_{18}(q_{16}q_{22}q_{14}q_{12}q_{25}q_8 e_7 q_9 q_6 e_2 q_2 e_1 q_1 q_5 q_3 e_3)^n$$

$$- q_{18}(q_{16}q_{22}q_{14}q_{12}q_{25}q_8 e_7 q_9 q_6 e_2 q_2 e_1 q_1 q_5 q_3 e_3 q_{13} q_{10} e_8 q_{11} e_9)^n$$

$$- q_{18}(q_{16}q_{22}q_{14}q_{12}q_{25}q_8 e_7 q_9 q_6 e_2 q_2 e_1 q_1 q_5 q_3 e_3 q_{24} e_{18})^n$$

$$+ q_{18}(q_{16}q_{22}q_{14}q_{12}q_{25}q_8 e_7 q_9 q_6 e_2 q_2 e_1 q_1 q_5 q_3 e_3 q_{24} e_{18} q_{13} q_{10} e_8 q_{11} e_9)^n$$

$$- q_{18}(q_{16}q_{22}q_{14}q_{12}q_{25}q_8 e_7 q_9 q_6 e_2 q_2 e_1 q_1 q_5 q_3 e_3 q_4 e_4)^n$$

$$+ q_{18}(q_{16}q_{22}q_{14}q_{12}q_{25}q_8 e_7 q_9 q_6 e_2 q_2 e_1 q_1 q_5 q_3 e_3 q_4 e_4 q_{13} q_{10} e_8 q_{11} e_9)^n$$

$$+ q_{18}(q_{16}q_{22}q_{14}q_{12}q_{25}q_8 e_7 q_9 q_6 e_2 q_2 e_1 q_1 q_5 q_3 e_3 q_4 e_4 q_{24} e_{18})^n$$

$$- q_{18}(q_{16}q_{22}q_{14}q_{12}q_{25}q_8 e_7 q_9 q_6 e_2 q_2 e_1 q_1 q_5 q_3 e_3 q_4 e_4 q_{24} e_{18} q_{13} q_{10} e_8 q_{11} e_9)^n$$

$$\hfill (8.3)$$

$$e_{11} = q_{15}q_{14}q_{13}q_{10}e_8 q_{11} e_9 + q_{15}q_{14}q_{12}q_6 e_2 q_2 e_1 q_1 q_5 q_8 e_7 q_9 q_4 e_4$$

$$- q_{15}q_{14}q_{12}q_6 e_2 q_2 e_1 q_1 q_5 q_8 e_7 q_9 q_4 e_4 q_{13} q_{10} e_8 q_{11} e_9$$

$$+ q_{15}q_{14}q_{12}q_6 e_2 q_2 e_1 q_1 q_5 q_8 e_7 q_9 q_3 e_3 - q_{15}q_{14}q_{12}q_6 e_2 q_2 e_1 q_1 q_5 q_8 e_7 q_9 q_3 e_3 q_{13} q_{10} e_8 q_{11} e_9$$

$$- q_{15}q_{14}q_{12}q_6 e_2 q_2 e_1 q_1 q_5 q_8 e_7 q_9 q_3 e_3 q_4 e_4$$

$$+ q_{15}q_{14}q_{12}q_6 e_2 q_2 e_1 q_1 q_5 q_8 e_7 q_9 q_3 e_3 q_4 e_4 q_{13} q_{10} e_8 q_{11} e_9$$

$$\hfill (8.4)$$

式(8.2)～式(8.4)是三种冲击地压灾害演化过程的 TEPE。实际上，这些公式是最终事件演化表达式(target event evolution expression, TEEE)。两者的区别在于前者以计算最终事件发生概率为目的，算式中有正负号用以消除事件重叠情况，q 代表传递概率具体数值，e代表边缘事件发生概率或概率分布，因此该式得到的是最终事件发生概率或概率分布。后者以表示最终事件演化过程为目标，一般不考虑负号项[减量单元故障演化过程(reduced unit fault evolution process，RUFEP)]，最终事件的发生都是增量故障演化过程(incremental unit fault evolution process，IUFEP)导致的，q和e代表传递条件和事件，突出演化过程的参与性，最终得到最终事件的故障模式。由于 TEPE 和 TEEE 的结构相同，这里不重复给出，都使用一种形式表达，且不妨碍后继分析。

对式(8.2)～式(8.4)进行进一步说明。各式中的"＋""－"分别代表 IUFEP 和 RUFEP。IUFEP 是导致最终事件发生的基础，每个 IUFEP 都是最终事件发生的一种可能性，只是概率不同，可认为是最终事件的故障模式。因此，式中全部加号项代表最终事件发生的全部可能性，即全部故障模式。RUFEP 是为了消除增量演化过程中的相关重叠情况，进而修正最终事件发生概率的计算值。然而，在分析最终事件的故障模式时只考虑各个模式的演化过程，每个单元演化过程是独立的，因此不需要考虑 RUFEP。

SFN 中有三种典型结构，包括一般结构、多向环网络结构和单向环结构。一般结构不包含环状结构，不存在任何连接相连形成的环结构。多向环网络结构中的连接形成了环状结构，但是环中的传递方向不统一，具有至少两个方向。单向环结构中的连接组成环结构且传递方向一致，是首尾相连的。这种结构代表了故障演化过程中循环且不断递增的过程，一旦发生难以停止。单向环结构难以独立存在，而是附着于一般结构。图 8.2 和图 8.3 是单向环附着于一般结构，图 8.4 是一般结构。对于不同的结构，SFN 的分析方法也不同。

特别是单向环结构，式(8.2)和式(8.3)中各项的次数 n 代表单向环循环次数。循环次数的不同进一步影响了最终事件的发生概率。随着循环次数的增加，最终事件发生可能性是增加的。但是，每一次循环较上次产生的故障概率都在减小，因为上次循环是本次循环的条件事件。经历的循环次数越多，本次事件发生的可能性越小，但同一个事件在多次循环中的发生概率叠加后仍是增加的。此时，IUFEP 的最终事件发生概率如式(8.5)所示。

$$P_e = \prod_{i=1}^{G} q_i \cdot \prod_{f=1}^{F} e_f \cdot \sum_{j=1}^{K} \left(\prod_{t=1}^{T} q_t \cdot \prod_{l=1}^{L} e_l \right)^j \tag{8.5}$$

式中，P_e 表示最终事件的发生概率或分布；i 表示在循环结构外的传递概率(传递条件)数量，共 G 个；f 表示在循环结构之外事件 e_f 的数量，共 F 个；j 表示循环结构循环次数，共 K 次；t 表示循环结构中传递概率(传递条件)数量，共 T 个；l 表述循环结构中事件 e_l 的数量，共 L 个。

例如，e_{17} 的 IUFEP 为 $q_{21}q_{20}q_{19}\left(q_{16}q_8e_7q_9q_{24}e_{18}\right)^n$，$G=3$、$F=0$、$K=n$、$T=7$、

$L=2$。具体而言，这些参数的意义是：G 代表 IUFEP 循环过程外的演化过程复杂性(evolution process complexity，EPC)；F 代表 IUFEP 循环过程之外的演化原因复杂性(evolution cause complexity，ECC)；K 代表 IUFEP 可能出现的循环复杂性，理论上 K 无限大，到事件发生为止；T 代表 IUFEP 循环过程中演化过程复杂性；L 代表 IUFEP 循环过程中演化原因复杂性。它们的共同特点是数值越大复杂性越大。因此，P_e 可认为由 q_i、e_f、q_t 和 e_l 四种形式组成。

进一步，在分析之前将 TEPE 中的关系事件、同位连接、传递概率是 1 的连接和直接导致的连接去掉。它们的作用是澄清逻辑关系和传递关系，但对于最终事件故障概率计算和故障模式分析无效。因此，式(8.2)~式(8.4)可改写为式(8.6)~式(8.8)。

$$
\begin{aligned}
e_{17} =\ & q_{21}q_{20}q_{19}q_{16}q_{10}e_8q_{11}e_9 + q_{21}q_{20}q_{19}\left(q_{16}q_8e_7q_9q_{24}e_{18}\right)^n \\
& - q_{21}q_{20}q_{19}\left(q_{16}q_8e_7q_9q_{24}e_{18}q_{10}e_8q_{11}e_9\right)^n \\
& + q_{21}q_{20}q_{19}\left(q_{16}q_8e_7q_9e_2e_1e_4\right)^n - q_{21}q_{20}q_{19}\left(q_{16}q_8e_7q_9e_2e_1e_4q_{10}e_8q_{11}e_9\right)^n \\
& - q_{21}q_{20}q_{19}\left(q_{16}q_8e_7q_9e_2e_1e_4q_{24}e_{18}\right)^n + q_{21}q_{20}q_{19}\left(q_{16}q_8e_7q_9e_2e_1e_4q_{24}e_{18}q_{10}e_8q_{11}e_9\right)^n \\
& + q_{21}q_{20}q_{19}\left(q_{16}q_8e_7q_9e_2e_1e_3\right)^n - q_{21}q_{20}q_{19}\left(q_{16}q_8e_7q_9e_2e_1e_3q_{10}e_8q_{11}e_9\right)^n \\
& - q_{21}q_{20}q_{19}\left(q_{16}q_8e_7q_9e_2e_1e_3q_{24}e_{18}\right)^n \\
& + q_{21}q_{20}q_{19}\left(q_{16}q_8e_7q_9e_2e_1e_3q_{24}e_{18}q_{10}e_8q_{11}e_9\right)^n - q_{21}q_{20}q_{19}\left(q_{16}q_8e_7q_9e_2e_1e_3e_4\right)^n \\
& + q_{21}q_{20}q_{19}\left(q_{16}q_8e_7q_9e_2e_1e_3e_4q_{10}e_8q_{11}e_9\right)^n + q_{21}q_{20}q_{19}\left(q_{16}q_8e_7q_9e_2e_1e_3e_4q_{24}e_{18}\right)^n \\
& - q_{21}q_{20}q_{19}\left(q_{16}q_8e_7q_9e_2e_1e_3e_4q_{24}e_{18}q_{10}e_8q_{11}e_9\right)^n
\end{aligned}
\tag{8.6}
$$

$$
\begin{aligned}
e_{14} =\ & q_{18}\left(q_{16}q_{10}e_8q_{11}e_9\right)^n + q_{18}\left(q_{16}q_8e_7q_9q_{24}e_{18}\right)^n - q_{18}\left(q_{16}q_8e_7q_9q_{24}e_{18}q_{10}e_8q_{11}e_9\right)^n \\
& + q_{18}\left(q_{16}q_8e_7q_9e_2e_1e_4\right)^n - q_{18}\left(q_{16}q_8ee_2e_1e_4q_{10}e_8q_{11}e_9\right)^n - q_{18}\left(q_{16}q_8e_7q_9e_2e_1e_4q_{24}e_{18}\right)^n \\
& + q_{18}\left(q_{16}q_8e_7q_9e_2e_1e_4q_{24}e_{18}q_{10}e_8q_{11}e_9\right)^n + q_{18}\left(q_{16}q_8e_7q_9e_2e_1e_3\right)^n \\
& - q_{18}\left(q_{16}q_8e_7q_9e_2e_1e_3q_{10}e_8q_{11}e_9\right)^n - q_{18}\left(q_{16}q_8e_7q_9e_2e_1e_3q_{24}e_{18}\right)^n \\
& + q_{18}\left(q_{16}q_8e_7q_9e_2e_1e_3q_{24}e_{18}q_{10}e_8q_{11}e_9\right)^n - q_{18}\left(q_{16}q_8e_7q_9e_2e_1e_3e_4\right)^n \\
& + q_{18}\left(q_{16}q_8e_7q_9e_2e_1e_3e_4q_{10}e_8q_{11}e_9\right)^n + q_{18}\left(q_{16}q_8e_7q_9e_2e_1e_3e_4q_{24}e_{18}\right)^n \\
& - q_{18}\left(q_{16}q_8e_7q_9e_2e_1e_3e_4q_{24}e_{18}q_{10}e_8q_{11}e_9\right)^n
\end{aligned}
\tag{8.7}
$$

$$
\begin{aligned}
e_{11} =\ & q_{15}q_{10}e_8q_{11}e_9 + q_{15}e_2e_1q_8e_7q_9e_4 - q_{15}e_2e_1q_8e_7q_9e_4q_{10}e_8q_{11}e_9 + q_{15}e_2e_1q_8e_7q_9e_3 \\
& - q_{15}e_2e_1q_8e_7q_9e_3q_{10}e_8q_{11}e_9e_7q_9e_3e_4 + q_{15}e_2e_1q_8e_7q_9e_3e_4q_{10}e_8q_{11}e_9
\end{aligned}
\tag{8.8}
$$

使用式(8.6)~式(8.8)，将各传递概率数值和各事件概率或分布代入，即可求得不同情况下冲击地压最终事件的发生概率或分布。这里利用 TEPE 分别求得巷道破坏、飞石和表层岩体不分离的发生概率。TEEE 用于分析可能造成最终事件发生的故障模式。使用式(8.6)~式(8.8)代表 TEEE，下列分析使用 TEEE 的形式完成。将 RUFEP 去掉，剩余的 IUFEP 就是最终事件的故障模式。分析各故障模式的演化原因复杂性和演化过程复杂性，前者统计边缘事件数量，后者统计传递条件数量，分别如式(8.9)和式(8.10)所示。

$$ECC = F + KL \tag{8.9}$$

$$EPC = G + TK \tag{8.10}$$

事件 e_{17} 巷道破坏的故障模式为

$$+q_{21}q_{20}q_{19}q_{16}q_{10}e_8q_{11}e_9, \qquad\qquad ECC-2；EPC-6$$

$$+q_{21}q_{20}q_{19}\left(q_{16}q_8e_7q_9q_{24}e_{18}\right)^n, \qquad ECC-2n；EPC-3+4n$$

$$+q_{21}q_{20}q_{19}\left(q_{16}q_8e_7q_9e_2e_1e_4\right)^n, \qquad ECC-4n；EPC-3+3n$$

$$+q_{21}q_{20}q_{19}\left(q_{16}q_8e_7q_9e_2e_1e_4e_{24}e_{18}q_{10}e_8q_{11}e_9\right)^n, \quad ECC-7n；EPC-3+6n$$

$$+q_{21}q_{20}q_{19}\left(q_{16}q_8e_7q_9e_2e_1e_3\right)^n, \qquad ECC-4n；EPC-3+3n$$

$$+q_{21}q_{20}q_{19}\left(q_{16}q_8e_7q_9e_2e_1e_3e_{24}e_{18}q_{10}e_8q_{11}e_9\right)^n, \quad ECC-7n；EPC-3+6n$$

$$+q_{21}q_{20}q_{19}\left(q_{16}q_8e_7q_9e_2e_1e_3e_4q_{10}e_8q_{11}e_9\right)^n, \qquad ECC-7n；EPC-3+5n$$

$$+q_{21}q_{20}q_{19}\left(q_{16}q_8e_7q_9e_2e_1e_3e_4q_{24}e_{18}\right)^n, \qquad ECC-6n；EPC-3+4n$$

事件 e_{14} 飞石的表层岩体不分离的故障模式为

$$+q_{18}\left(q_{16}q_{10}e_8q_{11}e_9\right)^n, \qquad\qquad ECC-2n；EPC-1+3n$$

$$+q_{18}\left(q_{16}q_8e_7q_9q_{24}e_{18}\right)^n, \qquad ECC-2n；EPC-1+4n$$

$$+q_{18}\left(q_{16}q_8e_7q_9e_2e_1e_4\right)^n, \qquad ECC-4n；EPC-1+3n$$

$$+q_{18}\left(q_{16}q_8e_7q_9e_2e_1e_4q_{24}e_{18}q_{10}e_8q_{11}e_9\right)^n, \quad ECC-7n；EPC-1+6n$$

$$+q_{18}\left(q_{16}q_8e_7q_9e_2e_1e_3\right)^n, \qquad ECC-4n；EPC-1+3n$$

$$+q_{18}\left(q_{16}q_8e_7q_9e_2e_1e_3q_{24}e_{18}q_{10}e_8q_{11}e_9\right)^n, \quad ECC-7n；EPC-1+6n$$

$$+q_{18}\left(q_{16}q_8e_7q_9e_2e_1e_3e_4q_{10}e_8q_{11}e_9\right)^n, \qquad ECC-7n；EPC-1+5n$$

$$+q_{18}\left(q_{16}q_8e_7q_9e_2e_1e_3e_4q_{24}e_{18}\right)^n, \qquad ECC-6n；EPC-1+4n$$

事件 e_{11} 飞石的故障模式为

$$+q_{15}q_{10}e_8q_{11}e_9, \qquad\qquad ECC-1；EPC-4$$

$$+q_{15}e_2e_1q_8e_7q_9e_4 ,\qquad\qquad ECC-4；EPC-3$$

$$+q_{15}e_2e_1q_8e_7q_9e_3 ,\qquad\qquad ECC-4；EPC-3$$

$$+q_{15}e_2e_1q_8e_7q_9e_3e_4q_{10}e_8q_{11}e_9 ,\qquad ECC-7；EPC-5$$

这三个事件是冲击地压灾害演化过程在不同条件下最终停止演化的最终事件。对应的这些故障模式就是导致这些事件发生的事件和传递的集合。各故障概率发生的复杂性可通过演化原因复杂性和演化过程复杂性来分析，具体应考虑分析的尺度和角度。另外，根据各故障模式中的事件和连接(传递条件)，结合表 8.1 给出的意义可得故障模式对应的物理意义，以解释故障模式的含义。例如，$+q_{21}q_{20}q_{19}\left(q_{16}q_8e_7q_9q_{24}e_{18}\right)^n$ 解释为：卸载侧形成自由面伴随弹性势能消散和超过岩体抗拉剪强度，并且岩体非均匀有损伤伴随着岩体破坏并发展，导致岩体卸载面产生裂隙，进而能量释放导致表面岩体分离，进一步导致多次岩体分离，围岩失去支撑力，应力应变沿着巷道传播造成巷道破坏。这样的解释可以使用事件描述和事件及传递混合描述两种方式。使用事件描述是利用边缘事件、过程事件和最终事件组合进行的，可不出现传递条件。在 TEEE 或 TEPE 形成过程中将过程事件化简，只保留边缘事件、传递条件和最终事件。两种形式的演化过程解释都是正确的，只是侧重点不同。每一种故障模式都对应一个演化过程的描述和解释，因此可以得到各种故障模式的物理意义和过程描述。

8.4　不同深度演化过程中事件和传递条件重要性

故障模式是最终事件可能发生的形式。故障模式由边缘事件和传递概率(传递条件)组成，因此可以研究不同深度条件下冲击地压灾害演化过程中不同事件和传递条件对该过程的重要性。确定边缘事件发生概率或概率分布和传递条件出现概率(传递概率)在冲击地压灾害演化过程中都是困难的，因此这里从演化过程的结构上讨论边缘事件和传递条件的重要性。

计算它们的重要性可以使用式(8.9)和式(8.10)及指标 F、L、G、T 和 K。分析同一个最终事件的多个故障模式，每个故障模式都能导致该事件发生，因此每个故障模式的权重均为 1。同时，对一个故障模式而言，事件或传递条件出现的次数决定了其重要程度，出现越多重要性越大。在故障模式内，每次出现的事件和传递条件权重相同。本书基于这种思想提出事件重要度(I_{e_f}, I_{e_i})和传递条件重要度(transfer condition importance，TCI)(I_{q_i}, I_{q_t})计算方法，如式(8.11)和式(8.12)所示。

$$I_{q_i}=I_{e_f}=\frac{1}{ECC+EPC}=\frac{1}{F+G+(T+L)K} \qquad (8.11)$$

$$I_{q_t} = I_{e_l} = \frac{n}{\text{ECC} + \text{EPC}} = \frac{n}{F + G + (T + L)K} \tag{8.12}$$

式(8.11)和式(8.12)给出了一个最终事件的一个故障模式中各个边缘事件的事件重要度和传递条件重要度的计算方法。对于一个故障模式，需要将相同事件和传递条件得到的重要度相加。对于一个最终事件，将所有故障模式中相同事件和传递条件得到的重要度相加，可得到它们对该最终事件演化过程的重要度，如式(8.13)所示。

$$\begin{cases} I_{q_i}^e = \sum\limits_{\text{FM} \in e} \sum\limits_{q_i \in \text{FM}} I_{q_i} \\ I_{e_f}^e = \sum\limits_{\text{FM} \in e} \sum\limits_{q_i \in \text{FM}} I_{e_f} \\ I_{q_t}^e = \sum\limits_{\text{FM} \in e} \sum\limits_{q_i \in \text{FM}} I_{q_t} \\ I_{e_l}^e = \sum\limits_{\text{FM} \in e} \sum\limits_{q_i \in \text{FM}} I_{e_l} \end{cases} \tag{8.13}$$

式中，I^e 表示针对最终事件的四种重要度。

使用 e_{17} 巷道破坏作为最终事件研究各边缘事件的事件重要度和传递条件重要度。根据 e_{17} 得到的所有故障模式中各边缘事件的事件重要度和传递条件重要度，如式(8.14)所示。

$$\begin{cases} q_{20} = q_{21} = q_{19} = \dfrac{1}{8} + \dfrac{1}{3 + 6n} + \dfrac{2}{3 + 7n} + \dfrac{2}{3 + 13n} + \dfrac{1}{3 + 12n} + \dfrac{1}{3 + 10n}, \\ \quad \lim\limits_{n \to \infty} q_{19}, q_{20}, q_{21} = 0.125 \\ q_{16} = \dfrac{1}{8} + n\left(\dfrac{1}{3 + 6n} + \dfrac{2}{3 + 7n} + \dfrac{2}{3 + 13n} + \dfrac{1}{3 + 12n} + \dfrac{1}{3 + 10n} \right), \quad \lim\limits_{n \to \infty} q_{16} = 0.9146 \\ q_{11} = q_{10} = e_8 = e_9 = \dfrac{1}{8} + n\left(\dfrac{2}{3 + 13n} + \dfrac{1}{3 + 12n} \right), \quad \lim\limits_{n \to \infty} e_8, e_9, q_{10}, q_{11} = 0.3622 \\ q_9 = e_7 = e_8 = n\left(\dfrac{1}{3 + 6n} + \dfrac{2}{3 + 7n} + \dfrac{2}{3 + 13n} + \dfrac{1}{3 + 12n} + \dfrac{1}{3 + 10n} \right), \\ \lim\limits_{n \to \infty} e_7, q_8, q_9 = 0.7896 \\ e_1 = e_2 = n\left(\dfrac{2}{3 + 7n} + \dfrac{2}{3 + 13n} + \dfrac{1}{3 + 12n} + \dfrac{1}{3 + 10n} \right), \quad \lim\limits_{n \to \infty} e_1, e_2 = 0.6229 \\ q_{24} = e_{18} = n\left(\dfrac{1}{3 + 6n} + \dfrac{2}{3 + 13n} + \dfrac{1}{3 + 10n} \right), \quad \lim\limits_{n \to \infty} e_{18}, q_{24} = 0.4205 \\ e_3 = e_4 = n\left(\dfrac{1}{3 + 7n} + \dfrac{1}{3 + 13n} + \dfrac{1}{3 + 12n} + \dfrac{1}{3 + 10n} \right), \quad \lim\limits_{n \to \infty} e_3, e_4 = 0.4031 \end{cases} \tag{8.14}$$

式(8.14)得到了最终事件巷道破坏演化过程中各个边缘事件和传递条件的重要度。根据循环次数不同得到的边缘事件和传递条件重要度也不同。当循环次数趋近于无穷时，可得到它们重要度的极限值，如式(8.14)所示。式(8.14)中所有重要度求和等于 8，与导致最终事件的故障模式数量相同，满足假设要求，计算正确。边缘事件和传递条件总体重要度排序为：$q_{16} > q_9 = e_7 = q_8 > e_1 = e_2 = q_{24} = e_{18} > e_3 = e_4 > q_{11} = q_{10} = e_8 = e_9 > q_{20} = q_{21} = q_{19}$。边缘事件的事件重要度排序为：$e_7 > e_1 = e_2 > e_{18} > e_3 = e_4 > e_8 = e_9$。传递条件的重要度排序为：$q_{16} > q_9 = q_8 > q_{24} > q_{11} = q_{10} > q_{20} = q_{21} = q_{19}$。边缘事件的事件重要度含义为：岩体非均匀有损伤 a>开挖掘进=深部硬岩>卸载侧形成自由面>高地质构造应力=高弹性势能覆存>域外岩体震动=岩体非均匀有损伤 b。传递条件重要度含义为：弹性势能消散>超过岩体抗拉剪强度=破坏并发展 a>弹性势能消散>传递到域内=破坏并发展 b>围岩失去支撑力>应力应变沿着巷道传播>经过多次分离。这里再次强调，上述分析过程是冲击地压灾害演化过程在结构上的特征，不考虑事件发生和传递条件发生本身的概率。上述排序中有些事件和传递条件是重复的，虽然名称相同，但发生的情况、位置等是不同的，是非同次发生的，因此代表两个不同的事件和传递条件，用 a 和 b 区分。

下面具体论述冲击地压灾害演化过程中各边缘事件的重要性。岩体非均匀有损伤是导致岩体破裂的开端，也是发生冲击地压灾害演化过程的开端。如果岩体各向同性且没有任何损伤裂隙，那么发生冲击地压的开采深度将会更深。很多情况下，在浅部发生冲击地压现象是由岩体不均匀且存在裂隙导致的。虽然只要开采深度达到要求并蕴含可释放的弹性势能，必将导致冲击地压，但发生冲击地压的深度和过程形式与岩体均匀性和裂隙有直接关系。开挖掘进与深部硬岩的重要性相同。开挖掘进是冲击地压发生的根本原因，使岩体处于卸载状态，导致岩体存储的弹性势能释放，岩体破裂发生冲击地压。其中，岩体必须存储弹性势能，而弹性势能以硬岩压缩变形的形式进行存储。因此，这两个事件需要同时存在，并且对冲击地压灾害演化过程的重要性相同。卸载侧形成自由面事件是由飞石导致的，是冲击地压灾害演化过程中循环结构的开始，也是连续发生飞石和变形过程的重要环节。不形成自由面则意味着冲击地压过程的结束。高地质构造应力与高弹性势能赋存的重要性相同。构造应力也可产生冲击地压，但同时需要高弹性势能赋存的岩体，两者同时受到开采扰动时即可发生冲击地压。域外岩体震动也可成为冲击地压的发生动力，如矿震、岩梁断裂等情况。

对传递条件重要性的解释也可使用上述方法，这里不再详述。可参考表 8.1、图 8.3 和得到的传递条件重要度进行解释。同理，图 8.4 和图 8.5 的另外两深度冲击地压灾害演化过程也可使用上述方法对边缘事件和传递条件的重要性进行分析和解释。

本节首先论述了冲击地压灾害演化过程，基于演化过程的能量变化和不同深度描述了冲击地压可能形成的三种演化形式，包括岩体系统能量释放形式、能量释放形式之间的关系和不同深度能量释放过程的特征。首先，构建并区分了冲击地压灾害演化过程中各种能量形式、发生顺序和后果。然后，使用 SFN 描述 SFEP 的能力，对冲击地压灾害演化过程进行描述。根据不同深度存储能量的特点，将冲击地压灾害演化过程分为三种演化形式，它们的边缘事件分别为巷道破坏、飞石和表面岩体不分离。参考冲击地压灾害演化过程中各种事件、事件间逻辑关系、事件间传递条件绘制了三种冲击地压灾害演化过程的 SFN。接着，简化分析过程，将 SFN 的过程事件导致的结果事件去掉。接着，将三种化简后的 SFN 形成因果关系组，得到事件间的所有关系。根据 TEPE 的形成方法得到 TEEE，用于最终事件概率和概率分布的计算。对应形成 TEEE 用于分析演化过程结构、故障模式和重要性。最后，研究了冲击地压灾害演化过程中各边缘事件和传递条件重要度。

冲击地压灾害演化过程是一个复杂的动力系统演化过程。其涉及的因素、事件、条件和相互关系极其复杂。特别是基础数据难以获得，导致对冲击地压灾害演化过程的定量分析更为困难。使用 SFN 对冲击地压灾害演化过程进行描述和研究，可分析过程中各种事件、因素和条件之间的关系，但在缺乏基础数据情况下仍然只能进行定性分析。随着技术手段的发展，定量数据将逐步获得，SFN 理论则可使用这些数据定量分析冲击地压灾害演化过程。

8.5　本章小结

使用 SFN 描述了 REP，并根据不同深度的能量情况分析了三种不同的 REP，主要结论如下。

(1) 基于能量变化对 REP 进行了描述和分析，包括岩体系统能量释放种类、各种释放能量形式的关系、不同深度能量释放过程和时间顺序。

(2) 研究了不同深度 REP 及其 SFN 描述。根据不同深度的 REP，将深度划分为三个阶段，即 $0\sim-320$m，$-320\sim-620$m，$-620\sim-820$m。三个阶段的 REP 分别为：岩体表面凸出变形、岩体卸载面附近产生裂隙；岩体表面凸出变形、岩体卸载面附近产生裂隙、表面岩体分离产生飞石，形成新的岩体自由面；岩体表面凸出变形、岩体卸载面附近产生裂隙、表面岩体分离产生飞石，形成新的岩体自由面。循环上述过程直到形成大范围岩体松动，最终导致巷道破坏。

(3) 分析了不同深度 REP 中最终事件的发生情况。利用 SFN 对三种 REP 进行分析，得到了 TEPE 和 TEEE。前者用于定量计算最终事件发生的概率；后者用于定性分析最终事件发生的故障模式和重要性。由于 REP 的基础数据有限，本章研究集中在后者，得到了 ECC 和 EPC 的计算方法。

(4) 研究了不同 REP 中事件和传递条件的重要性。基于 ECC 和 EPC，给出了事件重要度和 TCI 的计算方法，以及它们对最终事件演化过程重要度的计算方法。

<h2 style="text-align:center">参 考 文 献</h2>

[1] Su G S, Jiang J Q, Zhai S B, et al. Influence of tunnel axis stress on strainburst: An experimental study[J]. Rock Mechanics and Rock Engineering, 2017, 50(6): 1551-1567.

[2] Pu Y Y, Apel D B, Wei C. Applying machine learning approaches to evaluating rockburst liability: A comparison of generative and discriminative models[J]. Pure and Applied Geophysics, 2019, 176(10): 4503-4517.

[3] Hu X C, Su G S, Chen G Y, et al. Experiment on rockburst process of borehole and its acoustic emission characteristics[J]. Rock Mechanics and Rock Engineering, 2019, 52(3): 783-802.

[4] Feng G L, Feng X T, Chen B R, et al. A microseismic method for dynamic warning of rockburst development processes in tunnels[J]. Rock Mechanics and Rock Engineering, 2015, 48(5): 2061-2076.

[5] Wang H J, Liu D A, Gong W L, et al. Dynamic analysis of granite rockburst based on the PIV technique[J]. International Journal of Mining Science and Technology, 2015, 25(2): 275-283.

[6] Feng X T, Chen B R, Li S J, et al. Studies on the evolution process of rockbursts in deep tunnels[J]. Journal of Rock Mechanics and Geotechnical Engineering, 2012, 4(4): 289-295.

[7] Yu X S, Yu T X, Song K L, et al. Reliability analysis for load-sharing parallel systems with no failure of components[J]. Journal of Failure Analysis and Prevention, 2019, 19(5): 1244-1251.

[8] Fang G Q, Pan R, Hong Y L. Copula-based reliability analysis of degrading systems with dependent failures[J]. Reliability Engineering and System Safety, 2020, 193: 106618.

[9] Rostamabadi A, Jahangiri M, Zarei E, et al. Model for a novel fuzzy bayesian network-HFACS (FBN-HFACS) model for analyzing human and organizational factors(HOFs) in process accidents[J]. Process Safety and Environmental Protection, 2019, 132: 59-72.

[10] Chen T, Chen L, Xu X, et al. Passive fault-tolerant path following control of autonomous distributed drive electric vehicle considering steering system fault[J]. Mechanical Systems and Signal Processing, 2019, 123: 298-315.

[11] Vališ D, Pokora O, Koláček J. System failure estimation based on field data and semi-parametric modeling[J]. Engineering Failure Analysis, 2019, 101: 473-484.

[12] Wang H L, Zhong D M, Zhao T D. Avionics system failure analysis and verification based on model checking[J]. Engineering Failure Analysis, 2019, 105: 373-385.

[13] Liu Y, Zhao Y L, Lang Z Q, et al. Weighted contribution rate of nonlinear output frequency response functions and its application to rotor system fault diagnosis[J]. Journal of Sound and Vibration, 2019, 460: 114882.

[14] Dunn S, Holmes M. Development of a hierarchical approach to analyse interdependent infrastructure system failures[J]. Reliability Engineering & System Safety, 2019, 191: 106530.

[15] Kholopov V A, Kashirskaya E N, Shmeleva A G, et al. An intelligent monitoring system for

execution of machine engineering processes[J]. Journal of Machinery Manufacture and Reliability, 2019, 48(5): 464-475.

[16] Zhang Z W, Chen H H, Li S M, et al. A novel sparse filtering approach based on time-frequency feature extraction and softmax regression for intelligent fault diagnosis under different speeds[J]. Journal of Central South University, 2019, 26(6): 1607-1618.

[17] Xiong G J, Shi D Y, Zhang J, et al. A binary coded brain storm optimization for fault section diagnosis of power systems[J]. Electric Power Systems Research, 2018, 163: 441-451.

[18] Cui T J, Li S S. Research on complex structures in space fault network for fault data mining in system fault evolution process[J]. IEEE Access, 2019, 7(1): 121881-121896.

[19] Cui T J, Li S S. Research on basic theory of space fault network and system fault evolution process[J]. Neural Computing and Applications, 2020, 32(6): 1725-1744.

[20] Cui T J, Li S S. Deep learning of system reliability under multi-factor influence based on space fault tree[J]. Neural Computing and Applications, 2019, 31(9): 4761-4776.

[21] Cui T J, Wang P Z, Li S S.The function structure analysis theory based on the factor space and space fault tree[J]. Cluster Computing, 2017, 20(2): 1387-1399.

[22] Cui T J, Li S S. Study on the relationship between system reliability and influencing factors under big data and multi-factors[J]. Cluster Computing, 2019, 22 (1): 10275-10297.

[23] Cui T J, Li S S. Study on the construction and application of discrete space fault tree modified by fuzzy structured element[J]. Cluster Computing, 2019, 22(3): 6563-6577.

[24] Li S S, Cui T J, Liu J. Study on the construction and application of cloudization space fault tree[J]. Cluster Computing, 2019, 22 (3): 5613-5633.

[25] Li S S, Cui T J, Liu J. Research on the clustering analysis and similarity in factor space[J]. Computer Systems Science and Engineering, 2018, 33(5): 397-404.

[26] Qi X F, Cui T J, Shao L S, et al. Research on intelligent classification of multi-attribute safety information and determination of operating environment[J]. Journal of Ambient Intelligence and Humanized Computing, 2020, 11: 3509-3520.

[27] Li S S, Cui T J, Li X S,et al. Construction of cloud space fault tree and its application of fault data uncertainty analysis[C]//The 2017 International Conference on Machine Learning and Cybernetics, Ningbo, 2017: 195-201.

[28] 崔铁军, 李莎莎, 王来贵. 基于能量理论的冲击地压细观过程研究[J]. 安全与环境学报, 2018, 18(2): 474-480.

[29] 李莎莎, 崔铁军, 王来贵, 等. 卸载所致岩爆颗粒流模型的实现与应用[J]. 中国安全科学学报, 2015, 25(11): 64-70.

[30] 崔铁军, 李莎莎, 王来贵, 等. 不同采深煤(岩)体岩爆过程模拟分析[J]. 计算力学学报, 2017, 34(3): 336-343.

[31] 崔铁军, 李莎莎, 王来贵, 等. 煤(岩)体埋深及倾角对压应力型冲击地压的影响研究[J]. 计算力学学报, 2018, 35(6): 719-724.

[32] 何华灿. 重新找回人工智能的可解释性[J]. 智能系统学报, 2019, 14(3): 393-412.

[33] 何华灿. 泛逻辑学理论——机制主义人工智能理论的逻辑基础[J]. 智能系统学报, 2018, 13(1): 19-36.

第9章　系统故障分析与智能矿业系统

作者长期从事安全科学领域理论研究，在建立 SFN 理论的同时也对安全系统工程科学理论有一些见解和想法。

随着系统复杂性的提高和智能科学及数据技术的涌现，系统安全及可靠性问题的传统观点正在面临质疑和变革。系统安全问题的研究受到基础理论的限制。9.1 节根据 Leveson 教授提出的学术观点，结合作者对安全科学的认识和研究给出分层的系统安全模型。首先论述七个系统安全研究的新观点；提出系统安全的层次结构，分为社会层、系统层、技术层和运行层；以此建立系统安全的虫洞模型；得到系统故障过程区划图和故障过程有向图进行定量分析；论证 SFT 理论用于该模型的定量计算可行性。该模型可解释事故发生和追责修正过程中现有安全分析过程的一些非正常现象。

9.2 节根据人、机、环、管将传统矿业生产系统分为四个子系统，列出并研究它们之间的八种作用关系。在此基础上，将智能科学技术融入传统矿业生产系统，形成智能矿业生产系统。研究智能矿业生产系统中各子系统之间关系的变化及其适应性。表明，智能矿业生产系统的最大特点是将人与生产系统分离，进而可将采掘系统、运输系统、支护系统和通风系统简化。在保证人安全的前提下，提高系统生产能力、降低运行成本并提高经济效益。因此，智能矿业生产系统是未来矿业发展的必然方向。

9.1　系统故障分析方法

虽然安全科学和系统可靠性理论的发展时间不长，但其关系到从国家发展到日常生活的各个领域，因此得到学术界广泛重视。安全科学的组成可分为两部分：一是安全科学本身的理论基础；二是相关科学中关于安全的科学技术。安全科学自身理论基础不多，且多数来源于系统论中的可靠性领域。当然也有专门针对安全的基础理论，如多米诺模型、瑞士奶酪模型等。安全科学基础理论是纵向的，是在系统层面讨论安全问题，而具体的科学技术应用于安全科学的作用是将具体领域的工况抽象到系统层面，才能使用安全科学基础理论进行研究。因此，研究系统的安全性应分为两个层次：第一层次结合具体科学技术完成；第二层次使用安全基础理论完成。

　　然而，随着自然科学和社会科学的迅猛发展，传统的系统安全思想和分析方法受到质疑和挑战。一些基于复杂系统论、智能科学、数据技术等的先进系统安全分析理论逐渐出现。其中最具代表的是：系统安全的权威专家 Leveson 提出了 STAMP 模型[1]；工程师 Lee 凭借多年的经验制订了软件和系统安全政策；Miller 等首先提出将系统思维运用于安全的思想；Lederer 和 Hammer 是最早的系统安全研究者，也是安全系统工程学科的奠基人。

　　作者在研究 Leveson 提出的七个新观点后，结合自己对系统安全的认识和研究提出本节的观点和模型。为了统一论述，本章使用系统故障而不是系统事故，只在实例分析部分使用系统事故。因为故障是系统的不安全形式，而事故则强调结果。

9.1.1　系统故障分析的问题和新观点

　　著名安全工程学家 Leveson 在其著作 *Engineering a Safer World: Systems Thinking Applied to Safety* 中论述了现代通用安全学和可靠性研究中存在的问题。作者根据自己的经验和体会进行了解释和说明。原论点和新论点均来源于文献[1]和[2]。

　　1. 可靠性与安全性问题

　　论点 1：安全性随着系统或元件可靠性提高而增强。若元件或系统不发生故障，则事故不会发生。

　　可靠性多是通过人为设计和规章制度流程保证的，而安全性则是系统在某种环境下运行表现出来的特征，是系统的一种属性。例如，在系统设计过程中，设计者按照一定的系统功能设计系统，包括功能分解、各元件可靠性、可能的故障处理程序、人员操作规程等。这些设计基于设计者掌握的信息级别，级别越高得到的信息越全面，系统越可靠。但是，元件之间的相互影响，特别是设计者预先缺乏相关信息时设计的系统将发生故障，且系统不会采取任何行动，因此高可靠性并不一定具有高安全性。可靠性降低可能是人的不安全行为、物的不安全状态和管理缺失等原因造成的。但在一些情况下，操作者正是由于获得了现场信息，采取了不符合要求的措施，才避免了事故发生。这些操作者的行为按照规定是不可靠的，但却使系统维持了安全状态，因此安全并不一定可靠。

　　甚至一些情况下，安全和可靠是矛盾的。人们花费资源建立系统的目的是完成目标，在这种情况下需要保证系统完成该功能的能力，这时由于安全对系统的限制，可能或者必须牺牲安全性来保证系统可靠性。另外，由于系统运行环境多变，为保证系统安全，允许操作者随机应变地处理紧急情况。那么，将会牺牲可靠性来保证系统安全性。

新论点：高可靠性对安全性来说既不是充分条件也不是必要条件。

2. 故障链式理论的缺陷

论点 2：事故由一连串相关事件造成，可通过导致事故的事件链分析事故并评估风险。

链式故障理论最初用于简单系统故障分析，但现代系统复杂得多。现代系统很多是数字系统，而不是由元件组成的模拟系统。链式故障模型针对元件故障事件，而忽略了系统运行的环境因素。不同环境因素可能导致不同的故障链。元件间可能存在设计过程中并未考虑到的相互作用。元件间的复杂相互作用显然不能通过链式结构表示。更为重要的是，链式故障模型中的事件和链的选择主观性较大，受到分析人员的个人经验、时间、实际水平、专业知识等约束，也可能受到利益、上级压力和法律等层面的限制。故障链的层次难以确定，这些层次包括社会层面、系统层面、技术层面、运行层面等。在不同层面得到的故障链完全不同，极易得到难以接受和不可预知的事故原因分析结果。这将对应不同层次的责任分析和处理措施。研究表明[3]：低层次视角得到的故障链中，直接原因事件多指向系统层，如公司管理、制度和技术缺陷；高层次视角指向低层次，如操作者未按照规程作业，操作者本身存在技术问题等。上述现象都导致了故障链模型的建立和使用难以适应当前复杂的系统故障分析。

新论点：事故是涉及整个社会技术系统的复杂过程，传统故障链模型难以描述。

3. 概率风险确定问题

论点 3：基于故障链的概率风险分析是评估和表达安全及风险信息的最佳途径。

风险是故障发生概率和损失的综合度量。以是否发生故障为分界点，发生故障之前需要确定发生概率，发生故障之后需要确定损失。损失是在确定了故障发生条件下得到的，确定直接损失较为容易。然而，在故障发生之前确定发生概率则非常困难；而且事故的发生也存在惊人的巧合，因此实际发生故障的概率远大于计算得到的概率。原因有两方面：一是导致事故发生的一些基本事件并未纳入分析过程，甚至在发生事故前根本不知道；二是一些基本事件存在内在联系，或者是系统运行到某一环境状态时这些基本事件同时发生，而不是独立地分开发生，因此导致了实际故障概率远大于计算得到的概率。从系统论角度来说，系统向着熵值大的方向发展，但人们不希望看到系统混乱，因此采取了控制措施。系统发生故障是必然的，而安全则是相对的。概率风险虽然是目前分析的通用形式，但也必须正视其存在的问题。

新论点：除了风险分析，还有其他方法可以更好地识别和分析风险和安全问题。

4. 事故过程中人的作用

论点 4：大多数事故是由操作者的错误引起的，奖励安全行为和处罚不安全行为能消除或减少事故。

形成这种观点源自对系统运行过程和运行环境的不了解。在调查事故过程中，人的行为证据和结果最为明显，也最直观，成为最具有说服力的事故原因。然而，Leveson 等的研究表明，人的不安全行为多数是由环境导致的，可能是由于人不清楚环境信息或者完全了解环境信息。前者的环境导致人体感官和精神的不稳定，直接导致人的不安全行为。后者的操作者身临其境地接触系统，完全了解系统状态，判断必须采取措施保障系统安全，进而违反操作规程采取行动。前者完全是由系统层面和设计层面对系统的设计缺陷导致的。后者通常根据操作者经验得到保证系统安全的满意效果，但也有可能导致事故发生。勇于采取行动的操作者并不总会得到好的结果，更有可能成为承担事故直接原因的人。人对系统安全的判断源于人的经验，而这些经验源于对系统的了解和操作。由于现代系统的复杂性，操作者往往只能通过短期培训了解基本情况，一旦发生异常情况，采取的行动往往是错误和盲目的。

另外，由前述内容可知，不同层次得到的故障分析结果差别较大。一般情况下，都是企业和相关机构等对事故原因进行分析，不会探究系统层面和社会层面的事故原因，或者称为深层次原因，而会将事故发生的直接原因归结为系统操作者的操作不规范、安全意识不足、缺乏安全知识和技术问题，结果导致事故发生成为一次偶然事件的假象。现有系统虽然智能化提高，但都必须有操作者配合系统完成工作，那么故障分析过程中必然有人的行为，这导致人的行为成为事故的直接原因。

新论点：操作员的行为是事故发生环境的产物，要想减少操作者的错误，必须改善他们的工作环境。

5. 软件与硬件

论点 5：高可靠性软件是安全的。

将现代系统分为硬件和软件。硬件的发展趋势为通用性；而软件的发展趋势为特异性。可以将实现不同功能的软件与执行通用功能的硬件结合。系统设计者不需要关注硬件系统制造，而只需关注软件功能的设计。就一个软件设计过程而言，其主要分为立项、需求分析、程序设计、代码实现、调试和维护。高可靠性一般指从软件设计到维护的可能性。这些阶段可以在完成功能的同时设计高可靠性程序。对系统使用者而言，不能实现他们希望的功能或功能减弱则认为是系统不可靠。但是，使用者与开发者的前期需求分析一般是不完整的。使用者可能由于时间、目的和需求的改变，在系统完成后期望达到与之前需求不同或更高的安全要求。这些对于一个已经完成的高可靠性软件是无法实现的。这种情况下，前期需求分析和设计至关重要，而高可靠性软件系统则显得不重要了。

新论点：高可靠性软件不一定安全，增强软件可靠性或减少实现错误对安全性影响较小。

6. 静态与动态

论点 6：重大事故源自随机事件碰巧同时发生。

系统存在不是静态的，而是动态的。无论是在哪个层面上，系统运行的环境都是变化的，只是变化的形态有所区别。制定的关于系统可靠性和安全的各种设计和规章制度都是针对某一状态的系统而言的。实际中的系统安全性和可靠性决策是循序渐进的过程。人们根据目前的系统自身和外部环境因素确定或预测未来系统可能的状态，进而采取措施保证系统安全可靠。因此，系统安全性和可靠性是一种需要维持的状态，这种状态需要根据系统自身和外部环境进行调节才能达到。

为了保证系统安全，决策过程的相关决策行为并不是随机的，而是具有明确目的。那么，重大事故的原因事件也不是随机的，而是缺乏明确决策过程导致的系统安全性降低。

新论点：系统趋于向高风险状态迁移，这是可以预见的，并且是能够通过系统设计避免和先兆检测获得的。

7. 责任追究

论点 7：划分责任对事故吸取教训并防止事故发生是必要的。

如前所述，不同层次对事故的分析和追溯不同。责任的追究源于对故障原因的分析。故障发生过程中包含很多事件，这些事件可能属于人、机、环、管四个方面，可能是由于意想不到的元件间相互作用，也可能是操作者维护系统安全采取的错误行为。从人的角度，很少有操作者会出于主观意愿对系统安全状态进行破坏。如果系统出现异常情况，那么操作者根据规程进行处理；或根据知识和经验采取非规程措施。如果这时系统出现故障，那么是人的行为造成的。从机的角度，在预期的工作环境和时间范围内，根据设计者已有知识和经验设计系统。但是，由于设计者的能力有限，无法了解系统的全部信息，可能存在设计缺陷。环境方面，企业给操作者和机械提供良好的使用和运行环境。但也可能由于知识的缺失出现未考虑的环境问题，导致系统不安全状态。管理方面的规章制度和流程是根据现有信息和可能预知的状态给出的处理措施。很多情况下，系统内部元件相互作用，或者环境的不可预知导致安全应急措施失效。操作者只能按照自己的判断采取措施。人处于运行层面，机处于技术和运行层面，环境处于系统层面，管理处于系统和社会层。这样，对故障原因的分析和处理往往在高层次进行，故障原因却在低层次获得，因此人就成为系统故障的直接原因。

新论点：处罚是安全的敌人，应把重点放在整体系统运行导致损失的问题上。

上述 7 个论点和新论点源自文献[1]。作者结合自己的理解论述了得到新论点的理由及其内在联系。在论述过程中，这些论点产生的背景及其深刻原因在于不同层次对系统故障的理解不同。它涉及整个社会技术系统，包括立法者、国家机关、行业、保险公司、公司管理、技术人员和操作者，还涉及整个自然技术环境，包括相关基础科学、各类技术科学、商业技术、制造技术和人员技术等。因此，系统故障分析过程需要在不同层次上进行。

9.1.2　系统安全的层次结构

根据 9.1.1 节论述，系统故障分析在不同层次上的分析尺度、流程、涉及事项、原因和责任是不同的。总结上述 7 个论点的内在联系，认为系统故障或者称为系统不安全状态的变化，可分为如下层次，包括社会层、系统层、技术层、运行层。

社会层指系统运行的整个环境，包括自然的和社会的。社会的包括整个社会习惯、风俗、法律、标准、规章制度，也包括立法者、政府、行业协会、保险公司等。自然的包括自然科学体系和相关技术科学等，是系统运行的最广泛范围，也是距离系统故障发生状态最远的层次。该层次中故障原因调查、追责和修正往往是由社会顶级机构完成的。一旦确认一些事项可导致系统故障发生，或已造成重大事故，应进行修正。该层次产生的影响最具效力、最广泛、最深刻。

系统层指系统运行隶属的公司级，包括管理的和环境的。管理的包括在满足社会层面的要求下，根据公司自身特点建立的各种规章制度、操作流程和培训。环境的包括为适合系统运行和操作者的各类环境状态，是系统运行的直接相关范围。该层次中故障原因调查、追责和修正一般由公司完成。针对事故影响较大且超出公司范围，或者在公司范围但伤亡和损失较大，社会层面的国家机关将介入。其作用范围只限于公司内部，一般故障调查会追溯到技术层和运行层。

技术层指完成某项具体工作涉及的技术和技术人员。包括商业技术及人员、制造技术及人员、技术管理人员等。这些技术和人员只关注系统的设计和制造。该层次中的故障原因调查、追责和修正一般由公司主导相关技术人员配合实现。作用范围只限于该系统之内，一般故障调查会追溯到运行层。

运行层指系统运行的具体环境和具体操作者，包括操作者、相关技术和环境。这些操作者按照规定操作系统完成预定功能。他们工作的环境相对最为艰苦，受到的规章制度约束最多，但对系统了解最少，文化技术相对偏低。该层次中的故障原因调查、追责和修正一般由公司主导相关技术人员配合实现。作用范围只限于系统发生故障时涉及的事项，一般成为各类事故的追责根源。

由于各层次的资源、义务、责任和权利差别，低层次人员往往认为故障根源在于高层次范围，高层次人员则认为故障根源在于低层次，实际上故障原因的最终决断往往是后者。

9.1.3 系统安全的虫洞模型

根据 9.1.2 节论述可知，不同层次看待系统故障过程的角度是不一致的。将系统层次分为四级，包括社会层、系统层、技术层和运行层。这四个层次的具体含义在 9.1.2 节中已说明。系统发生故障、事故或者呈现不安全状态是在运行层具体出现的。运行层代表系统运行过程中所有因素的总和。系统发生故障后所有可能状态成为确定状态，形成了系统故障状态。这种状态是唯一确定的，这时系统安全性为 0。系统运行从社会层到系统发生故障，系统的安全性从 100%下降到 0。故障发生后寻找原因，并采取修正措施。调查故障原因的层次越高，修正后系统的安全性越高，这个关系如图 9.1 所示[4]。

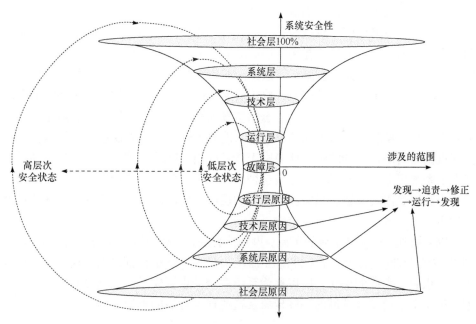

图 9.1 系统安全状态的虫洞模型

图 9.1 展示了系统安全性的变化过程。任何实际系统都有运行状态，它们需要满足一些限制。社会层带来的限制源于整个社会习惯、风俗、法律、标准、规章制度，也包括立法者、相关机构、行业协会、保险公司，以及自然科学体系和

相关的技术科学等。在这些限制下存在的系统被认为是合理合法的。系统层带来的限制源自各种规章制度、操作流程、各类培训及其运行的环境。这些限制被认为符合公司的目标和要求。技术层带来的限制源自商业技术、制造技术及技术管理，被认为符合系统功能的目标和要求。运行层的限制源自系统具体运行环境和操作者，应符合系统安全和可靠的要求。故障状态是系统发生故障时系统状态的集合，这时系统所有状态都是确定的。这些状态包括社会层、系统层、技术层和运行层的所有状态。从社会层到系统发生故障，系统限制逐渐增加，系统安全性逐渐降低，因为影响系统安全性的因素、结构和相互影响逐渐增加。

　　故障发生后的分析过程也是在不同层面进行的。由前节可知，不同层面的主导者不同使得产生的效力不同，影响的范围不同，采取修正措施的难度也不同，层次越高，分析的难度越大。从寻找故障原因的角度，运行层是最直接的，产生的影响最小，修正难度最小，因此涉及的人力、财力和物力最小，成为各种故障的主要"发源地"。然而，故障原因的调查和寻找很难停止在运行层，往往会涉及技术层，即系统的设计和制造层面。进一步，其可能会涉及系统层，即公司中技术和管理层面。最后，其将涉及社会层，当然这种可能是最小的。社会层的故障发现和修正最困难，涉及范围最广，动用资源最多。

　　就像系统故障原因中总能找到人因过失一样，如果抛开一些限制，也总能找到更高层次的问题。无论是在哪个层面对问题进行处理，总要经过问题发现、事故追责、隐患修正和系统重新运行这四个阶段。当然，故障原因寻找和处理所在的层次越高，隐患消除得越彻底，修正后系统的安全性也就越高，正如图中系统的低层次安全状态与高层次安全状态的位置关系。只在运行层寻找故障原因，只能获得运行环境和操作者方面的原因，只能改善这些方面的隐患，系统修复后也只能抵御运行层带来的故障。如果由于技术层出现问题，那么在另外某一种运行状态下系统仍会发生故障，或者说这种故障不可避免，这是难以接受的。同样，如果更高层次出现问题，只关注比它低的层次来解决问题，必将导致系统故障再次发生。

　　综上所述，从社会层到故障层，再到社会层，寻找原因的系统安全性从 100% 到 0 再到 100%；涉及的范围和修正难度由最大到最小再到最大。这个收放过程正是"虫洞"那样的形状，所以称为系统安全的虫洞模型，如图 9.1 所示。该模型也说明了目前安全领域的一些现象及这些现象背后的本质原因。

9.2　智能矿业生产系统及其特征

　　矿业生产一直以来是国民经济的支柱，特别是煤矿生产。然而，煤矿生产由于煤的特殊性质和赋存条件，其安全生产面临较大问题。将矿业生产系统分解为人、机、环、管四个子系统，它们之间存在复杂的关系。井下作业过程中，要保证机械正常运转，保证环境适合机器和人的作业，要限定人的不安全行为，制定完备的管理体系等。矿业开采是为了获得更多资源用于国民经济生产，但伴随着开采附加的对人、机械和管理等一系列工作的成本是巨大的。即使在安全和可靠性方面投资巨大，也无法避免矿业生产过程中的故障和事故。因此，如何使传统矿业生产系统变得安全可靠，减少非生产性投资，提高经济效益成为亟待解决的问题。

人们对矿业生产过程在系统层面的安全性研究很多。庞兵等[5]基于改进的HFACS 和模糊理论研究了航空人因事故。兰保荣[6]基于 CREAM 研究了煤矿事故人因失误。涂思羽等[7]研究了恶性人因事故发生机理及其模型。兰建义[8]对煤矿人因失误事故进行了分析。对人-机-环-管系统的研究主要有：谭钦文等[9]的复杂事件事故树人-机-环简易展开模型；张玉梅[10]的舰船人-机-环系统工程研究；梁伟等[11]基于 IVM-AHP 的人-机-环耦合系统应急救援脆弱性分析；梁振东[12]的人-机-环-管系统管理视角下的矿业员工不安全行为干预对策研究；姚有利[13]基于分岔理论的人-机-环煤矿安全系统的混沌调控；冯畅等[14]的人-机-环系统安全风险模型研究；卜昌森等[15]的人-机-环境系统工程安全分析与评价研究。这些研究者着重论述了人因系统故障和事故，也论述了人-机-环-管系统中各子系统之间的相互关系，但并未考虑面向未来智能环境下的矿业生产过程。

作者结合对矿业生产系统安全和智能科学的已有研究[16-19]，提出智能矿业生产系统的思想。从人-机-环-管组成的矿业生产系统出发，研究它们在智能环境下的变化和关系、传统和智能矿业生产系统的区别、智能矿业生产系统的作用和目标，最终总结智能技术对传统矿业生产系统带来的巨大变革。

9.2.1　人-机-环-管子系统的安全问题

生产生活中安全问题是安全科学领域研究的主要问题。将煤矿井工开采作为一个系统，该系统包括人、机、环、管四个主要子系统，如图 9.2 所示。

图 9.2 表示传统矿业生产系统中人、机、环、管各部分之间的关系。将这些关系归纳为八类：①人作用于机械；②机械作用于人；③环境作用于机械；④机械作用于环境；⑤人作用于环境；⑥环境作用于人；⑦管理作用于人；⑧人作用于管理。

关系①：人作用于机械。在传统矿业生产过程中，已经实现了高度机械化，矿业生产安全性得到显著提高。但与先进制造业等行业相比，矿业企业的机械现代化和信息化水平仍相对较低。井下机械缺乏人体工学和人因故障预防等方面的考虑。机械安全标识、安全可靠性设计、操作界面及布局与人的注意力、反应时间等不匹配。这些设计缺陷往往难以避免,致使人在工作过程中产生失误或错误,进而导致生产事故。即人的不安全行为。

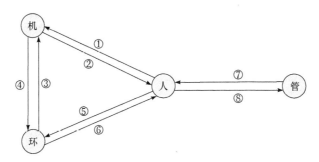

图 9.2　传统矿业生产系统

关系②：机械作用于人。煤矿井工开采一般可分为：采掘系统,负责煤炭的开采；运输系统,负责煤炭的外运；支护系统,负责支护开采后形成的巷道；通风系统,负责调解井下气流环境。开采系统使用的掘进设备可能造成人员伤亡。井下运输系统只有在运输矿工时才与人发生直接关系,可能导致人的伤亡。支护系统是维持井工开采的重要系统,用以支护巷道和顶板,是围岩发生力学破坏后的唯一保护措施。通风系统用于新风输送、粉尘排放和井下降温,直接关系到井下人员的生命安全。因此,这些机械系统都需要考虑机械作用于人的问题。

关系③：环境作用于机械。井工开采过程中,井下环境对机械影响不大。井下的温度、湿度、有毒有害气体等,在机械设计时得到充分考虑。因此,井下环境对机械的影响较小。只有在大量瓦斯突出、透水、坍塌等情况下的环境才对机械造成严重影响。

关系④：机械作用于环境。井下煤矿开采和运输机械会对环境造成影响,主要是生产过程和运输过程中的粉尘、机械散热等。另外,由于机械难免使用油气,并在工作过程中产生火花和静电,因此可能与瓦斯等气体作用导致灾害发生。通风系统也会根据实际情况调节空气的温度、粉尘含量、有毒有害气体含量等,这些都可导致环境改变。

关系⑤：人作用于环境。人对环境的影响是通过机械实现的。人影响环境的目的在于使环境满足人和机械的生产需要。在井工开采过程中,主要是保证井下氧气含量、控制空气温度、排除粉尘等主要作用。

关系⑥：环境作用于人。井下环境应保证人的正常作业和机械生产。影响人正常作业的环境因素较多,包括温度、湿度、空气质量、粉尘、能见度等。相比之下环境对机械的影响小得多。因此,人对环境的控制主要保证人的正常活动,而不是机械。

关系⑦：管理作用于人。生产过程中的管理主要对象是人。在井下，人由于机械、环境等作用可能导致误操作和错误。这些误操作和错误并不是人的主观意愿，而是由人的麻痹大意、对环境不了解、感官信息不明确造成的。因此，为了避免发生这些现象，人们制定了一系列对人的不安全行为的限制措施，这些限制措施主要是管理和操作流程。在它们的控制下，人的不安全行为得到了限制，减少和消除了由人的不当行为产生的生产事故。因此，矿业生产过程中的管理主要针对人，而非机械和环境。

关系⑧：人作用于管理。人为了保持自身在生产过程中的安全，制定了管理措施限制自身的不安全行为。但是，由于人对客观系统认识水平的限制和限制手段的缺失，即使先期制定了完善的管理体系，也可能由于工作环境的多变导致管理手段失效。因此，人制定的管理手段难以趋近完备，即使满足要求，也可能由于人的执行力缺失，管理缺失。

上述八种关系总结了矿业生产系统中人、机、环、管之间的关系。值得注意的是，管理与机械和环境之间并没有直接联系，而是通过人作用于机械和环境。由图 9.2 可知，传统矿业生产系统的核心是人，人控制机械完成生产目的；人为了保证机械和自身工作，对井下环境进行调节；人为了限定自身的不安全行为制定各种规章制度，形成管理体系。这些都是人作为发起者，为了实现矿业生产，建立的人-机-环-管生产系统。

矿业生产起步阶段由于科技水平较低，矿业生产难以同时满足产量与安全要求，进而产生矛盾。随着各种现代科学技术的发展，特别是机械化水平、智能科学和信息科学的发展，矿业生产的技术性逐渐满足要求，同时生产目标也可完全得到满足。在这种情况下，如何保证矿业生产的安全就成为主要目标。

9.2.2　智能科学对矿业生产的影响

前面论述了人-机-环-管系统各子系统之间的八种关系。随着智能科学的发展和变革，对这八种关系必将造成革命性的影响。下面具体论述在智能科学技术环境中这八种关系的变化。

关系①，人作用于机械。当智能科学中的人工智能和大数据技术进一步发展时，井下作业环境中直接需要人参与的工作几乎消失。这时人对机械的作用包括两部分：一是机械故障后的维修，可通过替换故障机械或使用维修机器人实现；二是人对井下生产机械的远程控制，以协助具有一定自主能力的开采机械完成复杂开采任务。在这种情况下，就人作用于机械而言，人将从矿业生产的人-机-环-管系统中分离出来。这将在本质上保证生产过程中人的安全，也避免了人的不安全行为造成的机械故障和事故。

关系②，机械作用于人。井下生产系统主要包括采掘系统、运输系统、支护系统和通风系统。当人不在整个生产系统中时，采掘系统、运输系统、支护系统和通风系统将发生巨大改变。不考虑人的因素，巷道断面尺寸可只考虑运输系统；缩小的断面可使用更为有效的支护系统；通风系统将不考虑生产作业人员的生理需要，只需保证机械生产需要。因此，运输系统和支护系统将有较大改变，其可靠性和安全性可以降低，而不影响生产。通风系统也会由于不考虑人的因素，变为只满足机械生产环境需要的通风系统。这些系统在不考虑人时，相应的安全装置、传感器和可靠性要求都可以降低，并完全取消由于考虑人的因素而设置的各种装置。这将提高生产效率，同时降低成本。

关系③，环境作用于机械。在智能技术融入机械系统后，机械系统会根据环境的变化调整生产活动。会自动调动传感系统和通风系统保证机械工作环境。因此，在不考虑人的情况下，即可自主调整环境。虽然环境仍然影响开采机械，但只需保证机械生产，而非满足人的生理要求。

关系④，机械作用于环境。同上所述，智能机械与智能传感和通风系统互联，机械可根据自身需要调整环境，而不考虑人的工作要求。这将更为高效、快捷、安全地进行矿业生产活动。

关系⑤，人作用于环境。传统矿业生产中，人作用环境是通过机械实现的，如通风。但对于智能生产系统，人不在生产系统中，而环境的调节是智能机械的自发行为，一般不需要人的干预，除非处于紧急故障状态。

关系⑥，环境作用于人。同上所述，人不在生产系统之中，因此环境作用于人的关系消失。

关系⑦，管理作用于人。管理的主要对象是人，且大部分管理规程用于井下操作人员的行为规范。那么在智能化之后，人不在生产系统中，这类管理消失。管理将作用于生产异常状态下需要人干预的修复和判断过程。这些过程也可由智能辅助修复和决策系统进行。那么，这将从本质上减少人的伤亡，也减少了人的不安全行为和失误。

关系⑧，人作用于管理。同上所述，人在制定管理过程时将不用考虑人在井下的作业情况，这将大大简化管理制度和流程制定过程。

综上所述，智能矿业生产系统结构如图 9.3 所示。

对比图 9.3 传统矿业生产系统，智能生产系统的最大变化在于人从生产系统中分离出来，进而与人相关的管理系统也从生产系统中分离。这时，机械和环境对人的作用关系消失，其余关系得到了极大优化，同时也保证了更为高效和安全的生产过程。

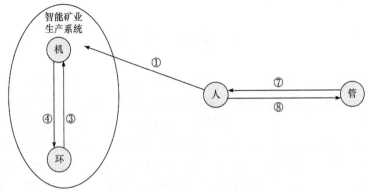

图 9.3　智能矿业生产系统结构

9.2.3　智能与生产系统安全

目前及以后的发展趋势必将以保证人的安全为首要任务。在矿业工程中的智能就是使开采系统、运输系统、支护系统和通风系统互联,通过大数据的处理完成系统自适应决策和动作。与传统矿业生产的最大区别在于人的作用和位置。人不再是生产的指挥者和维护者,而变为辅助智能决策的一部分。只有在智能矿业生产系统遇到突发事件,决策困难时才需要人的参与。

在本质上,人退出生产系统,使生产系统结构得到简化,系统内各部分之间的联系和作用减少。这将有效地提高系统整体可靠性和安全性。智能矿业生产系统中,采掘系统、运输系统、支护系统和通风系统将不同程度地得到简化。但这种简化会使生产效率和可靠性提高。

传统采掘系统需要操作人员现场作业和控制,这样巷道的尺寸、支护系统的尺寸和强度都要满足人的交通和安全需要,通风系统也要满足人的生理要求。如果人不在生产系统中,而使用智能生产系统,那么这些由于人的存在而与生产没有直接关系的辅助系统便可省去,从经济上节省大量开支。简化后的采掘系统、运输系统、支护系统和通风系统由于结构简化和组成减少,可靠性和安全性必将提高。这使生产系统出现故障和事故的概率减小,从而提高经济效益。

综上所述,智能矿业生产系统将人从生产系统中分离,降低了系统管理成本,保障了人的安全。更为重要的是,由于人与生产系统分离,使采掘系统、运输系统、支护系统和通风系统得到化简。这样生产系统将真正地只关注生产,而不是在生产的同时保障人的安全。最终智能矿业生产系统将保障人的安全,减少人力投入;化简采掘系统、运输系统、支护系统和通风系统,减少经济投入;提高系统整体可靠性和抗灾变能力,提高生产效率和经济效益;减少管理成本和制定难度。因此,智能矿业生产系统是未来矿业生产的必然发展方向。

9.3　本　章　小　结

(1) 从 Leveson 对现代安全理论观点的质疑出发，研究了系统安全在不同层次的差异。①分析了安全理论现有观点的问题，给出新观点。结合 Leveson 的论述和作者对安全理论的理解，给出了七个新观点的形成理由。②提出了系统安全的层次结构，分为社会层、系统层、技术层、运行层。不同层次的执行者、权利范围、影响范围、对事故的看法，以及采取的修正措施有很大区别。③提出了系统安全的虫洞模型。该模型认为随着系统故障层次的降低，系统安全性逐渐降低，故障原因逐渐具体，涉及范围逐渐减小；而系统修正过程刚好相反。系统在越高层次进行修正安全性就越高，但修正的难度越大成本越高。最终得到故障在不同层次的原因、追责对象和修正措施。

(2) 从智能科学角度研究了矿业生产系统的发展方向，主要结论如下：①分析了传统矿业生产系统中人、机、环、管四个子系统之间的关系，总结了这四个子系统之间的八种作用关系。②分析了智能矿业生产系统，其与传统矿业生产系统的区别在于人与生产系统分离，管理系统也从生产系统中分离。机械和环境对人的作用关系消失，其余关系得到极大优化，保证了更为高效的生产和更为安全的生产过程。③给出了智能矿业生产系统将达到的目标和所起的作用。保障人的安全，减少人力投入；简化采掘系统、运输系统、支护系统和通风系统，减少经济投入；提高系统整体可靠性和抗灾变能力，提高生产效率和经济效益；减少管理成本和规章制定难度。

参 考 文 献

[1] Leveson N G. Engineering a Safer World: Systems Thinking Applied to Safety[M]. Cambridge: MIT Press, 2011.

[2] 唐涛, 牛儒. 基于系统思维构筑安全系统[M]. 北京: 国防工业出版社, 2015.

[3] Leplat J. Occupational accident research and systems approach[J]. Journal of Occupational Accidents, 1984, 6(1/3):77-89.

[4] 崔铁军, 李莎莎. 现代系统安全观点分析及分层安全模型研究[J]. 中国安全生产科学技术, 2020, 16(9): 24-29.

[5] 庞兵, 于雯宇. 基于改进的 HFACS 和模糊理论的航空事故人因分析[J]. 安全与环境学报, 2018, 18(5): 1886-1890.

[6] 兰保荣. 基于 CREAM 的煤矿事故人因失误分析[J]. 能源与环保, 2018, 40(8): 86-88, 93.

[7] 涂思羽, 贾明涛, 吴超, 等. 恶性人因事故发生机理及其模型研究[J]. 中国安全生产科学技术, 2018, 14(5): 180-187.

[8] 兰建义. 煤矿人因失误事故分析的关键影响因素危险识别研究[D]. 焦作: 河南理工大学,

2015.

[9] 谭钦文, 董勇, 段正肖, 等. 复杂事件事故树 "人-机-环" 简易展开模型及应用[J]. 工业安全与环保, 2018, 44(5): 57-60.

[10] 张玉梅. 舰船人-机-环系统工程研究综述[J]. 中国舰船研究, 2017, 12(2): 41-48.

[11] 梁伟, 李威君, 张来斌, 等. 基于 IVM-AHP 的人-机-环耦合系统应急救援脆弱性分析[J]. 安全与环境工程, 2015, 22(2): 84-87, 91.

[12] 梁振东. 人-机-环-管系统管理视角下的矿业员工不安全行为干预对策研究[J]. 中国矿业, 2014, 23(4): 20-24.

[13] 姚有利. 基于分岔理论的人-机-环煤矿安全系统的混沌调控[J]. 中国安全科学学报, 2010, 20(3): 97-101.

[14] 冯畅, 赵诺, 赵廷弟. 人-机-环系统安全风险模型研究[J]. 新技术新工艺, 2009(6): 15-20.

[15] 卜昌森, 程卫民, 周刚, 等. 人-机-环境系统工程安全分析与评价研究[J]. 工业安全与环保, 2009, 35(2): 44-46.

[16] 崔铁军, 马云东. 多维空间故障树构建及应用研究[J]. 中国安全科学学报, 2013, 23(4): 32-37.

[17] Cui T J, Li S S. Deep learning of system reliability under multi-factor influence based on space fault tree[J]. Neural Computing and Applications, 2019, 31(9): 4761-4776.

[18] 崔铁军, 李莎莎, 朱宝岩. 空间故障网络及其与空间故障树的转换[J]. 计算机应用研究 2019, 36(8): 2000-2004.

[19] 崔铁军, 李莎莎. 智能科学带来的矿业生产系统变革——智能矿业生产系统[J]. 兰州文理学院学报(自然科学版), 2019, 33(5): 51-55.

第 10 章　总　　结

本书论述了 SFT 理论框架中的第三阶段 SFN 理论，并应用于描述和研究 SFEP。研究基于 SFT 的前两个阶段及安全科学与系统工程理论，同时也引入智能科学、大数据科学、信息科学等理论。虽然对 SEN 的研究还不够深入，但也得到了一些有益的思想、观点、概念和方法，作者结合行业背景将其应用于露天矿灾害演化过程和冲击地压演化过程的研究。本书主要内容如下。

(1) 提出了 SFN 理论，用于 SFEP 的描述和研究。主要内容包括 SFN 及其与 SFT 的转化、SFEP 描述方法、单向环的转化与故障发生概率计算、全过程诱发的 SFEP 最终事件发生概率、事件重复性及演化过程时间特征，这里是 SFN 和 SFEP 理论相关研究的基础，也是研究 SFN 的第一种方法，即将 SFN 转化为 SFT。

(2) 使用结构化表示方法表示 SFN。主要研究包括 SFN 的结构化分析方法研究、SFN 的结构化分析方法改进、SFN 结构化表示中事件的柔性逻辑处理模式转化等，这是研究 SFN 的第二种方法，即 SFN 独立研究方法，是不依赖 SFT 的一种结构化表示方法。这种方法使用矩阵表示 SFN，使用数据库存储故障数据，有利于计算机智能处理。

(3) SFN 的事件重要性分析方法研究。主要研究基于场论的 SFEP 中事件重要性和 SFN 中边缘事件结构重要度。SFN 中的结构重要度体现了事件在网络中所起的作用。

(4) SFN 的故障模式分析方法研究。研究内容主要包括 SFEP 中各故障模式发生的可能性确定、基于故障模式的 SFN 中事件重要性研究、基于 SFN 故障模式的最终事件故障概率分布确定、基于 SFN 的故障发生潜在可能性研究。故障模式是 SFN 中故障演化路径的体现，一个故障模式对应一个演化路径，也是一种导致最终故障的可能。实际故障过程是这些故障模式相互博弈并带有随机性的综合表现。对故障模式的研究有利于确定演化过程中各个故障过程发生的可能性。

(5) SFEP 文本因果关系提取及其与 SFN 转化。主要研究内容包括 SFEP 的典型因果关系、SFEP 因果关系与 SFN 基本结构转化流程、关键词提取及规则确定、因果关系组模式与 SFN 基本结构转换等。研究将 SFEP 的文字描述转化为计算机能处理的符号串，进一步将符号串与 SFN 相对应，使 SFN 能智能分析文本语义。

(6) 使用 SFN 描述露天矿区区域灾害演化过程并对其进行分析。主要研究包括：对矿区地质、水文和周围环境进行调查，并总结过去发生的自然灾害；给出研究涉及的 SFN 及相关概念；对露天矿边坡灾害演化过程进行 SFN 描述；将 SFN 转化为 SFT，研究灾害演化过程的灾害模式；给出边缘事件结构重要度、复杂度、可达度定义和计算过程等。研究主要针对露天矿区区域风险进行分析，运用 SFN 描述边坡灾害演化过程，并进行分析、预测和预防。

(7) 使用 SFN 描述冲击地压过程并进行分析。主要研究包括岩体系统能量释放种类、各种释放能量形式的关系和不同深度能量释放过程和时间顺序，不同深度冲击地压演化过程的 SFN 描述，不同深度演化过程中最终事件的发生情况，不同深度演化过程中事件和传递条件的重要性。

(8) 论述系统故障分析的新观点及智能科学对矿业生产系统的影响。主要研究包括系统故障分析方法和智能矿业生产系统及其特征，总结了系统科学、系统可靠性、系统安全与智能科学、数据分析等智能方法对矿业系统发展的影响。

本书内容是安全科学与系统工程理论、智能科学、大数据科学、信息科学等理论的结合，是交叉研究。可提供对 SFEP 描述和分析的新理论及方法，特别是对矿山灾害演化过程具有重要意义。SFN 虽然已经形成了一些思想和方法，但随着研究的深入必将涌现出更多问题。空间故障树基础理论和智能化空间故障树两部分基本框架已建立，但仍有相当多的内容可以补充和调整。系统运动空间与系统映射论部分的研究刚刚展开，偏重于高度抽象的系统特征，能解释一些哲学观点和现象。

本书只是 SFN 的基础研究内容及其在矿山灾害演化过程中的应用，之后还有大量理论研究工作有待展开并可扩展到更多领域进行应用，为安全科学基础理论的扩展提供新的思路。